河北省耕地地力评价与利用丛书

河北省石家庄市
耕地地力评价与利用

李 琴 刘建玲 李娟茹◎主编

知识产权出版社
全国百佳图书出版单位

图书在版编目（CIP）数据

河北省石家庄市耕地地力评价与利用／李琴，刘建玲，李娟茹主编 . —北京：知识产权出版社，2016.9

（河北省耕地地力评价与利用丛书）

ISBN 978 - 7 -5130 -4491 -2

Ⅰ.①河… Ⅱ.①李…②刘…③李… Ⅲ.①耕作土壤—土壤肥力—土壤调查—石家庄②耕作土壤—土壤评价—石家庄 Ⅳ.①S159.222.1②S158

中国版本图书馆 CIP 数据核字（2016）第 226250 号

内容提要

《河北省石家庄市耕地地力评价与利用》是基于石家庄市 24 个县（市）区的耕地立地条件，土壤类型和理化性状，土壤养分状况，氮、磷、钾在冬小麦、夏玉米等主栽农作物上的产量效应，采用农业部《耕地地力调查与质量评价技术规程》等对石家庄市耕地地力进行综合评价。全书共 10 章，主要包括石家庄市 24 个县（市）区耕地立地条件、土壤类型和属性、耕地地力评价、中低产田改造、耕地地力与配方施肥等内容。书中系统阐述了土壤有机质、全氮、有效磷、速效钾、有效铁、锰、铜、锌等养分含量状况；总结归纳了氮、磷、钾在冬小麦和夏玉米产量效应的"3414"试验结果，提出主栽作物上的施肥指标体系。

书中涉及了土壤、植物营养、肥料等学科内容，可供土壤、肥料、农学、植保、农业管理部门以及大专院校师生阅读和参考。

责任编辑：范红延　栾晓航　　　　　　责任校对：谷　洋

封面设计：刘　伟　　　　　　　　　　责任出版：孙婷婷

河北省耕地地力评价与利用丛书

河北省石家庄市耕地地力评价与利用

李　琴　刘建玲　李娟茹　主编

出版发行：知识产权出版社 有限责任公司		网　　址：http://www.ipph.cn	
社　　址：北京市海淀区西外太平庄 55 号		邮　　编：100081	
责编电话：010－82000860 转 8026		责编邮箱：luanxiaohang@cnipr.com	
发行电话：010－82000860 转 8101/8102		发行传真：010－82000893/82005070/82000270	
印　　刷：北京中献拓方科技发展有限公司		经　　销：各大网上书店、新华书店及相关专业书店	
开　　本：787mm×1092mm　1/16		印　　张：16	
版　　次：2016 年 9 月第 1 版		印　　次：2016 年 9 月第 1 次印刷	
字　　数：366 千字		定　　价：79.00 元	
ISBN 978 - 7 -5130 -4491 -2			

本书编委会

主　　编　李　琴　刘建玲　李娟茹

副 主 编　廖文华　李月华　张凤华　郝月皎　高志岭

　　　　　许永红

参加编写人员（按姓氏笔画排序）

丁月芬　王书巧　王　平　王秀艳　王英霄

王宝珠　王树生　王艳霞　王维莲　石会敏

田红卫　吕秀敏　朱彦锋　刘会云　刘彦平

刘　强　孙伊辰　孙志军　孙明清　孙美然

苏美荣　杜香丽　杨子叶　杨丽彬　杨建荣

李亚芹　李艳艳　吴彦勇　何建永　汪红霞

宋小颖　张广辉　张立宏　张立波　张　伟

张　建　张　辉　范战胜　赵广军　赵　立

赵青会　段霄燕　袁维翰　贾　可　郭玉庆

黄欣欣　崔瑞秀　梁中钦　董中华　董淑红

韩丽娟　谢　红

前　言

　　土壤是发育在地球表面，具有肥力特征且能够生长绿色植物的疏松物质层，土壤由固、液、气三相组成。土壤肥力是土壤物理、化学和生物学性质的综合反映。土壤肥力分为自然肥力和人为肥力。自然肥力是指土壤在气候、生物、母质、地貌地形和年龄五大成土因素综合作用下发育的肥力；人为肥力是指耕种熟化过程中发育的肥力，即耕作、施肥、灌溉及其他技术措施等人为因素作用的结果。

　　耕地泛指种植农作物的土地，以种植农作物为主，间有零星果树或其他树木的土地；耕种 3 年以上的滩涂。耕地中包括沟、渠、路和田埂，临时种植药材、草皮、花卉、苗木等的土地均属耕地。耕地地力受气候、立地条件、剖面性状、耕层土壤理化性状、耕层土壤养分状况、土壤管理等多因素的影响。耕地地力反映了土壤生产力的大小。

　　石家庄市各县（市）的测土配方施肥工作始于 2008 年，2011 年 12 月完成了全部的野外取样和土壤样品分析化验工作，2012 年均通过验收。石家庄市耕地地力评价基于石家庄 24 个县（市）57000 个样点的土壤养分测定结果、各县（市）"3414"试验结果等对全市耕地土壤进行综合评价。

　　河北农业大学基于石家庄市各县（市）、区农业畜牧水产局土肥站提供的土壤养分测定结果、"3414"试验结果、第二次土壤普查的土壤志、土壤图以及土地利用现状图、行政区划图等材料，完成了石家庄市的耕地地力评价与利用的数据统计、图件制作、组织撰写了《河北省石家庄市耕地地力评价与利用》书籍。为了便于读者了解 30 年来石家庄市土壤养分的变化，书中对石家庄市土壤养分现状与第二次土壤普查的土壤养分测定结果做了详细对比，为土壤养分科学管理提供了依据。

　　本书撰写分工为：第一章、第三章、第六章、第七章、第八章、第九章第一、第二、第四、第五节和第十章由石家庄市农业技术推广站李琴、李娟茹、李月华等编写；前言、第二章、第四章、第五章、第九章的第三节由河北农业大学刘建玲、廖文华、张凤华、高志岭等人完成；土壤养分测定数据、"3414"田间试验数据的统计整理由河北农业大学张凤华、高志岭等人完成；土壤养分图件制作由唐山市丰南县农牧局王贵政完成；全书由刘建玲统稿和定稿，由廖文华等人整理并校对。

　　特别说明的是，本书第二章中耕地地力评价的方法是依据农业部《耕地地力调查与质量评价技术规程》（NY/T 1634—2008）；第一章、第三章涉及石家庄市气候特点、土壤类型、土壤母质等均参考和引用了石家庄市第二次土壤普查的土壤志和相关总结材料及部分原始数据材料、河北省土壤志、河北省第二次土壤普查汇总材料等。在此，编委会对前辈们的贡献表示由衷的敬意，向所有参加 1978 年土壤普查和本次测土配方施肥工作的人员深表敬意。

本书的出版得益于知识产权出版社范红延女士的大力支持，她在本书的编辑和优化上花费了大量的心血，在此致以诚挚的谢意。

由于写作时间仓促以及编者学识水平所限，书中难免有不足之处，敬请各级专家及同仁提出意见和建议。

编 者

2016 年 7 月

目　　录

第一章 自然与农业生产概况

第一节 自然概况

一、地理位置与行政区划

（一）地理位置

石家庄市位于河北省中南部，地处北纬 37°26.16′~38°45.12′，东经 113°31′~115°28.68′。西邻山西五台县、盂县、昔阳县，东与衡水地区的安平县、冀县相毗连，北依保定地区的阜平县、曲阳县、定州市、安国市，南与邢台地区的宁晋县、柏乡县、临城县接壤。南北最长处约 148.018km，东西最宽处约 175.383km，周边界长 760km。辖区总面积 15848km²，其中市区面积 307km²（含井陉矿区）。

石家庄市是河北省省会，在北京的西南方向，距北京 283km。北靠北京和港口城市天津，东临渤海和华北油田，西依巍巍太行山脉并与全国煤炭基地山西省毗邻，古称"京畿之地"，素有"南北通衢、燕晋咽喉"之称，地理位置十分优越。

（二）行政区划

全市管辖 24 个县（市、区），即井陉县、平山县、赞皇县、行唐县、灵寿县、鹿泉市、元氏县、矿区 8 个山区县（市、区），面积约占全市总面积的 50%；新乐市、无极县、深泽县、辛集市、晋州市、藁城市、高邑县、赵县、栾城县、正定县、新华区、长安区、桥西区、桥东区、裕华区及高新开发区 16 个平原县（市、区）；共计 221 个乡镇，4419 个行政村。

二、自然气候与水文地质

（一）气候

石家庄市处于冀中平原西部，太行山东侧、属暖温带半湿润季风气候。其特点是夏季炎热多雨，盛行偏南风，冬季寒冷干燥，多刮偏北风，大陆性气候显著。太阳辐射的季节性变化显著，地面的高低气压活动频繁，四季分明，寒暑悬殊，雨量集中，干湿期明显，夏冬季长，春秋季短。

石家庄市四季分明，春季短，冬季长。从气候温度上划分，春季只有 55d，夏季为 105d，秋季仅有 60d，而冬季长达 145d。春季天气晴朗，降雨稀少，气候干燥，4 月份气温回升快。盛行偏南风，风速较大，常有 5 级、6 级偏北风或偏南风。初夏干燥，气温极高，极端最高温度常在此时期出现。中夏以后炎热潮湿，阴云多雨，暴雨、冰雹大多发生在这段时间。秋季时，受蒙古高压影响，晴朗少云，风力不大，气候宜人，气温降低甚快，降水日数和雨量显著减少，深秋多东北风，有寒潮天气发生。冬季受西伯利亚冷高压的影响，气温较低，雨雪稀少，气候干燥，盛吹寒冷的偏北风。

石家庄市年平均温度为 12.5℃，变幅为 11.8 ~ 13.2℃，一年中 1 月份最冷，平均气温为 - 3.8℃，变幅为 - 2.6 ~ 4.7℃。7 月份为最热月，平均气温 26.2℃，变幅为 25.8 ~ 26.6℃。全年 ≥ 10℃ 的积温平均为 4335.1℃，变幅为 4161 ~ 4530.9℃。

石家庄市平均年降水量为 493.9mm，变幅 442.4 ~ 578.7mm，降水集中于 6 月、7 月、8 月三个月，为全年降水量的 68%。而冬春季节少雨干旱。

石家庄市平均年蒸发量 1861.4mm，变幅 1585.2 ~ 2152.1mm。蒸发量约为降水量的 3.8 倍，以 7 月、8 月、9 月三个月为最大。

石家庄市无霜期为 201d，变幅 159 ~ 220d。平均最大冻土深度达 51.9cm，变幅为 45 ~ 87cm。

石家庄市平均年日照达 2689.9h，变幅为 2585.6 ~ 2847.3h。全区干燥度平均为 1.40。

由于石家庄市地形差异显著，山区与平原的气候差异也较显著。处于中山地区 2000m 以上的山脊，气候冷凉而湿润。年平均气温 - 1.4℃ 左右，最冷月平均温度为 - 17.9℃，最热月平均温度为 13℃，冰雪封冻时间长达 7 个月之久，无霜期少于 100d，全年 ≥ 10℃ 的积温小于 1300℃，年降水量达 700mm 以上。风速较大。而 1000 ~ 2000m 的山地气候冷凉湿润，冬季寒冷而漫长，夏季湿润而短暂。年平均气温 7.8℃ 左右，最冷月平均温度为 - 9℃，最热月平均温度为 21.1℃，全年 ≥ 10℃ 的积温为 3030℃，封冻期达 6 ~ 7 个月，全年无霜期 130 天左右，年平均降水量 650 ~ 700mm。

低山丘陵地区则是半干旱半湿润气候。年平均气温 11.1 ~ 12.9℃，最冷月平均温度为 - 4.8 ~ - 2.8℃，最热月平均温度为 24 ~ 28.5℃，年平均降水量 457.3 ~ 578mm，平均为 527mm。6 月、7 月、8 月降水量占全年降水量的 68%，且集中于 7 月、8 月以暴雨出现，对地表冲刷，侵蚀严重。平均年蒸发量 1966.7mm，为降水量的 3.7 倍。全年 ≥ 10℃ 的积温为 4161 ~ 4530.9℃，平均为 4351.8℃。无霜期 180 ~ 210d，最大冻土深度 55.2cm。

山麓平原地区年平均气温 12.3℃，最冷月平均温度为 - 3.8℃，最热月平均温度为 26.2℃。平原东部辛集市、深泽县、无极县、晋州市 4 县（市）因处在沂蒙山和泰山隐雨区，故雨量偏少，年平均降水量仅为 457.6mm。其他地区年平均降水量为 490.4mm。降水量集中于夏季，其中 7 月、8 月 2 个月的降水量为全年降水量的 56.7%，多以暴雨形式出现，年平均蒸发量 1585.2 ~ 1980.3mm，平均为 1798.4mm，为降水量的 3.8 倍。全年 ≥ 10℃ 的积温为 4323.5℃，无霜期 197d，最大冻土深度达 55.9cm。

综合石家庄市气候可以概括为西部山区（低山、丘陵），由于太行山的屏障作用产生焚风效应（西向气流经过太行山下沉增现象）形成一个高温区。年平均气温较其他地方高 0.6 ~ 1.0℃。年降水量从西南向东北逐渐减少，由于处于太行山暖湿气流迎风坡面上，故山区的降雨量较平原地区丰沛。而平原区的东部因处于沂蒙山、泰山的隐雨区，降雨量又比平原区的其他地方偏少。同时，石家庄市年降水量分布极不均匀，降水量的 57% 集中于 7 月、8 月两个月，且多以暴雨形式出现。

（二）水文地质

1. 河流

石家庄市辖区内河流分属海河流域大清河水系和子牙河水系。主要行洪河道 6 条，其中北部的沙河、磁河木刀沟属大清河系；中南部的滹沱河、洨河、金河、槐河、泲河属子牙河系。总流域面积 3.35 万 km²。主要河流如下。

滹沱河：是子牙河系两大支流之一。发源于山西省五台山南麓繁峙县东部，于平山县河西头村附近入河北省。自西向东横穿鹿泉市、石家庄市，流经平山县、正定县、藁城市、晋州市、无极县、深泽县等县市，长约 188.5km，流域面积为 24618km²。该河上游有冶河等大小支流 42 条，致使该河河水流量大。

洨河：发源于鹿泉市南郊山区，汇金河、石家庄泄洪渠后入栾城县境，又汇北沙河、潴龙河，穿赵县向东南出境入邢台市宁晋县，石家庄段全长 48 公里，洨河既是石家庄市的主要行洪河道，也是全市主要排涝工程之一。

金河：发源于鹿泉市铜冶西部山区，向东汇入石家庄泄洪渠和洨河。

槐河：发源于赞皇县西南部嶂石岩，穿赞皇县全境经元氏县、高邑县、赵县出境入邢台市宁晋县，境内全长 79km。过水能力 1258～2180m³/s，上游建有中型水库白草坪水库。

泲河：发源于赞皇县西南部大石门。流经赞皇县南部，经高邑县西南部出境入邢台柏乡县，境内全长 61km，过水能力 460～780m³/s。上游建有中型水库南平旺水库。

沙河：为石家庄市最北部的一条河流。发源于山西省灵丘县境内，从行唐县入境，汇支流曲河、郜河后横穿新乐市全境，向东入保定市、定州市，流经石家庄市行唐县及新乐市两县市的东北部，约 41.4km，流域面积为 4870km²。是大清河南支主要来水支流之一。干流在曲阳县建有大型水库王快水库，支流郜河、曲河分别建有大型水库口头水库和中型水库红领巾水库。本区境内的支流有 17 条，主要支流有滋河、郜河等。

磁河木刀沟：发源于灵寿县西北部驼梁，流经新乐市、无极县、深泽县等县出境入保定市安国县境内入沙河。行唐县南伏流以上称磁河，以下称木刀沟。该河规划标准 20 年一遇，行洪流量 1260m³/s。上游建有大型水库横山岭水库。

槐沙河：发源于赞皇县西南丈石崖，流经石家庄市赞皇县、元氏县、高邑县三县，长约 79km。因其位于太行山迎风坡，汛期往往形成暴雨中心，山区地势陡峻，洪水一泄急下，在赞皇县千根附近平缓地区河床拓宽。

环城水系：根据国家南水北调工程，石家庄市建立起围绕市区的一个大型环城水利工程。

2. 地下水

石家庄市西部为中山，东部为山麓平原末端。河流自西向东流经全区，故地下水的流向和河流的流向一致，亦与大地型的倾斜角相一致。山地、丘陵地区除河谷、盆地以外由于下伏岩石，故地下水多为岩层水，土壤不受地下水的影响。

石家庄市平原区地下水平均埋深为 37.26m。地下水埋深 10.00 ~ 20.00m 区域分布于山区与平原交界处；20.00 ~ 25.00m 的区域分布于新乐市大部和西部山前平原一带；石家庄市区地下水埋深 35.00 ~ 45.00m；赵县至高邑县一带地下水埋深在 45.00 ~ 50.00m；其他区域地下水埋深在 25.00 ~ 35.00m。其中高邑县地下水埋深最大，为 52.44m；鹿泉市平原地下水埋深最小，为 18.45m。

三、地形地貌

石家庄市域跨越太行山地和华北平原两大地貌单元。西部地处太行山中段，包括井陉县、井陉县矿区全部及平山县、赞皇县、行唐县、灵寿县、鹿泉市、元氏县六县（市）的山区部分，面积约占全市总面积的 50%。东部为滹沱河冲洪积平原，包括新乐市、无极县、深泽县、辛集市、晋州市、藁城市、高邑县、赵县、栾城县、正定县、石家庄市区、平山县、赞皇县、行唐县、灵寿县、鹿泉市、元氏县六县（市）的平原部分。

辖区内大地构造属山西地台和渤海凹陷之间的接壤地带，地势东低西高差距大，地貌复杂。地貌类型自西向东依次为中山、低山、丘陵、山麓平原。西部太行山地，海拔约 1000m，山峦重叠，地势高耸，京广铁路以东为华北平原的一部分。地貌由西向东依次排列为中山、低山、丘陵、盆地、平原。地处平山县的最高山峰驼梁海拔 2281m，为河北省境内的第五峰，是石家庄的制高点。东部平原，按其成因属太行山山前冲洪积平原，海拔一般在 30 ~ 100m，其中辛集市北庞村海拔 28m，为辖区内的最低点。

四、土地资源概况

2010 年石家庄市总土地面积 15848km²，总人口 1017.5 万，其中市区面积 307km²，人口 161 万，辖桥西区、桥东区、新华区、裕华区、长安区、井陉矿区、高新开发区 7 区。全市耕地面积 8086470 亩❶，各县土地利状况见表 1 - 1。

表 1 - 1　石家庄市各县土地利用现状

县（市、区）	耕地面积/亩	县（市、区）	耕地面积/亩
市区	180675	无极县	528000
井陉县	343215	平山县	451875
正定县	448860	元氏县	525840
栾城县	373185	赵县	723255
行唐县	537750	辛集市	836505
灵寿县	331740	藁城市	798120
高邑县	237885	晋州市	414750
深泽县	282495	新乐市	412875
赞皇县	309120	鹿泉市	350325

---

❶　1 亩 = 0.0666667 公顷。

五、土壤类型

石家庄市土壤类型为：棕壤、褐土、石质土、粗骨土、新积土、风沙土、潮土、沼泽土、山地草甸土、水稻土、盐土，共计 11 土类，22 个亚类，81 个土属，119 个土种。详见表 1－2。

表 1－2　石家庄市主要土类

土类	亚类	土种	面积/亩
棕壤	棕壤	非耕种酸性硅铝质棕壤	335863
		非耕种基性硅铝质棕壤	39296
		非耕种钙质棕壤	1691
		非耕种硅质棕壤	16082
		洪冲积壤质棕壤	3922
	棕壤性土	非耕种酸性硅铝质棕壤性土	47046
褐土	褐土	酸性硅铝质褐土	1367
		非耕种酸性硅铝质褐土	405472
		非耕种钙质褐土	104164
		洪冲积壤质褐土	20726
	淋溶褐土	非耕种酸性硅铝质淋溶褐土	25567
		非耕种酸性硅铝质淋溶褐土	505196
		非耕种硅质淋溶褐土	3607
		洪冲积壤质淋溶褐土	6629
	石灰性褐土	非耕种酸性硅铝质石灰性褐土	23072
		非耕种酸性硅铝质石灰性褐土	51425
		酸性硅铝质石灰性褐土	240197
		钙质石灰性褐土	12792
		非耕种钙质石灰性褐土	166758
		硅泥铝质石灰性褐土	541
		非耕种硅质石灰性褐土	11106
		黄土状壤质石灰性褐土	676447
		红黄土壤质石灰性褐土	4088
		新红土壤质石灰性褐土	4810
		黄土状洪冲积壤质石灰性褐土	424118

续表

土类	亚类	土种	面积/亩
褐土	石灰性褐土	冰碛壤质石灰性褐土	11162
		洪冲积沙壤质石灰性褐土	27401
		洪冲积沙壤质石灰性褐土（有卵石层）	1591
		洪冲积轻壤质石灰性褐土	1644762
		洪冲积轻壤质石灰性褐土（有沙层）	38999
		洪冲积轻壤质石灰性褐土（有保水保肥层）	12916
		洪冲积轻壤质石灰性褐土（有砾石层）	37954
		洪冲积轻壤质石灰性褐土（有卵石层）	27202
		洪冲积轻壤质石灰性褐土（有沙姜层）	441
		洪冲积中壤质石灰性褐土	1568
		质非耕种洪冲积沙壤石灰性褐土	933
		河流冲积沙壤质石灰性褐土（有卵石层）	1095
	潮褐土	洪冲积沙质潮褐土	50380
		洪冲积沙质潮褐土（有保水保肥层）	1531
		洪冲积沙壤质潮褐土	318926
		洪冲积沙壤质潮褐土（有保水保肥层）	2842
		洪冲积轻壤质潮褐土	3878781
		洪冲积轻壤质潮褐土（有沙层）	206673
		洪冲积轻壤质潮褐土（有保水保肥层）	212095
		洪冲积轻壤质潮褐土（有沙姜层）	13640
		洪冲积中壤质潮褐土	70160
		洪冲积中壤质潮褐土（有沙姜层）	3149
		黄土状洪冲积壤质潮褐土	48834
		河流冲积轻壤质潮褐土	10083
		河流冲积轻壤质潮褐土（有沙层）	1368
		非耕种洪冲积沙壤质潮褐土	43907
		人工堆垫壤质潮褐土	6044
	褐土性土	非耕种基性硅铝质褐土性土	29726
		非耕种酸性硅铝质褐土性土	212927
		非耕种钙质褐土性土	128348
		非耕种风积沙质褐土性土	98693
		非耕种冰碛壤质褐土性土	1927

土类	亚类	土种	面积/亩
石质土	硅铝质石质土	酸性硅铝质石质土	15066
粗骨土	硅铝质粗骨土	基性硅铝质粗骨土	2883
		酸性硅铝质粗骨土	2762165
		泥硅铝质粗骨土	39705
		硅质粗骨土	72570
	钙质粗骨土	钙质粗骨土	100942
新积土	石灰性新积土	沙质非耕种河流冲积新积土	229002
		河流冲积沙壤质新积土	97060
风沙土	半固定风沙土	风积沙质半固定风沙土	10145
		风积沙壤质半固定风沙土	8991
潮土	潮土	洪冲积轻壤质潮土	22508
		洪冲积轻壤质潮土（有沙层）	8059
		非耕种洪冲积沙壤质潮土	6927
		河流冲积沙质潮土	43429
		河流冲积沙壤质潮土	194072
		河流冲积沙壤质潮土（有保水保肥层）	27538
		河流冲积轻壤质潮土	527844
		河流冲积轻壤质潮土（有沙层）	160134
		河流冲积轻壤质潮土（有保水保肥层）	308317
		河流冲积中壤质潮土	106594
		河流冲积中壤质潮土（有沙层）	8931
		河流冲积重壤质潮土	3014
		非耕种河流洪冲积沙质潮土	22719
		非耕种河流冲积沙壤质潮土	37410
		非耕种河流冲积轻壤质潮土	742
		非耕种河流冲积轻壤质潮土（有沙层）	10365
		脱沼泽轻壤质潮土	590
		脱沼泽轻壤质潮土（有保水保肥层）	651
		壤质人工堆垫潮土	26312
		壤质人工灌淤潮土	11280

土类	亚类	土种	面积/亩
潮土	湿潮土	河流冲积沙壤质湿潮土	2614
		河流冲积轻壤质湿潮土	11961
		河流冲积轻壤质湿潮土（有沙层）	3925
		非耕种河流冲积沙质湿潮土	491
		非耕种河流冲积轻壤质湿潮土	2142
		非耕种河流冲积轻壤质湿潮土	6546
		壤质人工堆垫湿潮土	4711
	脱潮土	洪冲积沙壤质脱潮土	96385
		洪冲积沙壤质脱潮土（有保水保肥层）	3090
		洪冲积轻壤质脱潮土	803329
		洪冲积轻壤质脱潮土（有保水保肥层）	68109
		洪冲积轻壤质脱潮土	7671
		洪冲积中壤质脱潮土	26810
		洪冲积中壤质脱潮土（有沙层）	3406
		河流冲积沙壤质脱潮土	15943
		河流冲积轻壤质脱潮土	293562
		河流冲积轻壤质脱潮土（有沙层）	44439
		河流冲积轻壤质脱潮土（有保水保肥层）	15817
		河流冲积中壤质脱潮土	2283
	盐化潮土	氯化物硫酸盐轻度盐化潮土	75969
		氯化物硫酸盐中度盐化潮土	6631
		氯化物硫酸盐重度盐化潮土	17219
沼泽土	沼泽土	河流冲积轻壤质沼泽土	2042
		非耕种河流冲积轻壤质沼泽土	1011
	草甸沼泽土	非耕种河流冲积沙壤质草甸沼泽土	8570
		河流冲积轻壤质草甸沼泽土	1752
		非耕种河流冲积轻壤质草甸沼泽土（有沙层）	6665

续表

土类	亚类	土种	面积/亩
山地草甸土	硅铝质山地草甸土	非耕种酸性硅铝质山地草甸土	3374
水稻土	潜育型水稻土	河流冲积轻壤质潜育型水稻土	3156
		河流冲积轻壤质潜育型水稻土（有沙层）	8495
	潴育型水稻土	河流冲积中壤质潴育型水稻土	3562
盐土	草甸盐土	硫酸盐氯化物轻壤质草甸盐土	4967

资料来源：河北省石家庄地区土壤简编5-9页。

石家庄市土壤的分布规律包括土壤垂直分布规律，土壤水平分布规律和土壤区域性分布规律，现分述如下。

（一）土壤垂直分布规律

石家庄市土壤垂直分布规律即土壤垂直带谱在西部山区极为明显。由于生物气候随着海拔高度的上升呈有规律的变化，致使土壤类型也随着呈现有规律的分布。以平山县南坨土壤垂直带谱的土壤分布为例。山体自低山至中山，气候由半干旱半湿润经温凉而湿润变化成冰冷而湿润，植被则由旱生灌丛—半湿润阔叶灌丛林—针阔叶林—湿润阔叶林—草灌丛。土壤的成土过程自半淋溶转化为淋溶过程。因此，在不同的海拔高度，气候、植被、水分呈有规律的变化。其土壤类型从低山至中山为石灰性褐土—褐土—淋溶褐土—棕壤—山地草甸土。其海拔高度是石灰性褐土约600m以下，褐土为500~800m，淋溶褐土为700~1200m，棕壤1000~1200m，山地草甸土为1900~2281m。

其土壤垂直带谱的基带为褐土带和棕壤带。

由于山体的坡向不同造成水热条件和植被的差异。因此，土壤垂直带谱在南北坡向的分布高低也有差异。以平山县南坨土壤垂直带谱为例，南北坡向带距差100~200m，如南坡的棕壤要比北坡的棕壤出现部位高100~200m。

（二）土壤水平分布规律

石家庄市的地形自西向东逐渐降低，海拔高程由2281m递降至25m。气候自西向东由温凉湿润向温暖干燥过渡，植被由针阔叶林向旱生灌丛过渡。因此，土壤自西向东有规律的分布。

1. 温凉湿润落叶针阔叶林及灌丛土壤—棕壤

分布于石家庄市的西部中山地区，植被有桦、栎、油松等乔木及六道木、杜鹃等灌木。因降水较丰沛，故土壤呈淋溶状态，钙质淋失，土壤呈微酸性。

2. 温暖干燥阔叶林及旱生灌丛—褐土

分布于石家庄市西部低山、丘陵及山麓平原的上部。气候温暖干燥，由于降雨量减少，植被多为旱生灌丛如酸枣、荆条、白草、菅草等。土壤呈弱淋溶状态，土壤物质如钙质黏粒等，在土层下部淀积，故土壤有钙积和黏化过程。

低山上部气候为温凉湿润向温暖干燥过渡地带，因此淋溶褐土是棕壤和褐土的过渡类型土壤。其植被不仅有棕壤的典型植被，如杜鹃、栎树等而且也有褐土的典型植被如荆条、胡枝子等。

山麓平原的下部，由于地形平坦，地下水位较高，土壤除处于弱淋溶过程外，地下水也参与成土过程。土壤中的铁锰元素在土层下部因氧化还原交替进行而呈铁子或锈纹锈斑状。土壤为潮褐土。

3. 温暖草甸土壤—潮土

分布于山麓平原下部至冲积平原交接洼地。由于地形平坦、地下水位较高，地下水参与成土过程。气候虽属温暖干燥，但因地下水较高，所以土壤经常处于湿润状态。土壤中铁锰元素氧化还原频繁交替进行，故土壤具有明显且较大的锈纹、锈斑。

在潮土区的西部，因地势较高，地下水埋深相对深些，地下水季节性的抬高，雨季抬高时参加成土过程，旱季地下水下降不参加成土过程。土壤出现假菌丝向弱淋溶状态发展，即向褐土土类演变。其介于潮土和褐土之间为脱潮土。

（三）土壤区域性分布规律

土壤区域性分布规律是指一定土壤水平带内，由于地形、水文、地质的分异，而导致土壤类型的不同。其分布规律是在一定区域内，某一个或两个成土因素为土壤形成的主导因素，而其他成土因素为次要因素时，就形成某一特定的土壤类型。它不同于地带性土壤如棕壤、褐土而显示出土壤的区域性。

石家庄市的潮土、沼泽土、水稻土、盐土、风沙土、新积土、粗骨土、石质土、山地草甸土等土壤类型均为区域性土壤。

潮土、沼泽土的成土条件中，水分是土壤形成的主导因素。即土壤由于地下水埋深很浅或地表长期积水，土壤物质处于氧化还原状态过程中形成的土壤。凡符合这些成土条件的均可形成该土壤类型，其在山区的褐土区有分布，在平原的潮土区也有分布。

水稻土则是由于人类长期种植水稻，进行周期性的耕作、灌排、人为控制土壤中的物质的氧化还原过程，成为区别于其他旱作土壤的人为土壤类型。因此，在石家庄市它的分布都在有灌排条件的山区沟谷和山麓平原上部有泉涌或河滩等地方。

盐土是以水文和地形为主导的成土因素作用下形成的土壤类型。其分布规律是在地下水位较高，且矿化度较高，地形为洼地中微凸起的部位上。由于地下水径流不畅，其所含有的可溶盐随土壤毛管水聚积地表而形成的土壤类型。

而石质土和粗骨土，则是由于山体陡峭，土壤受降水的冲刷，黏粒和其他物质被冲失，仅留下大量的砾石和植物着生的少量薄层土壤。其发育过程经常被打断，故无发育层次，整个土层呈粗骨状。其分布规律也均在低山，水土流失严重的地区。

新积土和风沙土的分布规律则是在河漫滩和故河道上。由于成土时间短暂而无剖面发育的一类土壤类型。

第二节　农业生产概况

石家庄是一个农业大市，耕地面积8086470亩，各县市面积如表1-3所示。主要农作物是小麦、玉米、蔬菜，常年播种面积1150万亩左右。其中，小麦、玉米播种面积1100万亩左右，约占农作物播种面积的75%，总产在500万吨左右。常年蔬菜播种面积 200 多万亩，总产 1100 多万吨。

表 1-3　石家庄市主要农作物播种面积　　　　　　　　　单位：亩

县（区）	总播种面积	冬小麦	夏玉米	杂粮类	薯类	花生	棉花	蔬菜类
长安区	143520	69060	51420	450	—	2340	2145	17625
桥东区	9465	2745	2985	—	—	—	90	3645
桥西区	18720	2970	1665	285	—	—	—	13800
新华区	75720	23460	22950	60	—	1170	330	27450
裕华区	29685	12075	10860	—	—	—	—	6750
矿区	44460	14985	21255	75	225	165	—	6750
高新开发区	105720	45015	43215	—	—	—	—	17490
井陉县	483390	128790	183915	37560	20940	10920	2310	56580
正定县	836055	314865	300645	14835	4155	65340	4530	127650
栾城县	733425	265965	246450	2655	135	2625	915	181695
行唐县	888750	300000	292035	19200	81900	91695	10005	69780
灵寿县	553035	186750	209490	5805	56760	36180	3555	45540
高邑县	465270	176400	157545	2670	6525	18000	1425	101130
深泽县	525210	189825	194970	15870	8805	25875	9045	79710
赞皇县	527640	171675	175005	15480	24375	78000	2205	33390
无极县	966915	385005	304755	14055	19365	69675	5550	152760
平山县	695565	246615	232860	27735	34950	43965	10050	77130
元氏县	947775	402990	335010	28005	30000	36000	10005	95130
赵县	1287510	590160	478170	—	3450	13245	1800	199290
辛集市	1540770	618060	480600	39330	14220	115980	105345	163050
藁城市	1643520	533865	499245	25800	12675	36675	3510	531090
晋州市	955800	413910	322455	62970	11400	45840	900	96060
新乐市	974055	364200	284010	8700	11535	120000	2745	182865
鹿泉市	714780	246930	247170	17655	9855	5640	3015	168570
合计	15166755	5706315	5098680	339195	351270	819330	179475	2454930

第二章　耕地地力调查评价的内容和方法

第一节　准备工作

一、组织准备

（一）成立领导小组

为加强耕地地力调查与质量评价试点工作的领导，成立了由农业局长为组长的"石家庄市耕地地力调查与评价试点工作领导小组"，负责组织协调、落实人员、安排资金、制订工作计划，指导调查工作。领导小组下设办公室，办公室设在土肥站，主要负责项目组织、协调与督导。

领导小组及其办公室多次召开工作协调会和现场办公会，及时解决工作中出现的问题。为保证在野外调查取样时农民给予积极配合，石家庄市人民政府向各县（市）区印发了通知，要求各县（市）区做好农民的思想工作，消除他们的疑虑，保证了调查数据的真实性和可靠性。

（二）成立技术组

技术组由主管业务的副局长任组长，成员由土肥站、技术站、植保站等单位负责人组成，负责项目技术方案的制订，组织技术培训、成果汇总与技术指导，确保技术措施落实到位。聘请中国农业大学、河北农业大学、河北省农林科学院、土地管理等部门和学科的专家成立"石家庄市耕地地力调查与评价工作专家组"，参与耕地地力调查与评价的技术指导，确立评价指标，确定各指标的权重及隶属函数模型等关键技术。

（三）组建野外调查采样队伍

野外调查采样是耕地地力评价的基础，其准确性直接影响评价结果。为保证野外调查工作质量，组成野外调查采样队，调查队由石家庄市农业局技术骨干及各乡镇农业技术人员组成。在调查路线踏查的基础上，调查队共分为5个调查组、5条调查路线，调查队员实行混合编组，即保证每组有一名熟悉情况的当地技术人员、一名参加过类似调查的市农业专业技术人员，做到发挥各自优势，取长补短，保证调查工作质量。

二、物质准备

为了更好地完成石家庄市耕地地力评价工作，在已有计算机等一些设备的基础上，配置了手持GPS定位仪、地理信息系统软件，印制野外调查表，购置采样工具、样品袋（瓶）；同时石家庄市还建成了面积为 $200m^2$ 的高标准土壤化验室，划分了浸提室、分析室、研磨室、制剂室、主控室等功能分区。通过向社会公开招标和政府采购，先后添置了土壤粉碎机、原子吸收分光光度计、紫外分光光度计、火焰光度计、极普仪、电子天平等各种化验仪器设备，并进行了严格的安装和调试，所需玻璃器皿和化学试剂也同步购置完成。化验室所需仪器设备均已配置齐全，并配有专职化验人员 8 人，兼职化验人员 6 人。

三、技术准备

建立市级耕地类型区、耕地地力等级体系，确定石家庄市耕地地力与土壤环境评价指标体系以及耕地质量评价体系。

组织建立地理信息系统（GIS）支持的试点县耕地资源基础数据库，该数据库包括空间数据库和属性数据库，由石家庄市土肥站负责数据库建立和录入以及耕地资源管理信息系统整合。

确定取样点。应用土壤图、土地利用现状图叠加确定评价单元，在评价单元内，参照第二次土壤普查采样点进行综合分析，确定调查和采样点位置。

四、资料准备

图件资料：石家庄市行政区划图、土地利用现状图、第二次土壤普查成果图件等相关图件。文本资料：第二次土壤普查基础资料、土地详查资料、1980 年以来国民经济生产统计年报；土壤监测、田间试验、各县市历年化肥、农药、除草剂等农用化学品销售投入情况；石家庄市土地利用总体规划、石家庄市各县市土地利用总体规划。市志、土壤志；主要农作物（含菜田）布局等。其他相关资料：土壤改良、生态建设、土壤典型剖面照片、当地典型景观照片、特色农产品介绍、地方介绍资料。

第二节　调查方法与内容

一、布点、采样原则和技术支持

根据《耕地地力调查与质量评价技术规程》（NY/T 1634—2008）以及石家庄市的实际情况，本次调查中调查样点的布设采取如下原则。

（一）原则

1. 代表性原则

本次调查的特点是在第二次土壤普查的基础上，摸清不同土壤类型、不同土地利用下的土壤肥力和耕地生产力的变化和现状。因此，调查布点必须覆盖全县耕地土壤类型以及全部土地利用类型。

2. 典型性原则

调查采样的典型性是正确分析判断耕地地力和土壤肥力变化的保证。特别是样品的采集必须能够正确反映样点的土壤肥力变化和土地利用方式的变化。因此，采样点必须布设在利用方式相对稳定、没有特殊干扰的地块，避免各种费调查因素的影响。例如，对蔬菜地的调查，要对新老菜田分别对待，老菜田加大采样点密度，新菜田适当减少布点。

3. 科学性原则

耕地地力的变化以及土壤污染的分布并不是无规律的，是土壤分布规律、污染扩散规律等的综合反映。因此，调查和采样布点上必须按照土壤分布规律布点，不打破土壤图斑的界线；根据污染源的不同设置不同的调查样点。例如，点源污染，要根据污染企业的污染物排放情况布点；面源污染在本区主要是农业内部的污染，可在不同利用年限的典型棉田调查布点；对污染严重的地区适当加大调查采样点的密度。

4. 比较性原则

为了能够反映第二次土壤普查以来的耕地地力和土壤质量的变化，尽可能在第二次土壤普查的取样点上布点。

在上述原则的基础上，调查工作之前充分分析了石家庄市的土壤分布状况，收集并认真研究了第二次土壤普查的成果以及相关的试验研究和定点监测资料，并且请熟悉全市情况、参加过第二次土壤普查的有关技术人员参加工作。从市土肥站、技术站、经作站等部门抽调熟悉全市耕地利用和农业生产的人员，在河北省土肥站的指导下，通过野外踏勘和室内图件分析，确定调查和采样点。保证了本次调查和评价的高质完成。

（二）布点方法

1. 大田土样布点方法

按照《耕地地力调查与质量评价》的要求，平均每个采样点代表面积 141 亩。根据石家庄市的基本农田保护区（除蔬菜地）面积，确定采样点总数量在 57000 个。

为了科学反映土壤分布规律，同时在满足本次调查基本要求下和调查精度的基础上尽量减少调查工作量，对第二次土壤普查的成果图进行了清理编绘。土壤图斑零碎的局部区域，对土壤图斑进行了整理归并，将土壤母质类型相同、质地相近、土体构型相似的，特别是耕层土壤性状一致，分属不同土种的同一土属的土壤土斑合并成为土属图斑。而对于不同土属包围的土种只要达到上图单元，仍然保留原图斑。土壤图斑适当合并后的土壤图，实际是一张土属和土种复合的新土壤图。

以新的土壤图为基本图件，叠加带有基本农田区信息的土地利用现状图，以不同的土地利用现状界线分割土壤图斑，形成调查和评价单元图。为了与野外调查采样 GPS 定位相衔接，又在调查评价单元图上叠加了地形图的地理坐标信息。

根据调查和评价单元（图斑）的面积，初步确定每一调查和评价单元（图斑）的采样点数量，采样点尽量均匀并有代表点；根据土壤属性和土地利用方式的一致性，选择典型单元调查采样。

在各评价单元中，根据图斑形状、种植制度、种植作物种类、产量水平等因素的不同，同时考虑单元内部和区域的样点分布的均匀性，确定点位，并落实到单元图上，标注采样编号，确定其地理坐标。点位要尽可能与第二次土壤普查的采样点相一致。

2. 耕地土样布点方法

根据规程每个点代表面积 141 亩的要求，以及石家庄市耕地面积，确定总采样点数量为 57000 个。野外补充调查，在土地利用现状图的基础上，调查各种作物施肥水平、产量水平、经济效益等。将土壤图、行政区划图和土地利用分布图叠加，形成评价单元。根据评价单元个数以及面积和总采样点数，初步确定各评价单元的采样点数。各评价单元的采样点数和点位确定后，根据土种、利用类型、行政区域等因素，统计各因素点位数。当某一因素点位数过少或过多时，要进行调整，同时要考虑点位的均匀性。

3. 植株样布点方法

植株样点数确定：选择当地 5～10 个主要品种，每个品种采 2～3 个样品。若想重点了解产品污染状况，可选择污染严重的区域采样，适当增加采样点数量。

（三）采样方法

1. 大田土样采样方法

大田土样在作物收获后或播种施肥前采集取样。野外采样田块确定，根据点位图，到点位所在的村庄，首先向农民了解本村的农业生产情况，确定具有代表性的田块，田块面积要求在 1 亩以上，依据田块的准确方位修正点位图上的点位位置，并用 GPS 定位仪进行定位。

调查、取样：向已确定采样田块的户主，按调查表格的内容逐项进行调查填写。在该田块中按旱田 0～20cm 土层采样；采用"X"法、"S"法、棋盘法中的任何一种方法，石家庄市采用了"S"法，均匀随机采取 15 个采样点，充分混合后，四分法留取 1kg。采样工具用木铲、竹铲、塑料铲、不锈钢土钻等；一袋土样填写两张标签，内外各具。标签主要内容为：样品野外编号（要与大田采样点基本情况调查表和农户调查表相一致）、采样深度、采样地点、采样时间、采样人等。

2. 蔬菜地土样采样方法

保护地在主导蔬菜收获后的凉棚期间采样。露天菜地在主导蔬菜收获后，下茬蔬菜施肥前采样。

野外采样田块确定：根据点位图，到点位所在的村庄，首先向农民了解本村蔬菜地的设施类型、棚龄或种菜的年限、主要的蔬菜种类，确定具有代表性的田块。依据田块的准确方位修正点位图上的点位位置，并用 GPS 定位仪进行定位。若确定的菜地与布点目的不一致，要将其情况向技术组说明，以便调整。

调查、取样：向已确定采样田块（日光温室、塑料大棚、露天菜地）的户主，按调查表格内容逐项进行调查填写，并在该田块里采集土样。耕层样采样深度为 0～25cm，亚耕层样采样深度为 25～50cm（根据点位图的要求确定是否取亚耕层样）。耕层样及亚耕层样采用"S"法均匀随机采取 10～15 个采样点，要按照蔬菜地的沟、垄面积比例确定沟、垄取土点位的数量，土样充分混合后，四分法留取 1kg。其他同大田。

打环刀测容重的位置，要选择栽培蔬菜的地方，第一层在 10～15cm，第二层在 35～40cm，每层打 3 个环刀。

3. 污染调查土样采样方法

根据污染类型及面积大小，确定采样点布设方法。污水灌溉或受污染的水灌溉，采用对角线布点法。受固体废物污染的采用棋盘或同心圆布点法。面积较小、地形平坦采用梅花布点法。面积较大、地形较复杂的采用"S"布点法。每个样品一般由 5 ~ 10 个采样点组成，面积大的适当增加采样点。土样不局限于某一田块。采样深度一般为 0 ~ 20cm。其他同大田。

4. 水样采样方法

灌溉高峰期采集。用 500mL 聚乙烯瓶在抽水机出口处或农渠出水口采集四瓶，记载水源类型、取样时间、取样人等内容。采集后尽快送化验室，根据测定项目加入保存剂，并妥善保存。蔬菜主产区的回水水样，从水井中采集，其他同前。

5. 植株样采样方法

在蔬菜、果品的收获盛期采集。采用棋盘法，采样点一般为 10 ~ 15 个。蔬菜采集可食部分，个体大的样品，可先纵向对称切成 4 份或 8 份后，4 分法留取 2kg。果品采样时，要在上、中、下、内、外均匀采摘，4 分法留取 2 ~ 3kg。

二、调查内容

在采样的同时，要对样点的立地条件、土壤属性、农田基础设施条件、栽培管理与污染等情况进行详细调查。为了便于分析汇总，样表中所列项目原则上要无一遗漏，并按本说明所规定的技术规范来描述。对样表未涉及，但对当地耕地地力评价又起着重要作用的一些因素，可在表中附加，并将相应的填写标准在表后注明。

（一）基本项目

1. 立地条件

经纬度及海拔高度由 GPS 仪进行测定，经纬度单位统一为"度""分""秒"。

土壤名称按照全国第二次土壤普查时的连续命名法填写。

潜水埋深：分为深位（>3 ~ 5m）、中位（2 ~ 3m）、高位（<2m）。

潜水的埋深和水质：依据含盐量（g/L）分为淡水（<1）、微淡水（1 ~ 3）、咸水（3 ~ 10）。盐水（10 ~ 50）、卤水（>50）等。

2. 土壤性状调查

土壤质地：指表层质地，按第二次土壤普查规程填写，分为沙土、沙壤土、轻壤土、中壤土、重壤土、黏土 6 级。

土体构型：指不同土层之间的质地构造变化情况。一般可分为薄层型（<30cm）、松散型（通体沙型）、紧实型（通体黏型）、夹层型（夹沙砾型）、夹黏型。夹料姜型等）、上紧下松型（漏沙型）、上松下紧型（蒙金型）、海绵型（通体壤型）等。

耕层厚度：按实际测量确定，单位统一为厘米（cm）。

障碍层次及出现深度：主要指沙、黏、砾、卵石、料姜、石灰结核等所发生的层位，应描述出障碍层次的种类及其深度。

障碍层厚度：最好实测，或访问当地群众，或查对土壤普查资料。

盐碱情况：盐碱类型分为苏打盐化、硫酸盐化、氯化物盐化、碱化等。盐化程度分为重度、中度、轻度等；碱化程度分为轻度、中度、重度等。

3. 农田设施调查

地面平整度：按大范围地形坡度确定，分为平整（<3°）、基本平整（3°~5°）、不平整（>5°）。

灌溉水源类型：分为河流、地下水（深层、浅层）、污水等。

输水方式：分为漫灌、畦灌、沟灌、喷灌等。

灌溉次数：指当年累计的次数。

年灌水量：指当年累计的水量。

灌溉保证率：按实际情况填写。

排涝能力：分为强、中、弱3级。分别抗10年一遇、抗5~10年一遇、抗5年一遇等。

4. 生产性能与管理调查

家庭人口：以调查户户籍登记为准。

耕地面积：指调查当年该户种植的所有耕地（包括承包地）。

种植（轮作）制度：分为一年二熟、二年三熟等。

作物（蔬菜）种类及产量：指调查地块近3年主要种植作物及其平均产量。

耕翻方式及深度：指翻耕、深松耕、旋耕、耙地、糖地、中耕等。

秸秆还田情况：分年度填写近3年直接还田的秸秆种类、方法、数量。

设施类型、棚龄或种菜年限：分为薄膜覆盖、阳畦、温床、塑料拱棚等类型。棚龄以正式投入使用算起。种菜年限指本地块种植蔬菜的年限。无任何设施的，只填写种菜年限。

施肥情况：肥料分为有机肥、氮肥、磷肥、钾肥、复合肥、微肥、叶面肥、微生物肥及其他肥料，写清产品外包装所标识的产品名称、主要成分及生产企业。

农药使用情况：上年度使用的农药品种、用量、次数、时间。

种子（蔬菜）品种及来源：已通过国家正式审定（认定）的，要填写正式名称。取得的途径分为自家留种、邻家留种、经营部门（单位或个人）。

生产成本：

化肥：当年所收获作物或蔬菜全生育期的化肥投资总和。

有机肥：当年所收获作物或蔬菜的有机肥投资总和。

农药：当年所收获作物或蔬菜的农药投资总和。

农膜：当年所收获作物或蔬菜的农膜投资总和。

种子（种苗）：当年所收获作物或蔬菜的种子（种苗）投资总和。

机械：当年所收获作物或蔬菜的机械投资总和。

人工：当年所收获作物或蔬菜的人工总数。

其他：当年所收获作物或蔬菜的其他投入。

产品销售及收入情况：大田采样点要调查上年度该农户所种植的各种农作物的总产量，每一种农作物的市场价格、销售量、销售收入等。

蔬菜效益：指各年度的纯收益。

5. 土壤污染情况调查

包括：污染物类型、污染面积、距污染源距离、污染源企业名称、企业地址、污染物排放量、污染范围、污染造成的危害、污染造成的经济损失。

（二）调查步骤

1. 确定调查单元

用土壤图（土种）与行政区划图以及土地利用现状图叠加产生的图斑作为耕地地力调查的基本单元。对于耕地，每个单元代表面积 1356 亩左右，根据本区的基本农田保护区内的耕地和蔬菜地面积，确定总评价单元数量为 5960 个。

2. 用 GPS 确定采样点的地理坐标

在选定的调查单元，选择有代表性的地块，用 GPS 确定该采样点的经纬度和高程。

3. 大田调查与取样

（1）选择有代表性的地块，取土样、水样、植株样；

（2）填写大田采样点基本情况调查表；

（3）填写大田采样点农户调查表。

在选定的调查单元，选择有代表性的农户，调查耕作管理、施肥水平、产量水平、种植制度、灌溉等情况，填写调查表格。

4. 蔬菜地调查与取样

（1）选择有代表性的地块，取土样、容重样、水样、植株样；

（2）填写蔬菜采样点基本情况调查表；

（3）填写蔬菜采样点农户调查表。

在选定的调查单元，选择有代表性的农户，调查蔬菜地设施类型及分布、耕作管理、施肥水平、产量水平、种植制度、灌溉等情况，填写调查表格，并补绘土地利用现状图。

5. 填写污染源基本情况调查表

在大田和蔬菜地，如果有点源污染和面源污染源的存在，要同时按照污染调查的内容填写污染源基本情况表。

6. 调查数据的整理

由野外调查所产生的一级数据（基本调查表），经技术负责人审核后，由专业人员按数据库要求进行编码、整理、录入。

第三节　样品分析与质量控制

一、分析项目与方法

（一）土壤物理性状

土壤容重：采用环刀法。

（二）土壤化学性状

土壤 pH 值的测定：采用玻璃电极法。

土壤有机质的测定：采用重铬酸钾—硫酸溶液—油浴法。

土壤有效磷的测定：采用钼锑抗比色法碳酸氢钠提取。

土壤速效钾的测定：采用火焰光光度法乙酸铵提取。

土壤全氮的测定：采用凯氏定氮法。

土壤缓效钾的测定：采用原子吸收分光光度法硝酸提取。

土壤有效性铜、锌、铁、锰的测定：采用原子吸收分光光度法（DTPA 提取）。

土壤有效态硫的测定：采用氯化钙提取—硫酸钡比浊法。

土壤水解性氮的测定：采用碱解扩散法。

二、分析测试质量控制

（一）实验室基本要求

（1）实验室资格：通过省级（或省级以上）计量认证或通过全国农业技术推广服务中心资格考核。

（2）实验室布局：足够的面积，总体设计合理，每一类分析操作有单独的区域，具备与检测项目相适应的水、电、通风排气、照明、废水及废物处理等设施。

（3）人员：配备经过培训考核合格的相应专业技术人员，承担各自相应的检测项目。

（4）仪器设备：与承检项目相适应，其性能和精度满足检测要求。

（5）环境条件：满足承检项目、仪器设备的检测要求。

（6）实验室用水：用离子交换法制备，并符合《分析实验室用水规格和试验办法》（GB/T 6682—2008）的规定。常规检验使用 3 级水，配制标准溶液用水、特定项目用水应符合 2 级水要求。

（二）分析质量控制基础实验

1. 全程序空白值测定

全程空白值是指用某一方法测定某物质时，除样品中不含该物质外，整个分析过程中引起的信号值或相应浓度值。每次做 2 个平行样，连测 5 天共得 10 个测定结果，计算批内标准偏差 S_{wb} 按下式计算

$$S_{wb} = \left\{ \sum (X_i - X_{平})^2 / m(n-1) \right\}^{1/2}$$

式中：n 为每天测定平均样个数；m 为测定天数。

2. 检出限

检出限是指对某一特定的分析方法在给定的置信水平内可以从样品中检测待测物质的最小浓度或最小量。根据空白测定的批内标准偏差（S_{wb}）按下列公式计算检出限（95% 的置信水平）。

若试样一次测定值与零浓度试样一次测定值有显著性差异时，检出限按下式计算

$$L = 2 \times 2^{1/2} t_f S_{wb}$$

式中：L 为方法检出限；t_f 为显著水平为 0.05（单侧）自由度为 f 的 t 值；S_{wb} 为批内空白值标准偏差；f 为批内自由度，$f = m(n-1)$，m 为重复测定次数，n 为平行测定

次数。

原子吸收分析方法中用下式计算检出限，即

$$L = 3S_{wb}$$

分光光度法以扣除空白值后的吸光值为 0.010 相对应的浓度值为检出限。

由测得的空白值计算出 L 值不应大于分析方法规定的最低检出浓度值，如大于方法规定值时，必须寻找原因降低空白值，重新测定计算直至合格。

3. 校准曲线

标准系列应设置 6 个以上浓度点。

根据一元线性回归方程，　　　　　　$y = a + bx$

式中：y 为吸光度；x 为待测液浓度；a 为截距；b 为斜率。

校准曲线相关系数应求 $R \geqslant 0.999$。

校准曲线控制：每批样品皆需做校准曲线；校准曲线要 $R > 0.999$，且有良好重现性；即使校准曲线有良好重现性也不得长期使用；待测液浓度过高时，不能任意外推；大批量分析时，每测 20 个样品也要用一标准液校验，以查仪器灵敏度飘移。

4. 精密度控制

（1）测定率：凡可以进行平行双样分析的项目，每批样品每个项目分析时均须做 10% ~ 15% 平行样品；5 个样品以下时，应增加到 50% 以上。

（2）测定方式：由分析者自行编入的明码平行样，或由质控员在采样现场或实验室编入的密码平行样。二者等效、不必重复。

（3）合格要求：平行双样测定结果的误差在允许误差范围之内者为合格，部分项目允许误差范围参照表 2 - 1。平行双样测定全部不合格者，重新进行平行双样的测定；平行双样测定合格率 <95% 时，除对不合格者重新测定外，再增加 10% ~20% 的测定率，如此累进，直到总合格率为 95%。在批量测定中，普遍应用平行双样实验，其平行测定结果之差为绝对相差；绝对相差除以平行双样结果的平均值即为相对相差。当平行双样测定结果超过允许范围时，应查找原因重新测定。

相对相差（T）= $| a_1 - a_2 | \times 100/0.5 (a_1 + a_2)$

平行测定结果允许误差如表 2 - 1 所示。

表 2 - 1　平行测定结果允许误差

项目	含量范围	绝对误差		范围	允许误差
有机质/（g/kg）	< 10 10 ~ 40 40 ~ 70 > 100	≤ 0.5 ≤ 1.0 ≤ 3.0 ≤ 5.0	有效锌（铜）	< 1.50 ≥ 1.50	绝对误差 ≤ 0.15mg/kg 相对误差 ≤ 10%
全氮/（g/kg）	> 1 1 ~ 0.6 < 0.6	≤ 0.05 ≤ 0.04 ≤ 0.03	有效锰（铁）	< 15.0 ≥ 15.0	绝对误差 ≤ 1.5mg/kg 相对误差 ≤ 10%

项目	含量范围	绝对误差		范围	允许误差
有效磷/（mg/kg）	<10 10~20 >20	≤0.5 ≤1.0 ≤0.05	缓效钾	—	相对误差≤8%
pH 值	中性、 酸性土壤 碱性土壤	≤0.1pH 单位 ≤0.2pH 单位	速效钾	—	相对误差≤5%
有效硫	—	相对误差 ≤10%	水解性氮	—	相对误差≤10%

5. 准确度控制

本工作仅在土壤分析中执行。

（1）使用标准样品或质控样品：例行分析中，每批要带测质控平行双样，在测定的精密度合格的前提下，质控样测定值必须落在质控样保证值（在95%的置信水平）范围之内，否则本批结果无效，需重新分析测定。

（2）加标回收率的测定：当选测的项目无标准物质或质控样品时，可用加标回收实验来检查测定准确度。取两份相同的样品，一份加入一已知量的标准物，两份在同一条件下测定其含量，加标的一份所测得的结果减去未加标一份所测得的结果，其差值同加入标准物质的理论值之比即为样品加标回收率。

$$回收率 = （加标试样测得总量 - 样品含量）\times 100/加标量$$

加标率：在一批试样中，随机抽取10%~20%试样进行加标回收测定。样品数不足10个时，适当增加加标比率。每批同类型试样中，加标试样不应小于1个。

加标量：加标量视被测组分的含量而定，含量高的加入被测组分含量的0.5~1.0倍，含量低的加2~3倍，但加标后被测组分的总量不得超出方法的测定上限。加标浓度宜高，体积应小，不应超过原试样体积的1%。

合格要注：加标回收率应在允许的范围内，如果要求允许差值为±2%，则回收率应在98%~102%之间。回收率越接近100%，说明结果越准确。

6. 实验室间的质量考核

（1）发放已知样品：在进行准备工作期间，为便于各实验室对仪器、基准物质及方法等进行校正，以达到消除系统误差的目的。

（2）发放考核样品：考核样应有统一编号、分析项目、稀释方法、注意事项等。含量由主管掌握，各实验室不知，考核各实验室分析质量，样品应按要求时间内完成。填写考核结果（见表2-2、表2-3）。

表 2 - 2　实验室已知样液测定结果

考核元素	编号	测定日期	测定次数与结果/（mg/kg）						平均值（X）	标准差（S）	相对标准差（%）	全程空白/（mg/kg）	相关系数（R）	方法与仪器
			1	2	3	4	5	6						

　　测定单位：　　　　　　　　　　　　　　　　　分析质控负责人：

　　测定人：　　　　　　　　　　　　　　　　　　室主任：

表 2 - 3　实验室未知考核样测定结果

考核元素	编号	测定日期	测定次数与结果/（mg/kg）						平均值（X）	标准差（S）	相对标准差（%）	全程空白/（mg/kg）	相关系数（R）	方法与仪器
			1	2	3	4	5	6						

　　测定单位：　　　　　　　　　　　　　　　　　分析质控负责人：

　　测定人：　　　　　　　　　　　　　　　　　　室主任：

　　7. 异常结果发现时的检查与核对

　　（1）Grubb's 法：在判断一组数据中是否产生异常值时，可用数理统计法加以处理观察，采用 Grubb's 法。

$$T_{计} = |X_k - X| / S$$

其中，X_k 为怀疑异常值；X 为包括 X_k 在内的一组平均值；S 为包括 X_k 在内的标准差。

　　根据一组测定结果，从由小到大排列，按上述公式，X_k 可为最大值，也可为最小值。根据计算样本容量 n 查 Grubb's 检验临界值 T_a 表，若 $T_{计} \geqslant T_{0.01}$，则 X_k 为异常值；若 $T_{计} < T_{0.01}$，则 X_k 不是异常值。

　　（2）Q 检验法：多次测定一个样品的某一成分，所得测定值中某一值与其他测定值相差很大时，常用 Q 检验法决定取舍。

$$Q = d / R$$

其中，d 为可疑值与最邻近数据的差值；R 为最大值与最小值之差（极差）。

　　将测定数据由小到大排列，求 R 和 d 值，并计算得 Q 值，查 Q 表，若 $Q_{计算} > Q_{0.01}$，舍去。

第四节　耕地地力评价原理与方法

　　耕地是土地的精华，是农业生产不可替代的重要生产资料，是保持社会和国民经济可持续发展的重要资源。保护耕地是我们的基本国策之一，因此，及时掌握耕地资源的数量、质量及其变化对于合理规划和利用耕地，切实保护耕地有十分重要的意义。石家庄市在全面的野外调查和室内化验分析，获取大量耕地地力相关信息的基础上，进行了耕地地力综合评价，评价结果对于全面了解石家庄市耕地地力的现状及问题、耕地资源的高效和可持续利用提供了重要的科学依据，为市域耕地地力综合评价提供了技术模式。

一、耕地地力评价原理

（一）评价的原则

耕地地力就是耕地的生产能力，是在一定区域内一定的土壤类型上，耕地的土壤理化性状、所处自然环境条件、农田基础设施及耕作施肥管理水平等因素的总和。根据评价的目的要求，在石家庄市耕地地力评价中，我们遵循的是以下基本原则。

1. 综合因素研究与主导因素分析相结合原则

土地是一个自然经济综合体，是人们利用的对象，对土地质量的鉴定涉及自然和社会经济多个方面，耕地地力也是各类要素的综合体现。所谓综合因素研究是指对地形地貌、土壤理化性状、相关社会经济因素之总体进行全面的分析、研究与评价，以全面了解耕地地力状况。主导因素是指对耕地地力起决定作用的、相对稳定的因子，在评价中要着重对其进行研究分析。因此，把综合因素与主导因素结合起来进行评价，则可以对耕地地力做出科学准确的评定。

2. 共性评价与专题研究相结合原则

石家庄市耕地利用存在菜地、农田等多种类型，土壤理化性状、环境条件、管理水平等不一，因此耕地地力水平有较大的差异。一方面，考虑区域内耕地地力的系统、可比性，针对不同的耕地利用等状况，选用的统一的、共同的评价指标和标准，即耕地地力的评价不针对某一特定的利用类型；另一方面，为了了解不同利用类型的耕地地力状况及其内部的差异情况，对有代表性的主要类型如蔬菜地等进行专题的深入研究。这样，共性的评价与专题研究相结合，使整个的评价和研究具有更大的应用价值。

3. 定量和定性相结合原则

土地系统是一个复杂的灰色系统，定量和定性要素共存，相互作用，相互影响。因此，为了保证评价结果的客观合理，宜采用定量和定性评价相结合的方法。在总体上，为了保证评价结果的客观合理，尽量采用定量评价方法，对可定量化的评价因子如有机质等养分含量、土层厚度等按其数值参与计算，对非数量化的定性因子如土壤表层质地、土体构型等则进行量化处理，确定其相应的指数，并建立评价数据库，用计算机进行运算和处理，尽力避免人为随意性因素影响。在评价因素筛选、权重确定、评价标准、等级确定等评价过程中，尽量采用定量化的数学模型，在此基础上则充分运用人工智能和专家知识，对评价的中间过程和评价结果进行必要的定性调整，定量与定性相结合，选取的评价因素在时间序列上具有相对的稳定性，如土壤的质地、有机质含量等，从而保证了评价结果的准确合理，使评价的结果能够有较长的有效期。

4. 采用 GIS 支持的自动化评价方法原则

自动化、定量化的土地评价技术是当前土地评价的重要方向之一。近年来，随着计算机技术，特别是 GIS 技术在土地评价中的不断应用和发展，基于 GIS 的自动化评价方法已不断成熟，使土地评价的精度和效率大大提高。本次的耕地地力评价工作将通过数据库建立、评价模型及其与 GIS 空间叠加等分析模型的结合，实现了全数字化、自动化的评价流程，在一定的程度上代表了当前土地评价的最新技术方法。

（二）评价的依据

耕地地力是耕地本身的生产能力，因此耕地地力的评价则依据与此相关的各类自然和社会经济要素，具体包括 3 个方面。

第一，耕地地力的自然环境要素，包括耕地所处的地形地貌条件、水文地质条件、成土母质条件等。

第二，耕地地力的土壤理化要素，包括土壤剖面与土体构型、耕层厚度、质地、容重、障碍因素等物理性状，有机质、N、P、K 等主要养分、微量元素、pH 值、交换量等化学性状等。

第三，耕地地力的农田基础设施条件，包括耕地的灌排条件、水土保持工程建设、培肥管理条件等。

（三）评价指标

为做好石家庄市耕地地力调查工作，经过研讨确定了指标的选取、量化以及评价方法；认为耕地地力主要受成土母质、地下水、微地貌等多种因素的影响，不同地下水埋深及矿化度、不同母质发育的土壤，耕地地力差异较大，各项指标对地力贡献的份额在不同地块也有较大的差别，并对每一个指标的名称、释义、量纲、上下限给出准确的定义并制定了规范。在全国共用的 55 项指标体系框架中，选取了包括立地条件、土壤理化性状、土壤养分状况（大量）三大类共 8 个指标，作为耕地地力评价指标体系（见表 2 - 4）。

表 2 - 4　石家庄市耕地地力评价体系

评价因子			分级界点值							
养分状况大量	有效铁/(mg/kg)	指标	20	15	12.5	10	7.5	5	2.5	<1
		评估值	1	0.9	0.8	0.7	0.6	0.5	0.4	0
	有效锌/(mg/kg)	指标	2.0	1.5	1.2	1.0	0.8	0.6	0.4	<0.4
		评估值	1	0.9	0.8	0.7	0.6	0.5	0.4	0
养分状况大量	有效磷/(mg/kg)	指标	40	30	20	15	10	7.5	<5	
		评估值	1	0.9	0.8	0.7	0.5	0.3	0	
	速效钾/(mg/kg)	指标	150	100	80	60	50	<40		
		评估值	1	0.8	0.7	0.5	0.3	0		

续表

评价因子		分级界点值									
理化性状	有机质/(g/kg)	评估值	30	25	20	17.5	15	10	7.5	<5	
		指标	1	0.9	0.8	0.7	0.6	0.5	0.4	0	
	质地	评估值	轻壤土		中壤土		重壤土		轻黏土	沙壤土	松沙土
		指标	0.9		1		0.8		0.6	0.4	0.1
立地条件	海拔	指标	50	100	200	300	400	500	600	700	800	>800
		评估值	1	0.9	0.8	0.7	0.6	0.5	0.4	0.3	0.2	0
	坡度	指标	3		5		7		9	11	13	>15
		评估值	1		0.9		0.7		0.5	0.3	0.1	0

注：评估值应≥0，并且≤1。

二、耕地地力评价方法

评价方法分为单因子指数法和综合指数法。单因素评价模型采用模糊评价法、层次分析法，综合指数评价模型用聚类分析法、累加模型法等。

（一）模糊评价法

模糊数学的概念与方法在农业系统数量化研究中得到广泛的应用。模糊子集、隶属函数与隶属度是模糊数学的 3 个重要概念。一个模糊性概念就是一个模糊子集，模糊子集 A 的取值自 0~1 中间的任一数值（包括两端的 0 与 1）。隶属度是元素 χ 符合这个模糊性概念的程度。完全符合时隶属度为 1，完全不符合时为 0，部分符合即取 0~1 之间一个中间值。隶属函数 $\mu_A (\chi)$ 是表示元素 χ_i 与隶属度 μ_i 之间的解析函数。根据隶属函数，对于每个 χ_i 都可以算出其对应的隶属度 μ_i。

应用模糊子集、隶属函数与隶属度的概念，可以将农业系统中大量模糊性的定性概念转化为定量的表示。对不同类型的模糊子集，可以建立不同类型的隶属函数关系。

在这次土壤质量评价中，我们根据模糊数学的理论，将选定的评价指标与耕地生产能力的关系分为戒上型函数、戒下型函数、峰型函数、直线型函数以及概念型 5 种类型的隶属函数。对于前 4 种类型，可以用特尔菲法对一组实测值评估出相应的一组隶属度，并根据这两组数据拟合隶属函数，也可以根据唯一差异原则，用田间试验的方法获得测试值与耕地生产能力的一组数据，用这组数据直接拟合隶属函数（见表 2-5）。鉴于质地对耕地其他指标的影响，有机质、阳离子代换量、速效钾等指标应按不同质地类型分别拟合隶属函数。

表 2-5　石家庄市要素类型及其隶属度函数模型

指标类型	函数类型	函数公式	c	u_t
有机质	戒上型	$y = 1 / [1 + 0.002531 (x - c)^2]$	30.72	<5

指标类型	函数类型	函数公式	c	u_t
速效钾	戒上型	$y = 1/[1 + 0.000197(x - c)^2]$	135.5	<40
有效磷	戒上型	$y = 1/[1 + 0.00163(x - c)^2]$	35.00	<5
有效锌	戒上型	$y = 1/[1 + 0.23919(x - c)^2]$	2.05	<0.4
有效铁	戒上型	$y = 1/[1 + 0.004739(x - c)^2]$	19.66	<1
海拔	负直线型	$y = -0.001032x + 1.018379$	50.00	>800
坡度	戒下型	$y = 1/[1 + 0.051216(x - c)^2]$	3.879	>15

通过专家评估、隶属函数拟合以及充分考虑土壤特征与植物生长发育的关系，赋予不同肥力因素以相应的分值，得到石家庄市耕地生产能力评价指标的隶属度（见表2-6）。

表2-6　石家庄市耕地生产能力评价指标的隶属度

土壤有机质含量/（g/kg）							
指标	≥30	25	20	17.5	15	10	7.5	<5
专家评估值	1	0.9	0.8	0.7	0.6	0.5	0.4	0

土壤速效钾含量/（mg/kg）					
指标	≥150	100	80	60	50	<40
专家评估值	1	0.8	0.7	0.5	0.3	0

土壤有效磷含量/（mg/kg）					
指标	≥40	30	20	25	10	7.5	<5
专家评估值	1	0.9	0.8	0.7	0.5	0.3	0

土壤有效锌含量/（mg/kg）					
指标	≥2.0	1.5	1.2	1	0.8	0.6	0.4	<0.4
专家评估值	1	0.9	0.8	0.7	0.6	0.5	0.4	0

土壤质地					
指标	轻壤质	中壤质	重壤质	轻黏质	砂壤质	松沙土
专家评估值	0.9	1	0.8	0.6	0.4	0.1

土壤有效铁含量/（mg/kg）							
指标	≥20.0	15.0	12.5	10.0	7.5	5.0	2.5	<1
专家评估值	1	0.9	0.8	0.7	0.6	0.5	0.4	0

续表

海拔（m）									
指标	≤50	100	200	300	400	500	600	700	800	>800
专家评估值	1	0.9	0.8	0.7	0.6	0.5	0.4	0.3	0.2	0

坡度（°）						
指标	3	5	7	9	11	13	>15
专家评估值	1	0.9	0.7	0.5	0.3	0.1	0

（二）单因素权重：层次分析法

层次分析方法的基本原理是把复杂问题中的各个因素按照相互之间的隶属关系从高到低的排成若干层次，根据对一定客观现实的判断，就同一层次相对重要性相互比较的结果，决定层次各元素重要性先后次序。这一方法在耕地地力评价中主要用来确定参评因素的权重。

1. 确定指标体系及构造层次结构

我们从河北省指标体系框架中选择了 8 个要素作为石家庄市耕地地力评价的指标，并根据各个要素间的关系构造了层次结构，详见"层次分析报告"。

2. 农业科学家的数量化评估

请专家进行同一层次各因素对上一层次的相对重要性比较，给出数量化的评估。专家们评估的初步结果经过合适的数学处理后（包括实际计算的最终结果—组合权重）反馈给各位专家，请专家重新修改或确认。经多轮反复形成最终的判断矩阵。

3. 判别矩阵计算

（1）层次分析计算：目标层判别矩阵原始资料。

========= 层次分析报告 =========
模型名称：石家庄市耕地地力评价
计算时间：2013 - 5 - 20 13：28：41

目标层判别矩阵原始资料：

```
1. 0000      0. 3333      0. 2000      0. 1667
3. 0000      1. 0000      0. 3333      0. 2500
5. 0000      3. 0000      1. 0000      0. 5000
6. 0000      4. 0000      2. 0000      1. 0000
```

特征向量：[0.0626, 0.1362, 0.3093, 0.4919]

最大特征根为：4.0797

CI = 2.65561793946387E - 02

RI = 0.9

CR = CI/RI = 0.02950687 ＜ 0.1

一致性检验通过！

准则层（1）判别矩阵原始资料：

1.0000　　　0.3333

3.0000　　　1.0000

特征向量：[0.2500，0.7500]

最大特征根为：1.9999

$CI = -5.00012500623814E-05$

$RI = 0$

$CR = CI/RI = 0.00000000 < 0.1$

一致性检验通过！

准则层（2）判别矩阵原始资料：

1.0000　　　0.5000

2.0000　　　1.0000

特征向量：[0.3333，0.6667]

最大特征根为：2.0000

$CI = 0$

$RI = 0$

$CR = CI/RI = 0.00000000 < 0.1$

一致性检验通过！

准则层（3）判别矩阵原始资料：

1.0000　　　0.3333

3.0000　　　1.0000

特征向量：[0.2500，0.7500]

最大特征根为：1.9999

$CI = -5.00012500623814E-05$

$RI = 0$

$CR = CI/RI = 0.00000000 < 0.1$

一致性检验通过！

准则层（4）判别矩阵原始资料：

1.0000　　　0.5000

2.0000　　　1.0000

特征向量：[0.3333，0.6667]

最大特征根为：2.0000

$CI = 0$

$RI = 0$

$CR = CI/RI = 0.00000000 < 0.1$

一致性检验通过！

层次总排序一致性检验：

$CI = -1.85937257851148E-05$

RI = 0

CR = CI/RI = 0.00000000 < 0.1

总排序一致性检验通过！

层次分析结果表

层次 A	层次 C				组合权重
	养分状况（微量）	养分状况（大量）	理化性状	立地条件	
	0.0626	0.1362	0.3093	0.4919	$\sum C_i A_i$
有效铁	0.2500				0.0156
有效锌	0.7500				0.0469
有效磷		0.3333			0.0454
速效钾		0.6667			0.0908
有机质			0.2500		0.0773
质地			0.7500		0.2320
海拔				0.3333	0.1640
坡度				0.6667	0.3280

本报告由《县域耕地资源管理信息系统 V3.2》分析提供。

（2）单因素评价评语：通过田间调查及征求有关专家意见，对石家庄市的评价因素进行了量化打分，对数量型因素进行了隶属函数拟合，拟合结果如下。

土壤有机质：

$y = 1 / [1 + 0.002531 (x - c)^2]$，$c = 30.72$，$u_t < 5$

土壤有效磷：

$y = 1 / [1 + 0.00163 (x - c)^2]$，$c = 35$，$u_t < 5$

土壤速效钾：

$y = 1 / [1 + 0.000197 (x - c)^2]$，$c = 135.5$，$u_t < 40$

土壤有效锌：

$y = 1 / [1 + 0.23919 (x - c)^2]$，$c = 2.05$，$u_t < 0.4$

土壤有效铁：

$y = 1 / [1 + 0.004739 (x - c)^2]$，$c = 19.66$，$u_t < 1$

海拔：

$y = -0.001032x + 1.018379$，$c = 50$，$u_t > 800$

坡度：

$y = 1 / [1 + 0.051216 (x - c)^2]$，$c = 3.879$，$u_t > 15$

第五节　耕地资源管理信息系统的建立与应用

一、耕地资源管理系统息系统的总体设计

（一）系统任务

耕地质量管理信息系统的任务在于应用计算机及 GIS 技术、遥感技术，存储、分析和管理耕地地力信息，定量化、自动化地完成耕地地力评价流程，提高耕地资源管理的水平，为耕地资源的高效、可持续利用奠定基础。

（二）系统功能

结合当前的耕地地力分析管理需求，耕地地力分析管理系统应具备的功能如下。

1. 多种形式的耕地地力要素信息的输入输出功能

支持数字、矢量图形、图像等多种形式的信息输入与输出。主要有：

①统计资料形式，如耕地地力各要素调查分析数据、社会经济统计数据等；

②图形形式，不同时期、不同比例尺的地貌、土壤、土地利用等耕地地力相关专题图等；

③图像形式，包括耕地利用实地景观图片、遥感图像等。遥感图像又包括卫（航）片和数字图像两种形式；

④文献形式，如土壤调查报告、耕地利用专题报告等；

⑤其他形式，其他介质存贮的其他系统数据等。

2. 耕地地力信息的存储及管理功能

存储各类耕地地力信息，实现图形与相应属性信息的连接，进行各类信息的查询及检索。完成统计数据的查询、检索、修改、删除、更新，图形数据的空间查询、检索、显示、数据转换、图幅拼接、坐标转换以及图像信息的显示与处理等。

3. 多途径的耕地地力分析功能

包括对调查分析数据的统计分析、矢量图形的叠加等空间分析和遥感信息处理分析等功能。

4. 定量化、自动化的耕地地力评价

通过定量化的评价模型与 GIS 的连接，实现从信息输入、评价过程，到评价结果输出的定量化、自动化的耕地地力评价流程。

（三）系统功能模块

采用模块化结构设计，将整个系统按功能逐步由上而下、从抽象到具体，逐层次的分解为具有相对独立功能、又具有一定联系的模块，每一模块可用简便的程序实现具体的、特定功能。各模块可独立运行使用，实现相应的功能，并可根据需要进行方便的连接和删除，从而形成多层次的模块结构，系统模块结构如图 2－1 所示。

输入输出模块：完成各类信息的输入及输出。

耕地地力评价模块：完成评价单元划分、参评因素提取及权重确定、评价分等定级

等过程，支持进行耕地地力评价。

统计分析模块：完成耕地地力调查统计数据的各种分析。

空间分析模块：对耕地地力及其相关矢量专题图进行分析管理，完成坐标转换、空间信息查询检索、叠加分析等工作。

遥感分析模块：进行遥感图像的几何校正、增强处理、图像分类、差值图像等处理，完成土地利用及其动态、耕地地力信息的遥感分析。

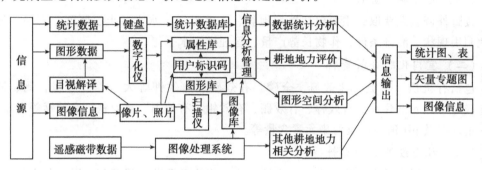

图 2 - 1　石家庄市耕地资源管理系统模块结构

（四）系统应用模型

系统包括评价单元划分、参评因素选取、权重确定及耕地地力等级确定的各类应用模型，支持完成定量化、自动化的整个耕地地力评价过程（见图 2 - 2），具体的应用模型为：评价单元的划分及评价数据提取模型。

评价单元是土地评价的基本单元，评价单元的划分有以土壤类型、土地利用类型等多种方法，但应用较多的是以地貌类型—土壤类型—植被（利用）类型的组合划分方法，耕地地力分析管理系统中耕地地力评价单元的划分采用叠加分析模型，通过土壤、土地利用等图幅的叠加自动生成评价单元图。

评价数据的提取是根据数据源的形式采用相应的提取方法，一是采用叠加分析模型，通过评价单元图与各评价因素图的叠加分析，从各专题图上提取评价数据；二是通过复合模型将土地调查点与评价单元图复合，从各调查点相应的调查、分析数据中提取各评价单元信息。

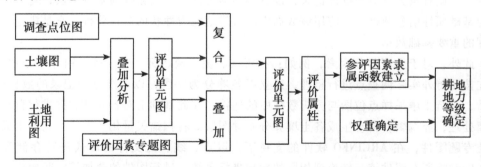

图 2 - 2　耕地地力评价计算机流程

二、资料收集与整理

耕地地力评价是以耕地的各性状要素为基础，因此必须广泛地收集与评价有关的各类自然和社会经济因素资料，为评价工作做好数据的准备。本次耕地地力评价我们收集获取的资料主要包括以下几个方面。

（一）野外调查资料

按野外调查点获取，主要包括地形地貌、土壤母质、水文、土层厚度、表层质地、耕地利用现状、灌排条件、作物长势产量、管理措施水平等。

（二）室内化验分析资料

包括有机质、全氮、速效氮、全磷、有效磷、速效钾等大量养分含量，钙、镁、硫、硅等中量元素含量，有效锌、有效硼、有效钼、有效铜、有效铁、有效锰等微量养分含量，以及 pH 值、土壤污染元素含量等。

（三）社会经济统计资料

以行政区划为基本单位的人口、土地面积、作物及蔬菜瓜果面积，以及各类投入产出等社会经济指标数据。

（四）基础图件及专题图件资料

1∶50000 比例尺地形图、行政区划图、土地利用现状图、地貌图、土壤图等。

（五）遥感资料

为了更加客观准确地获取石家庄市耕地的利用及地力状况，我们专门订购了 2002 年春季的陆地卫星 TM 数字图像，通过数字遥感图像分析，更新土地利用图，准确确定耕地空间分布，并根据作物长势分析耕地地力状况。

三、属性数据库建立

获取的评价资料可以分为定量和定性资料两大部分，为了采用定量化的评价方法和自动化的评价手段，减少人为因素的影响，需要对其中的定性因素进行定量化处理，根据因素的级别状况赋予其相应的分值或数值，采用 Microsoft Access 等常规数据库管理软件，以调查点为基本数据库记录，以各耕地地力性状要素数据为基本字段，建立耕地地力基础属性信息数据库，应用该数据库进行耕地地力性状的统计分析，它是耕地地力管理的重要基础数据。

此外，对于土壤养分因素，例如：有机质、氮、磷、钾、锌、硼、钼等养分数据，首先按照野外实际调查点进行整理，建立以各养分为字段，以调查点为记录的数据库，之后，进行土壤采样点位图与分析数据库的连接，在此基础上对各养分数据进行自动的插值处理，经编辑，自动生成各土壤养分专题图层。将扫描矢量化及插值等处理生成的各类专题图件，在 ARCINFO 软件的支持下，以点、线、区文件的形式进行存储和管理，同时将所有图件统一转换到相同的地理坐标系统，进行图件的叠加等空间操作，各专题图的图斑属性信息通过键盘交互式输入，构成基本专题图的图形数据库。图形库与基础属性库之间通过调查点相互连接。

四、空间数据库的建立

采用图件扫描后屏幕数字化的方法建立空间数据库。图件扫描的分辨率为300dpi，彩色图用24位真彩，单色图用黑白格式。数字化图件包括土地利用现状图、土壤图、地貌类型图、行政区划图等。

数字化软件统一采用ARCINFO，坐标系为1954北京大地坐标系，比例尺为1:50000。

具体矢量化过程为：首先在ARCINFO的投影变换子系统中建立相应地区的相同比例尺的标准图幅框，在配准子系统中将扫描后的各栅格图与标准图框进行配准。在输入编辑子系统中采用手动、自动、半自动的方法跟踪图形要素完成数字化工作。生成点文件，线文件与多边形文件，其中多边形文件的建立要经过多次错误检查与建立拓扑关系。

五、耕地资源管理信息系统的建立与应用

（一）信息的处理

数据分类及编码是对系统信息进行统一而有效管理的重要依据和手段，为便于耕地地力信息的存储、分析和管理，实现系统数据的输入、存储、更新、检索查询、运算，以及系统间数据的交换和共享，需要对各种数据进行分类和编码。

目前，对于耕地地力分析与管理系统数据尚没有统一的分类和编码标准，我们在石家庄市系统数据库建立中则主要借鉴了相关的已有分类编码标准。如土壤类型的分类和编码，以及有关土壤养分的级别划分和编码，主要依据第二次土壤普查的有关标准。土地利用类型的划分则采用由全国农业区划委员会制定的，土地资源详查的划分标准。其他如耕地地力评价结果、文件的统一命名等则考虑应用和管理的方便，制定了统一的规范，为信息的交换和共享提供了接口。

（二）信息的输入及管理

1. 图形数据的入库与管理

（1）数据整理与输入：为保证数据输入的准确快速，需进行数据输入前的整理。首先需对专题图件进行精确性、完整性、现势性的分析，在此基础上对专题地图的有关内容进行分层处理，根据系统设计要求选取入库要素。图形信息的输入可采用手扶跟踪数字化或扫描矢量化方法，相应的属性数据采用键盘录入。

（2）图形编辑及属性数据联接：数字化的几何图形可能存在悬挂线段、多边形标识点错误和小多边形等错误，利用ARCINFO提供的点、线和区属性编辑修改工具，可进行图面的编辑修改、综合制图。对于图层中的每个图形单元均有一个标志码来唯一确定，它既存在位置数据中，又存放在相应的属性文件中，作为属性表的一个关键字段，由此将空间数据和属性数据联接在一起。可分别在数字化过程中以及图形编辑中完成图形标志码的输入，对应标志码添加属性数据信息。

（3）坐标变换与图形拼接：GIS空间分析功能的实现要求数据库中的地理信息以相同的坐标为基础。地图的坐标系来源于地图投影，我国基本比例尺地图，比例尺大于1:500000地图采用高斯—克吕格投影，1:1000000地图采用等角圆锥投影。比例尺大于

1：100000地图则以经纬线作其图廓，以方里网注记。经扫描或数字化仪数字化产生的坐标是一个随机的平面坐标系，不能满足空间分析操作的要求，应转换为统一的大地经纬坐标或方里网实地坐标。应用软件提供的坐标转换等功能实现坐标的转换及误差的消除。

由于研究区域范围以及比例尺的关系，整个研究区地图可能分为多幅，从而需要进行图幅的拼接。一方面，图幅的拼接可以在扫描矢量化以前，进行扫描图像间的拼接，另一方面，则在矢量化以后根据地物坐标进行图形的拼接；

（4）图形信息的管理：经过对图形信息的输入和处理，分别建立了相应的图形库和属性库。ARCINFO 软件通过点、线和区文件的形式实现对图形的存储管理，可采用 Excel、Foxpro 等直接进行其相应属性数据的操作管理，使操作更加方便和灵活。

2. 统计数据的建库管理

对统计数据内容进行分类，考虑系统有关模块使用统计数据的方便，按照 Microsoft Access 等建库要求建立数据库结构，键盘录入各类统计数据，进行统一的管理。

3. 图像信息的建库管理

以遥感图像分析处理软件 ENVI 进行管理，该软件具有图像的输入输出、纠正处理、增强处理、图像分类等各种功能，其分析处理结果可以转为 BMP、JPG、TIF 等普通图像格式，由此可通过 PhotoShop 等与其他景观照片等图像进行统一管理，建立图像库。

（三）系统软硬件及界面设计

1. 系统硬件

根据耕地地力分析管理的需要，耕地地力分析管理系统的基本硬件配置为：高档微机、数字化仪（A0）、喷墨绘图仪（A0）、扫描仪（A0）、打印机等（见图 2 – 3）。

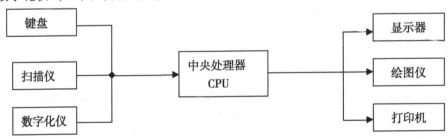

图 2 – 3 耕地地力分析管理系统的基本硬件配置

2. 系统软件

耕地地力分析管理系统的基本操作系统为 Windows 2000 或 Windows XP 系统。考虑基层应用的方便及系统应用，所采用的通用地理信息系统平台是目前应用较为广泛的 ARCGIS，该软件可以满足耕地地力分析及管理的基本需要，且为汉化界面，人机友好。主要利用 ARCGIS 有关模块实现对空间图形的输入输出、管理、完成有关空间分析操作。遥感图像分析管理采用图像处理 ENVI 软件，完成各类遥感影像的分析处理。采用 VB 语言、.NET 语言等编制系统各类应用模型，设计完成系统界面。以数据库管理软件 Microsoft Access 等进行调查统计数据的管理。

3. 系统界面设计

界面是系统与用户间的桥梁。具有美观、灵活和易于理解、操作的界面，对于提高用户使用系统工作效率，充分发挥系统功能有很大作用。耕地地力分析管理系统界面根据系统多层次的模块化结构，主要采用 VB 语言设计编写，以 Windows 为界面。为便于系统的结果演示，则将 VB 与 MO（Map Object）结合，直接调用和查询显示耕地地力的各类分析结果，通过菜单操作完成系统的各种功能。

第三章 耕地土壤的立地条件与农田基础设施

第一节 耕地土壤的立地条件

一、地形地貌特点

石家庄市的地貌为西部高东部低，成半环状逐级递降。西部为太行山山西台背斜的东部边缘，地貌为群山连绵、沟壑纵横。最高点在平山县西北的南坨山，海拔为2281m。东部为滹沱河冲积扇的扇缘，地势平坦，坡降平均为 1/1000 的山麓平原，最低点在辛集市东南，海拔为 25m，东西海拔高差为 2256m。按地貌单元分，自西向东依次为中山、低山、丘陵、山麓平原等主要类型。

（一）中山

分布于灵寿县的南营至平山县的秋卜洞、蛟潭庄、杀虎一线以西和下口、北冶一线以南以及赞皇县桃花垴、杜家宅、嶂石岩一线以西的山地，海拔在 1000~2281m。面积为85.38 万亩。其山体陡峭、奇峰林立。由于影响东南湿热气流的北上，故年降水量为700~800mm，为全区降水量之冠。

（二）低山

分布于行唐县的熬鱼山、灵寿县的南宅和平山县的下观、马冢一线以西，以及元氏县的前仙、北旷和赞皇县的许亭、马峪、上麻一线以西的山地，海拔高程为 500~1000m，面积为 224.14 万亩，其山峰突起。在低山地貌中还分布着众多的河流谷地和小型盆地，构成较复杂的地貌类型。年降雨量为 500~600mm，且集中在 7 月、8 月、9月三个月，多形成暴雨降下。加之西北部高山阻挡冷空气的侵袭，致使气温较高。在群山之中分布着的河流谷地和小型盆地，其水分条件较好，接收自山上冲刷下的土壤和其他物质，故已多垦殖为农田。

（三）丘陵

分布于行唐县的北河、秦家台，灵寿县的滋峪、马阜安和平山县的两河、东回舍及里庄一线以西以及元氏县的姬村、北褚、北沟和赞皇县西高、邢郭一线以西，面积445.17 万亩。丘陵地貌多为岗状和圆浑的丘形，海拔高程为 100~500m。也有高于海拔 500m 的山峰，其中沟壑、冲沟交错。丘陵地区降雨量 500mm 左右，因下伏多为基岩或砾石，地下水埋藏较深，降雨多成地表径流损失，故干旱，植被稀疏，土层浅薄，是该地区景观的特征，目前多未利用。

在赞皇县西高、邢郭一带丘陵和山麓平原交接处还分布着第四季冰川作用的遗迹终碛堤。其高 7~10m 呈弧形向外凸出，外坡陡，内坡平缓，下部含大小不等的漂砾和砾石，由于地下水埋藏很深且开采困难，故农田多旱地。

（四）山麓平原

丘陵地区以东的沙河、磁河、滹沱河、槐河等河流冲积扇和扇间洼地，以及河漫滩组成石家庄市辽阔广大的地貌类型为山麓平原。其海拔高程为 25~100m，坡降平均为 1/1000；其面积为 1014.48 万亩。

在山麓平原上分布着以滹沱河泛滥改道为主的数十条河流的故河道，如新乐市、正定县、无极县三县的"神造滩"就是磁河故道。滹沱河故道在藁城市自陈村东北兴安村西南向东经南楼村，小常安村到马邱村，入晋州市的周头、总十庄村和入赵县的谢庄村、扬户村一带以及晋州市的元头村向东南经城关、东里村、河头村入辛集市的木丘村、西小王村的故河道等。这些故河道两侧均有沙丘呈带状分布，沙丘较周围地面高 2~7m。

山麓平原的河漫滩分布在各大河流的中游以下的大堤以内，以滹沱河河漫滩发育较好，其最宽处达 6km。由于经常被河水淹没和处在河流中游，所以土壤表层质地多为沙质或沙壤质，具有河流沉积层次分明的规律。

同时，在平原上还分布着扇间洼地，如栾城县、赵县西部自西北向东南的滹沱河、槐沙河冲积扇扇间洼地。目前因两河沉淀物多次覆盖，已无洼地的地貌特征。但其距地表 60cm 左右以下有 50~60cm 厚的灰黑色质地较重的腐泥层，此埋藏层即因地形低洼，地下水位较高土壤曾发生过沼泽化、草甸化过程而形成的。

在山麓平原前缘的滹沱河冲积扇扇缘部分的辛集市东南部，因与冲积平原相连，属交接洼地，地形更为低平，坡降为 1/3000，土壤受河流沉积规律的影响，地下水位较高且流动较缓，地下水矿化度较高，故有盐化或盐化土土壤分布。

山麓平原上部即新乐市、藁城市、赵县、高邑县城以西的平原部分，由于各河流刚出山口，物质分选不明显，除冲积扇顶部下伏基岩外，多为土层深厚、质地均一的轻壤质。

二、地质状况

石家庄市域属华北地层区，该地层区的特点是，在太古代——早元古代变质岩系褶皱基底之上，不整合地覆盖着轻微变质的地台型海相沉积的中——上元古代地层，而后沉积了稳定型的海相寒武系和奥陶系。中石炭世和二叠纪开始出现海陆交互相到陆相沉积，此后主要接受陆相地层的沉积。本区出露的地层层序由老至新如下。

（一）太古界—阜平群—南营组

南营组分布在井陉县南陉、方山、赵庄岭三个乡的西北部。南营组为阜平群下亚郡的上部。岩层以黑云斜长片麻岩为主，夹二云斜长片麻岩，含石榴石黑云斜长角闪片岩，黑云角闪片岩。顶部夹白云母斜长片麻岩，下部夹角闪斜长片麻岩及少量透镜状斜长角闪岩和角闪片岩，厚 306~1793m。

（二）元古界

1. 甘陶河郡

甘陶河群为一套浅变质的砾岩、砂岩、板岩、白云岩、变质安山岩等组成，具有三次规模较大的中性喷发活动。根据沉积旋回，划分为南寺掌组、南寺组及蒿亭组。

2. 长城系

长城系包括常州沟及串岭沟组并层，大红峪组和高于庄组。其中常州沟及串岭沟组并层分布于井陉金柱、西北山与测鱼、蒲峪、西寨一带，大红峪组分布于井陉金柱、西北山与测鱼、蒲峪、西寨一带。本组岩性为紫、褐黄、白色，厚、中厚层、细至中粒石英岩状砂岩，具交错层。大红峪组由北向南逐渐增厚，北部夹石英砂岩。厚 35～58m。高于庄组分布于井陉金柱一带。灰色中厚层燧石条带白云岩夹薄板状白云岩、泥灰岩、钙质泥岩，在白云岩中含叠层石；底部为灰、灰白色、中厚层燧石条带及结核状白云岩与紫、灰紫色泥灰岩，砂质页岩互层，厚 0～70m。

（三）古生界

1. 寒武系

寒武系分布于鹿泉市、井陉县庄子头、冶里一线以北的上庄、桃王庄、米汤崖、清风、鹿泉市、井陉县、东方岭、南障城一线以东及营房台等地。

2. 奥陶系

奥陶系分布于鹿泉市、井陉县、经里、米汤崖、下口镇一线以南和鹿泉市、井陉县东方岭、南障城一线以西，冯庄和营房台一带有零星出露。

3. 石炭系

石炭系分布于井陉县矿区一带，包括中石炭统本溪组和上石炭统太原组。

4. 二叠系（P）

二叠系零星分布于井陉县盆地内，大部分被第四系掩盖，近山麓冲沟内可见露头，在凤山村西南及西王舍村西有下石盒子组至千峰组出露。

（四）新生界（CZ）

1. 第三系（R）

中新统（N1）。汉诺坝组雪花山玄武岩（N1h）分布于井陉县盆地及甘陶河下游马峪和井陉县一带。上部为深灰、灰色橄榄玄武岩；下部主要由灰色灰质砾岩及凝灰角砾岩组成，间夹不稳定的半胶结含砾粉砂岩及凝灰质砂砾岩、凝灰岩、凝灰质集块岩等薄层。厚度大于 59.34m。

2. 第四系（Q）

下更新统（Q1）。泥砾层分布于井陉县北张村和马峪附近。中更新统（Q2）。洞穴残积层仅分布于井陉县青石岭和北固底的奥陶纪灰岩洞穴中。上更新统—全新统（Q3—Q4）。洪积坡积层分布于井陉县南良都、矿市镇、微水、威州东兴、鹿泉县韩庄村等地的山麓与平原接壤地带和谷地、山间盆地内。上更新统—全新统（Q3—Q4）。冲积洪积层分布于滹沱河南崖鹿泉市—东焦、大车行山麓地带。全新统（Q4）。早、中全新统主要为砂砾石，细粉沙，亚沙土，亚黏土，局部地区有湖相沉积。此层分布在 1 级阶地上。中全新世有少量石灰华堆积在地级阶地上。晚全新统主要为泥、沙、砾石沉积，分布于滹沱河、冶河及绵河的河漫滩及河床中，以及太行山东麓广大平原地区。

（五）岩浆岩

岩浆岩分布在鹿泉市、井陉县境内，为早元古代火成岩及第三纪中新世玄武岩。

早元古代岩浆岩

早元古代火成岩主要产在甘陶河群地层中。火山活动以平静的溢流为主，主要喷发了一套玄武岩和少量玄武安山岩、安山岩，还有极少的流纹岩。此期火山活动由早至晚有两次比较大的火山活动间歇期，间歇期沉积了厚度较大的（400～2000m）砂岩、黏土岩和碳酸岩。火山活动可以划分为三次喷发旋回。在火山活动的末期有同源辉绿岩、辉长岩和超基性岩侵入。由玄武岩的狭长带状展布、岩性、岩相及地质构造环境分析，火山活动发生在沿断裂构造带发育起来的拗陷或裂谷之中，主要属裂隙式喷发。

新生代火山岩为第三纪中新世玄武岩，属晚第三纪旋回，与汉诺坝组同期。分布于井陉县的雪花山、东窑岭、秀林东山等地。残留在甘陶河与绵河之间的平缓丘陵状分水岭上，高出绵河河床80～110m，玄武岩残留面积0.03～0.1km^2，厚度3～40m。前人曾定名为第四纪雪花山玄武岩。岩性为橄榄玄武岩、碧玄武岩和拉斑玄武岩等交互成层。在玄武岩层之下有不稳定的红色黏土和砾石层，所含生物化石证明属于中新世。

（六）地质构造

石家庄市位于华北地块的太行山隆起与河北平原拗陷的过渡带上。太行山前深大断裂穿越本区。华北地块是一个具有古老构造基底的地台，又是中、新生代构造活动很强烈的地区，地壳运动的主要形式为差异性断块升降运动。

1. 褶皱构造

基底褶皱。由构造—变持—年龄综合考虑，准地台的基底岩群经历了多旋回的构造变动，各期褶皱相互叠加，交织成一幅错综复杂的构造图案。石家庄市位于赞皇县基底出露区的北部，北与阜平区相接。基底出露区位于太行山深大断裂带之西，同时又是甘陶河群的沉积中心的部位。区内阜平群、五台群及甘陶河群自西北向东南迭次排列。其中的阜平群在北东向的原始构造线上上叠以轴向北西的小型波伏褶皱束，形成与五台期开始活动的断裂有关，东界断裂显示右行扭动特征。五台群与甘陶河群，再次形影不相随，继承沉积，褶皱，轴向协调一致。在褶皱型式上，甘陶河群基本为一轴向南北的对称向斜构造，南端仰起，翼部边缘被次级褶曲所复杂化。五台期褶皱大部分被混合花岗岩化湮没，残留小型波状褶皱，轴向近南北向。两岩群的构造线方向同太行山深大断裂带的该段走向一致，显示了断裂活动对沉积以致变形的制约关系。甘陶河期大量拉斑玄武质岩浆的喷溢和侵入，直接标志着断裂的活动幅度及切割深度。

盖层褶皱。自三叠纪始本区进入强烈的盖层褶皱时期，经历了印支、燕山及喜马垃雅三个阶段多旋回的发展过程。对本构影响最大是侏罗—白垩纪之间的燕山旋回第Ⅲ期褶皱运动。以阜平、赞皇县基底出露区为核部的两个大型宽缓背斜构造，以及两者之间的由古生界组成的向斜等构造，均属该期产物。其轴向北北东，喜马拉雅旋回期间的构造变动，主要为拉张应力环境下的断裂活动。

2. 断裂构造

太行山深大断裂带。分为西带（紫荆关深大断裂带）及东带（太行山前深大断裂带）。穿越本区的有西带的紫荆关——灵山深大断裂及东带的定兴——石家庄市深大断裂。现分述如下：

（1）紫荆关——灵山深大断裂。其北起涞水县岭南台，向南经易县紫荆关、曲阳灵山、井陉县后进入山西省，长约280km。断裂总体走向北东200°～300°，倾角550°～750°，形态类属正断层。破碎带宽度及构造岩特征因地而异；变质岩区和侵入岩区一般宽10～20m，多由碎制岩组成，破劈理发育；白云岩或石灰岩区宽可上百米，以角砾岩为主。据地表相应的两盘层位推算，断裂的铅直断距约计千米，紫荆关以北加大，可达2000m以上。新生代断裂活动微弱。

（2）定兴——石家庄深大断裂。此断裂与西带的紫荆关——灵山断裂大体平行分布，相距40～60km。断裂全线被第四系覆盖。此断裂大体沿京广铁路线分布，长约200km。断裂西盘基岩为太古界及中——上元古界，东盘为侏罗、白垩纪地层。断裂向南东陡倾，为中、新生代断承性正断层，累计铅直断距5000m以上，在平面上，断裂两端及中间多处被北西几断层水平错移，并均为左行扭动性质，水平错距20km以内。

此外本区还有北北东向、北东向及北西向的一般断裂出露。

三、成土母质类型及分类

石家庄市主要土壤母质类型如下。

（一）残坡积风化物

岩石风化物未经搬运或经水流片蚀搬运很短距离又重新堆积，统称残坡积物质。该母质有大小不同，混杂一起的具有棱角的石块、沙砾组成，成分与其母质成分一致。根据母岩的不同残坡积母质可分为：

基性硅铝质残坡积物。分布于赞皇县西南虎宅口、柚底一带中山地区。岩石为岩浆岩，主要是辉长岩，其 SiO_2 含量在50%左右，Al_2O_3 含量为18%，Fe_2O_3 含量为10%，呈黑色或深灰色。主要矿物为角闪石、黑云母、辉石、斜长石等。由于其颜色较深，吸收热量大，物理崩解和化学风化速度比较迅速，因此常形成红色或褐色，土层比较深厚，质地比较细黏的土壤。

酸性硅铝质残坡积物。酸性硅铝质残坡积物在石家庄市平山县、灵寿县、行唐县的西北部及元氏县、赞皇县西部的丘陵、低山、中山大面积分布。岩石为变质岩和少量的岩浆岩，主要是花岗岩、花岗片麻岩及片麻岩。其 SiO_2 含量为72%，Al_2O_3 含量为13%、Fe_2O_3 含量为2%。颜色视其矿物成分而异，一般颜色较浅。若含角闪石、辉石或黑云母多，则颜色较深。由于上述岩石为粗粒状矿物组成，露出地表后而受大气冷热变化的影响和雨水的侵入，风化速度较快、厚度较深，颜色多为棕色或黄棕色。在此母质上形成的土壤土层深厚、疏松、蓄水能力强，矿物含量丰富，特别是钾元素。

泥硅铝质残坡积物。该母质分布于石家庄市的平山县西南的下口、刘家会、马仲、甘秋、北冶一线以南。上覆砂岩或灰岩，呈带状出现。岩石为沉积岩之页岩，其成分为 SiO_2 含58%、Al_2O_3 含15%、Fe_2O_3 含6%。石家庄市页岩为紫色页岩，其主要由细小的黏土矿物组成，所以它的化学分解作用不明显，生成的土壤与母质性状极为近似。因其固结较坚实，孔隙度小，常形成不透水层。降雨后多为地表径流，故地面干燥，植被稀疏且生长不好。

硅质残坡积物。硅质残坡积物与泥硅铝质残坡积物分布区域基本相同，且呈互层分布。岩石为砂岩、石英岩，其主要化学成分是 SiO_2 含 78%。因其主要矿物是石英，在风化过程中化学分解作用不明显，且物理崩解也不显著。因此风化速度慢且母质呈粗颗粒状，生成土层较薄的含有大量砾石的土壤。

钙质残坡积物。分布于平山县西南、行唐县北河、秦家台一线以西以及元氏县、赞皇县西部的低山丘陵，为沉积岩或变质岩。岩石主要是石灰岩、白云质灰岩、大理岩等。其化学成分 SiO_2 含 5%、CaO 含 42%、Fe_2O_3 含 1%。主要是 $CaCO_3$ 风化，以化学溶解为主，$CaCO_3$ 遇含有 CO_2 的雨水而溶解流失，留下少量的硅、铝、铁氧化物的细粒在地表，颜色较深，多为红色或褐色。石灰岩母质形成的土壤土层薄，质地黏重，蓄水能力差，故植被生长亦差。

（二）黄土物质

黄土是特殊的第四季大陆沉积物，一般认为是由风力搬运堆积而成。其矿物组织较复杂，其中石英占半数以上，其次为长石、白云母和黏土矿物等。还含有大量的碳酸盐，含量约为 10%～15%。黄土颗粒直径大部分为 0.05～0.005mm，故土壤质地比较轻。石家庄市黄土物质可分为黄土状物质、红黄土、新红土。

黄土状物质为特殊的第四季大陆沉积物质，在石家庄市广发分布于灵寿县、平山县、行唐县、元氏县、赞皇县等县的丘陵和山地坡麓。土体质地均一，以轻壤为主，颜色呈灰黄色或棕黄色。底部有沉积层理，因淋溶作用在土体中含有石灰结核和黏化层。有垂直节理，常形成峭壁，受水侵蚀后，地貌呈切沟和台状。黄土状母质多分布在坡麓，土壤多已开垦种植，为山区较肥沃的耕作土壤。

红黄土。红黄土在石家庄市主要分布在平山县的低山丘陵区，面积较小而破碎。多为上覆的黄土被侵蚀后出露地表，其颜色褐色或红黄色。土质较紧而致密，结构为块状，质地属重壤土。下伏多为红棕色的埋藏土层。

新红土。新红土为石灰岩风化物，颜色棕红，质地细密，土层中含有少量的砾石，下伏石灰岩。行唐县丘陵地区有小面积的分布。

（三）洪积冲积物

岩石风化物被洪水或河流携带在山前平原或沟口，谷地堆积即形成洪积冲积母质。在石家庄市主要分布于行唐县北龙岗、坟台、留营至灵寿县城一线以东，石家庄市以东和元氏县正庄、赵同、东正至高阳县的万城、北营一线以东的广大山麓平原地带。同时在西部丘陵山区的沟谷阶地上也有分布。

洪积冲积物一般水的分选不明显，以轻壤为主，不夹胶泥。其物质组成依各河流携带物质而定。如磁河所携带的片麻岩风化物，颗粒较粗、质地一般为轻壤或砂壤。含石英、黑云母、角闪石较多，故颜色较暗。当其土壤质地为轻壤时的 0.01～0.001mm 粒径含量为 9.91%，而滹沱河所携带的物质含黄土状物质较多，质地也多为轻壤，含石英、云母较多、颜色较浅，其土壤质地为轻壤时的 0.01～0.001mm 粒径含量为

13.96%，较磁河粉砂含量要高。

洪积冲积母质按质地区分为沙质洪积冲积物、壤质洪积冲积物和黏质洪积冲积物，石家庄市以壤质洪积冲积母质面积为大。该母质所发育的土壤由于水、热条件较好，现已作为优良的耕作土壤被利用。

（四）黄土状洪积冲积物

指滹沱河冲积扇的母质类型。因滹沱河流经第四纪黄土地区，河水携带大量的黄土物质在冲积扇的上部，以及有黄土状物质的坡麓或沟谷堆积而形成的。如平山县的里庄，胜伏至灵寿县倾井以西的山前平原就广泛分布着黄土状洪积冲积母质。该母质物质组成以黄土状物质为主，水平层理明显群众称"卧黄土"。颜色较黄土状物质稍暗，表层质地为轻壤，土体中常含有较粗的沙砾。由于分布在冲积扇的上部和沟谷，盆地内，地下水较充沛且不易受涝，目前黄土状洪积冲积母质的土壤均被开垦种植并成为较肥沃的农田。

（五）冰碛物

第四纪冰川退却形成的冰碛物地貌的遗迹分布于石家庄市赞皇县的花林一带，当地群众称"花林岗"。冰川在退却过程中，携带大量的冰碛物堆积成终碛堤地貌，目前仍能见到。

冰碛物质堆积杂乱，大小岩块与砂砾混在一起，无分选性、无层理、无定向排列，岩块磨圆较差。其上层为含有褐黄色轻壤土和大小不等的卵石和砂砾，下层则在褚红色的黏土中，含有大量大块表面具有擦痕的漂砾。由于冰碛物是渗水性小的隔水层，所以花林岗上挖井无水，只能用渠水进行灌溉，土层薄，群众多种植豆类、花生等省水、耐瘠作物，产量较低。

（六）河流冲积物

河流冲积物是岩石风化物被经常性流水的搬运，并在流速减缓时沉积于河床或河谷地区的沉积物。石家庄市河流冲积物主要分布在山麓平原末端的辛集市东部，和现代河流的河漫滩，以及山地丘陵的河谷与盆地内。

河流冲积物水的分选明显，其沉淀规律符合"紧砂慢淤"的规律。即①沉积层次质地分异明显，水平层理清晰。②接近河床的沉积物颗粒粗，远离河床的沉积物颗粒细。

由于河流冲积物所处地形位置较低，地下水较高，土壤水分条件较好，故除沙质冲积物外大部分已成农田。但一些低洼地方，表层土壤盐分集聚，有害于作物生长，目前仍为荒地。

（七）风积物

石家庄市风积物为山麓平原上洪积冲积物或河流冲积物中松散的沙土经风的搬运，堆积成的沙丘，故多呈带状分布在故河道上。沙丘的沉积物粗细，受风力的分选作用由粗而细的逐渐沉积到地面。由于石家庄市沙丘形成年代久远，上面已长有草丛和灌木或树木，已不再为风吹所移动，成为半固定或固定风沙丘。植被生长较差，因所处位置较高，脱离了地下水的影响，所形成的土壤，正在向地带性土壤发育。

第二节 农田基础设施

一、农田建设概况

石家庄市农民素有种地养地、勤于农田建设的良好习惯。新中国成立后及六七十年代实行互助合作，依靠集体力量，进行农田规划、平整土地、开荒造田、深翻松土、治沙治碱、改良土壤、整修田间道路、兴修水利等基本农田建设，从根本上改变了当时的农业生产条件，促进了农业生产的发展。

20世纪80年代，开始探索秸秆还田改良土壤的新路子，成效尤为显著。随着机械化的发展在全市逐年扩大推广，到2000年全市小麦、玉米基本实现秸秆还田。该项技术的实施，对改善土壤理化性状，培肥地力起到了重要作用，为农业的高产稳产打下了坚实的基础。

2004年以来，中央、国务院连续下发了多个"中央1号"文件，并出台了一系列政策措施扶持我国的粮食发展，一批惠农工程，如"国家优质粮食产业工程""全国新增1000亿斤粮食生产能力田间工程""全国测土配方施肥补贴项目""有机质提升工程"和"粮食高产示范创建工程"等项目在本市推广实施。通过项目建设，使项目区粮食作物的机械化生产水平由过去的35%提高到50%左右，亩均生产成本降低10~20元，节省种子和化肥20%~30%；病虫害综合防控技术装备水平和防控能力得到明显提高，灾害平均损失率由5%下降到3%以下；农田基础设施得到进一步完善，地力基础得到提高，项目区耕地达到高产稳产标准，平均单产提高约18%。

二、农田排灌系统设施

农田灌溉工程主要包括灌渠、机井、蓄水池和塘坝等。辖区内拥有大型水库4座，中型水库8座，小型水库35座。全市机井总数达到138145眼，配套机井总数为137470眼，有效灌溉面积720.4万亩，旱涝保收面积达到680.6万亩，各县灌溉状况见表3-1。

水利是农业的命脉，为进一步提升农田水利保障能力。石家庄市大力实施农田水利基础建设项目。

（1）农田水网工程。对冶河、绵河、计三、平旺、槐南5条大中型灌区主要渠系进行综合治理，完成渠道加固防渗。

（2）现代农田水利（节水灌溉）工程。实施小型农田水利重点县建设项目，更新灌溉机井，推广实施喷灌、滴灌节水灌溉技术，铺设地下PVC防渗管道。

（3）"五小"水利工程。在缺水的山区兴建小型抗旱水源工程，新建"五小"（小水窖、小水池、小塘坝、小泵站、小水渠）水利及机井工程，改善当地灌溉效果，提高农业应急抗旱能力。

表 3 - 1　石家庄市农田灌溉现状

县 （区、市）	耕地面积/ 亩	有效灌溉面积/ 亩	灌溉保证率 （%）	旱涝保收面积/ 亩	机井数/ 眼	每井灌溉/ 亩
长安区	65400	62400	95.4	62400	1457	42.8
桥东区	5655	5655	100.0	5655	151	37.5
桥西区	9315	8385	90.0	8385	232	36.1
新华区	32715	32700	100.0	32700	640	51.1
裕华区	14970	14970	100.0	14970	246	60.9
矿区	27555	27555	100.0	12165	142	194.0
高新区	25065	25065	100.0	53550	1274	19.7
井陉县	343215	179970	52.4	129600	611	294.5
正定县	448860	448350	99.9	448350	11002	40.8
栾城县	373185	346485	92.8	345135	6193	55.9
行唐县	537750	424095	78.9	394005	8925	47.5
灵寿县	331740	267450	80.6	127275	2327	114.9
高邑县	237885	237885	100.0	237885	3173	75.0
深泽县	282495	282495	100.0	282495	6303	44.8
赞皇县	309120	144750	46.8	42000	3056	47.4
无极县	528000	527880	100.0	527880	10826	48.8
平山县	451875	261000	57.8	202500	2784	93.8
元氏县	525840	398100	75.7	398100	6035	66.0
赵县	723255	723255	100.0	723255	12575	57.5
辛集市	836505	775200	92.7	775200	14637	53.0
藁城市	798120	798120	100.0	798120	16090	49.6
晋州市	414750	414750	100.0	414750	12024	34.5
新乐市	412875	412875	100.0	412875	12418	33.2
鹿泉市	350325	350325	100.0	356400	5024	69.7
合计/平均	8086470	7169715	88.7	6805650	138145	51.9

三、农田配套系统设施

农田配套系统设施包括田间路、农田防护林、农业机械等。

（一）田间路

田间道路是农田基本建设的重要组成部分，田间道路工程包括田间道和生产路。田间道连接村庄与村庄、村庄与田块，供农业机械、农用物资和农产品运输通行之用；生产路连接田块与田块，田块与田间路，满足田间作业服务需要。本市原来拥有的田间路由于年久失修，部分道路高低不平，雨天过后道路泥泞，造成交通不便，随着农业机械化普及，田间路已不适应农业发展，从 20 世纪 80 年代后，开始修复田间路，修复标准为主路面宽 4~6m 的砂石路、水泥路，逐步建立起适应农机耕作、四通八达的田间道路网络。

（二）农田防护林

农田林网建设，不但能够防风固沙，改善农田小气候，而且能够改善农业生态环境，本市有完善的农田防护林网，在土地改良和生态建设中发挥了巨大作用。

（三）农业机械

随着国家对农业投资力度的不断加大，农民对耕地越来越重视，对农田投入也不断增加。近年来，全市农机装备水平保持稳定增长势头，农机装备结构得到进一步优化，大型拖拉机、小麦联合收割机逐年更新换代，并向大动力、高性能、低能耗发展，新式、复式作业机械增多。机耕地面积 8017860 亩，机械播种面积 9968310 亩，机械收获面积 7028670 亩。农业机械化水平的提高，促进了农业增效和农民增收，解放了生产力，推动了第二、第三产业的发展，加快了农民致富奔小康的步伐，促进了全市农村经济持续稳定发展。

第四章　耕地土壤属性

第一节　耕地土壤类型

一、土壤类型与分布

石家庄市土壤共划分为棕壤、褐土、粗骨土、新积土、风沙土、潮土、沼泽土、山地草甸土、盐土、石质土、水稻土，共计 11 个土类，22 个亚类，81 个土属，119 个土种。不同土壤的分布如下。

（一）棕壤

分布于石家庄市平山县蛟潭庄、秋卜洞、杀虎一线西北，灵寿县南营西北、漫山上部，赞皇县桃花垴至丈石崖一线，山脊海拔 850～1900m 中山林线终止处，面积 445562 亩。

（二）褐土

在石家庄市自山麓平原的中部，即海拔 45m 至中山海拔 1300m 均有分布，为石家庄市分布最广的土类，其面积为 12924712 亩，为各土类面积之冠。

（三）粗骨土

分布于石家庄市行唐县、灵寿县、平山县、元氏县、赞皇县等地的低山丘陵，面积 3007222 亩。

（四）新积土

在石家庄市的面积为 326062 亩。母质均为河流冲积物。其分布在石家庄市晋州市、无极县、正定县、元氏县、新乐市、行唐县、灵寿县、藁城市、高邑县、深泽县等县的大沙河、滹沱河河漫滩上，其中以滹沱河河漫滩分布最广。

（五）风沙土

主要分布在无极县、藁城市、新乐市、正定县等县的滋河故河道两侧，面积 19136 亩。

（六）潮土

主要分布在山麓平原的中下部（海拔 45～25m）低山、丘陵的河谷及河漫滩，水库坝下也有少量分布，面积 3148699 亩。在石家庄市各县均有分布，大面积集中分布在山麓平原的中下部至末端的藁城市、晋州市、辛集市、深泽县和赵县五县（市），其他各县均有零星的分布；为石家庄市第二大土类。

（七）沼泽土

主要分布在山区河谷滞水洼地，以及河漫滩近堤洼地的灵寿县、行唐县两县，面积22468亩；该土类地表常年积水，或仅在旱季2~3个月落干，土壤汪水、汪泥。

（八）山地草甸土

分布于石家庄市西北端平山县、灵寿县两县中山地区的山顶缓坡，海拔1900~2281m，面积3374亩。

（九）盐土

分布于石家庄市东部辛集市东南部山麓平原与冲积平原过渡地带的低平洼地上，零星分布于盐化潮土之中，形成复区分布，面积为4967亩。

（十）石质土

本市石质土面积22844.5亩，分布于平山县的东西灵山及低山，井陉县、鹿泉市、灵寿县的低山。几乎无作物生长，仅在岩石缝隙或较大的岩石块间长有稀疏的草本植物，岩石裸露面积70%以上，砾石含量超过70%，石多土少，土层在5cm左右。该土壤因土曾太薄，且砾石含量过多，无法进行利用，仅可在土层较稍厚一些部位种草护土，而后逐渐扩大面积。使土壤发育持续下去，转变为可利用的土壤。

（十一）水稻土

水稻土是在人为长期水耕、熟化条件下形成的土壤，与原土壤的理化性状和剖面特征均有明显的差异。本市的水稻土分布于正定县、灵寿县、行唐县、鹿泉市等县的滹沱河、磁河、大沙河的近河洼地，或有泉涌的低洼地，面积82625.8亩。土壤质地沙—轻壤，心土层潜育化现象明显，锈纹锈斑，石灰反应明显。

二、主要土壤类型特征及生产性能

（一）棕壤

土体结构特征为：①地表半腐烂的枯枝落叶层厚3~5cm。其下为有机质层，厚度20~25cm，土色暗灰棕，有机质含量30~60g/kg。②棕色黏化层。上层因水分饱和，有机质嫌气分解，使铁锰还原；溶于水下淋至心土层，通气状况改善，铁锰重新氧化或水化，土粒被染成棕色。同时，表层黏粒的机械下淋及心土原地风化黏粒的增加，形成了心土层既棕又黏的层次（其小于0.01mm粒径的黏粒含量较表层高9.63%），其上有较明显的铁锰胶膜在结构面上呈现。③脱钙酸化。棕壤呈微酸性反映。盐基性离子转为不饱和。④母质风化较弱。母质类型主要是残坡积物及少量的洪冲积物，母质风化较弱，土壤厚度一般小于1m。砾石含量较多。

棕壤包括棕壤和棕壤性土2个土壤亚类。棕壤亚类面积398516亩，多分布在山的阴坡，植被茂密。棕壤亚类自然肥力较高，该土壤适宜发展林木，应保护现有林、草植被，防止水土流失。棕壤性土则多分布在山的向阳坡、山脊或山体陡峭之处，面积47046亩。因所处地形部位林木被破坏，植被稀疏，土壤侵蚀严重，土层薄，厚度小于30mm，砾石含量10%~30%。植被为草被且稀疏，覆盖度低。棕壤性土应迅速恢复草被或林被，涵养水土。

（二）褐土

褐土在低山、丘陵具有垂直带谱特征，即随着海拔高程的降低，土壤中钙质淀积作用逐渐显著。山麓平原及沟谷阶地之褐土，除具有钙质淀积作用外，由于地下水参与成土作用，故土壤中铁锰处于氧化还原交替进行的作用下，土壤剖面上呈现铁渍或锈纹锈斑。同时，阳坡上褐土的分布部位较之阴坡要高。酸性硅铝质母质的褐土分布部位较钙质母质的褐土分布的部位要低。低山、丘陵褐土的褐黏化层较为明显，即在土层 50～60cm 处土壤质地较上层要重些，达到中壤或重壤。据 45 个剖面统计，其物理性黏粒含量较表层高 15.9%。而在山麓平原中上部，由于成土母质多为洪积物及成土时间较短，故不明显。

褐土土类根据土壤中钙质淋溶淀积的程度和地下水参与成土过程与否，石家庄市有褐土、淋溶褐土、石灰性褐土、潮褐土、褐土性土 5 个亚类。

1. 褐土

褐土亚类分布于低山的中下部。在西部的低山区均有分布，面积 1038269 亩，植被为酸枣、荆条、白草等。其表层有微弱的石灰反应，下层有较强的石灰反应，碳酸钙含量平均为 1.52%，pH 值为 7.2，黏化层较为明显。由于降水量较小，约 600mm，且集中于 6～7 月，所以土壤较干燥，土层较薄。土壤养分丰富，适宜种植经济林果，以防水土流失。

2. 淋溶褐土

该亚类分布于西部的低山上部，海拔 800～1300m，面积 567453 亩。多为自然土壤。该亚类为棕壤与褐土的过渡类型，因其所处的地形部位，气候条件、植被、水分均在棕壤与褐土过渡之中。其气候条件较棕壤干燥温暖，较褐土湿润冷凉。其植被既有杜鹃、栎树等棕壤植被，也有荆条、酸枣、白草等褐土植被。其土壤水分含量在湿润与干燥过渡间。因此，其成土过程中钙质淋溶较强，表层、心土层无石灰反应，但底层仍有微弱的石灰反应，即未被全部淋失。因气候温暖湿润，淋溶褐土分布的区域，可发展多种材林和经济林，亦可适当发展部分药材。

3. 石灰性褐土

该亚类自海拔 600m 以下的丘陵至 45m 左右的山麓平原中上部均有分布，面积 5226787 亩。其气候温暖干燥，地下水埋深 5m 以下，排水良好。由于气候干燥蒸发量大，钙的淀积作用极为明显，在土体 40～70cm 处有假菌丝体或砂姜等钙质淀积物。同时心土层黏化作用也较明显，有机质矿化作用强烈，通体石灰反应强烈，碳酸钙含量平均为 4.27%，变化幅度为 2.2%～8.4%；pH 值为 8.1，变化幅度为 7.9～8.5。其土层厚度不一，残坡积母质土层较薄且含砾石较多。而洪冲积母质或黄土状物质及黄土状洪冲积母质土层较厚，是良好的耕作土壤。石灰性褐土养分含量缺乏，耕作土壤应增施有机肥，提高土壤肥力。同时改善灌溉条件，培育高产土壤。非耕种土壤，要做好水土保持工作，种植林果。

4. 潮褐土

该亚类分布在石家庄市海拔 35～600m 的山麓平原中上部或丘陵、低山的河谷阶地上，面积 5133392 亩，为各亚类之首。该亚类母质基本为洪冲积母质。该亚类的土壤养分较低，要争取农作物的高产，需进行大量培肥土壤的工作，使之发挥更大的效应。

由于地下水位较高，所以地下水参与成土过程。故除有钙积层（假菌丝体、砂姜）外，还有铁锰氧化还原层，即锈纹锈斑或铁锰结核。潮褐土亚类成土时间较之褐土或石灰性褐土为晚，故褐黏化层不明显；且因水分的影响，土体颜色较暗，不如石灰性褐土颜色鲜亮。其土层深厚（除河谷阶地之潮褐土），质地多为轻壤，土壤不旱、不涝，因此为石家庄市最优的耕作土壤。

5. 褐土性土

该亚类分布的范围有两个：一是海拔 100～600m 的低山、丘陵，由于土壤侵蚀严重，成土时间短且褐土的成土过程经常被打断，剖面发育不完全，土层薄且砾石含量较多；二是山麓平原中下部的故河道上的沙丘，由于该沙丘较地面高出 2～4m，植被较好，地下水已不能参与土壤的形成过程，土壤向着褐土方向发展。但因成土时间短，故剖面发育不完全。褐土性土在大沙河、滋河、滹沱河及槐沙河的故河道两侧均有分布。

该亚类面积为 958811 亩。由于成土时间短，土层薄，故该亚类均未被利用。平原的沙质褐土性土多种有杨、槐等树木，而丘陵的残坡积褐土性土上仅有稀疏的草被。由于土层小于 30cm，土壤干燥，植被稀疏，水土流失严重，也为垦殖。该亚类适宜种植林果，如枣、酸枣等耐旱果木，有利于水土保持，且可获得较高的经济效益。

（三）粗骨土

按照岩石性质可划分为硅铝质粗骨土和钙质粗骨土两个亚类。

1. 硅铝质粗骨土亚类

分布于石家庄市低山丘陵，面积 2879420 亩。该亚类分布规律及特点与粗骨土类相同。而砂岩类由于抗化学和物理风化能力强，故风化壳较薄，仅 10cm 左右，且砾石含量多。该土壤土层薄，砾石含量高，水土流失严重，故采取种草封山，保持水土等综合治理措施。

2. 钙质粗骨土亚类

分布于西部丘陵，面积 127803 亩，岩石为石灰岩类。其分布规律是在丘陵顶部，水土流失严重的地方。其土层亦薄，灰岩类化学风化深刻，故表层土壤质地为轻壤碳酸钙因淋溶，表层含量仅 3% 左右。由于气候干旱和水分的渗失，钙质粗骨土较硅铝质粗骨土更为干旱，植被稀疏。土壤表层有 0.5～1cm 的灰褐色有机质层。表层养分虽高，但由于土层薄土壤干旱，植物也不能生长。水土流失加剧，成土过程经常中断。该土壤应采取综合性水土保持工作，如封山育草，保护自然植被，防止水土流失，涵养水土以利植被生长。

（四）新积土

该土类为近期流水所沉淀而成的，在汛期还可能被河水淹没。其土层深厚，质地多为沙质或沙壤质，有时为层状沉积。没有或很少有植物生长，无剖面发育特征或有微弱发育特征。但因质地轻、降雨渗透迅速，故旱季土壤干燥。

该土类在石家庄市仅为一个亚类，即石灰性新积土亚类。该土壤应抓好土壤培肥，以种植牧草发展畜牧为主，取代花生、甘薯等作物，保护和利用好该土壤资源。

(五) 风沙土

土壤通体沙质，有石灰反应或弱石灰反应。表层因长有植物及风力作用，质地较下层稍细。有些土壤剖面有微弱的发育，即有钙淀积的痕迹和铁锰氧化还原的不清晰斑纹，但大部分土壤则无发育特征。由于成土时间短，且质地粗，所以土壤的理化性状均差，土壤容重较高，故农业难以利用，而为荒地。

风沙土土类在石家庄市划为一个亚类，即风积半固定风沙土亚类。该土壤应种植牧草，不仅可以发展畜牧业，且起到固沙防止风蚀、保护土壤的作用，可种植薪炭林或灌木防风固沙，以便开发利用。

(六) 潮土

潮土的剖面特征是在土表30cm以下有锈纹锈斑层，土壤沉积层理清晰，且质地变化较大。在故河道及冲积锥上，除有锈纹锈斑以外，还有微弱的钙淀积的痕迹。在低平地上有锈纹锈斑，在沟谷除有锈纹锈斑以外，下层灰兰色的潜育层。同时潮土剖面自上至下石灰反应强烈（除沙、砾质外），碳酸钙含量较高。其养分含量因母质类型而异。山麓平原中下部主要是滹沱河冲积扇，含有较多的黄土状物质，除钾素含量较高外，其他营养元素较缺，有机质含量偏低。低山、丘陵河谷因接受山上有机物质，故有机质含量稍高些。其他矿质养分（除磷素外）也较高。同时该土类几乎均已成为农田，是石家庄市重要的耕作土壤。耕作管理水平差异较大，故肥力水平差别较大。潮土土类根据地下水参与成土作用的程度不同，可划分为潮土、湿潮土、脱潮土、盐化潮土4个亚类。

1. 潮土亚类

潮土亚类主要分布于石家庄市山麓平原的下部及与冲积平原相连接的洼地，山麓平原河漫滩以及低山丘陵的河谷也有少量的分布，辛集市、深泽县分布面积较大，其他各县均有少量分布，面积1626425亩。该亚类土层深厚，表层土壤多为轻壤、沙壤。其剖面特征具有潮土土类的特征，即有明显的锈纹锈斑层，沉积层理清晰，腐殖层呈灰棕色但不明显，具有强烈的石灰反应等。该土壤质地适中，水分条件较好，适宜种植多种作物。应注意增施有机肥料，氮、磷、钾化肥配合施用，培肥土壤，提高土壤肥力。

2. 湿潮土亚类

湿潮土亚类主要分布于低山、丘陵河旁洼地，如井陉县、鹿泉市、灵寿县、平山县、赞皇县等县的沟谷，面积41626亩。剖面中，在锈纹锈斑层下出现灰兰色的潜育层。土壤养分贫乏，作物生长较差。该土壤可种植水稻或湿生植物，如芦苇生产等。

3. 脱潮土亚类

脱潮土亚类分布于山麓平原下部藁城市东部、晋州市全部以及辛集市西部，深泽县的南部，面积1380829亩。该亚类原为潮土亚类，由于近二十余年来降雨偏少，地下水大量开采，使地下水急剧下降。土壤中的钙淀积现象开始较明显的表现出来，有假菌丝体或痕迹出现，同时土壤中锈纹锈斑仍残存在剖面上。如地下水埋深仍保持目前状况或继续下降，则土壤向地带性土壤（褐土）演变；若气候变化，降水增加，地下水位上升至原潮土时的埋深时，则土壤又会重新变为潮土。该土壤养分含量较低，需要进一步培肥土壤，增施有机肥料，科学施肥，合理灌溉，改善土壤理化性状。同时要调整作物布局，发展林果，多种经营、充分利用该土壤资源。

4. 盐化潮土亚类

该亚类分布于辛集市东南部、山麓平原末端与冲积平原相接的地平地上，海拔25～27m，面积99819亩。土壤0～20cm全盐含量平均为0.31%，影响作物生长，造成缺苗断垄。该土壤地下水水型为钙镁氯化物硫酸盐型，故土壤盐分组成多位氯化物硫酸盐。土壤养分缺乏，肥力较低。特别是速效养分缺乏，加上表层养分含量较高，故作物出苗困难，缺苗断垅。

（七）沼泽土

根据地表水渍程度，分沼泽土和草甸沼泽土两个亚类。

1. 沼泽土亚类

该亚类分布于灵寿县滋河上游的河谷积水洼地，面积3053亩。其剖面特征是表层为植物的根层，颜色呈暗棕或灰兰色，下层为潜育层。应做好挖沟排水，并增施有机肥料。其代换量较高，保肥供肥能力较强，但有效养分含量低，应施用氮、磷、钾化肥，提高土壤的供肥水平。

2. 草甸沼泽土

该亚类分布于灵寿县、行唐县滋河、大沙河的河旁洼地，面积19415亩。该亚类地形部位稍高，土壤呈灰褐棕色，下层土壤潜育现象明显。其有机质层与地表植被和土壤质地以及人为垦种有关。植被较差或土壤质地为沙壤，或人为种植水稻的，则有机质积累少。植被茂密、土壤质地为轻壤的自然土壤则有机质积累较多，颜色较暗。该亚类土壤要做好雨季排涝，同时进一步培肥土壤。

第二节　有机质

一、耕层土壤有机质含量及分布特点

本次耕地地力调查共化验分析耕层土壤样本57000个，通过应用克里金空间插值技术并对其进行空间分析得知，全市耕层土壤有机质含量平均为18.75g/kg，变化幅度为5.78～27.23g/kg。

（一）耕层土壤有机质含量的行政区域分布特点

利用行政区划图对土壤有机质含量栅格数据进行区域统计发现，土壤有机质含量平均值达到19.00g/kg的县（市、区）有市区、高邑县、藁城市、栾城县、行唐县、鹿泉市、井陉县、正定县、平山县、赵县、赞皇县，面积为4754265.00亩，占全市总耕地面积的58.79%，其中石家庄市区和高邑县平均含量超过了21.00g/kg，面积合计为418560.00亩，占全市总耕地面积的5.17%。平均值小于19.00g/kg的县（市、区）有灵寿县、无极县、元氏县、新乐市、深泽县、晋州市、辛集市，面积为3332205.00亩，占全市总耕地面积的41.21%，其中辛集市平均含量低于14.00g/kg，面积为836505.00亩，占全市总耕地面积的10.35%。具体的分析结果见表4-1。

表4-1 不同行政区域耕层土壤有机质含量的分布特点

县（市、区）	面积/亩	占总耕地（%）	最小值/（g/kg）	最大值/（g/kg）	平均值/（g/kg）
市区	180675.00	2.23	9.52	29.61	21.56
高邑县	237885.00	2.94	15.26	44.93	21.20
藁城市	798120.00	9.97	8.80	41.31	20.91
栾城县	373185.00	4.62	12.30	38.11	20.73
行唐县	537750.00	6.65	10.54	72.23	20.43
鹿泉市	350325.00	4.33	8.18	53.88	20.17
井陉县	343215.00	4.25	11.19	87.98	19.99
正定县	448860.00	5.55	10.55	28.26	19.64
平山县	451875.00	5.59	11.74	32.97	19.43
赵县	723255.00	8.94	6.58	33.19	19.25
赞皇县	309120.00	3.82	10.96	33.39	19.16
灵寿县	331740.00	4.10	8.76	32.43	18.28
无极县	528000.00	6.53	12.38	24.11	17.88
元氏县	525840.00	6.50	10.34	43.21	17.49
新乐市	412875.00	5.11	5.78	26.69	16.28
深泽县	282495.00	3.49	6.61	24.65	16.18
晋州市	414750.00	5.13	5.92	23.68	14.28
辛集市	836505.00	10.35	5.90	23.55	13.66

（二）耕层土壤有机质含量与土壤质地的关系

利用土壤质地图对土壤有机质含量栅格数据进行区域统计发现，土壤有机质含量最高的质地是轻壤质，平均含量达到了19.73g/kg，变化幅度为8.65~87.98g/kg，而最低的质地为沙质，平均含量为17.55g/kg，变化幅度为6.00~41.31g/kg。各质地有机质含量分析结果见表4-2。

表4-2 不同土壤质地与耕层土壤有机质含量的分布特点　　　　单位：g/kg

土壤质地	最小值	最大值	平均值
轻壤质	8.65	87.98	19.73
中壤质	5.92	72.23	18.63
重壤质	13.50	22.20	18.13
沙壤质	5.78	33.39	17.95
沙质	6.00	41.31	17.55

（三）耕层土壤有机质含量与土壤分类的关系

1. 耕层土壤有机质含量与土类的关系

石家庄市耕地土壤共有9个土类，土壤有机质含量最高的土类是棕壤，平均含量达到了26.50g/kg，变化幅度为14.60～32.97g/kg，而最低的土类为潮土，平均含量为14.35g/kg，变化幅度为5.90～25.68g/kg。各土类有机质含量具体结果见表4-3。

表4-3　不同土类耕层土壤有机质含量的分布特点　　　　　单位：g/kg

土壤类型	最小值	最大值	平均值
棕壤	14.60	32.97	26.50
褐土	5.78	72.23	19.03
粗骨土	8.76	33.39	18.73
水稻土	8.65	26.27	18.03
新积土	6.32	41.31	17.95
沼泽土	13.50	22.20	17.86
石质土	14.40	16.51	15.35
风沙土	6.00	25.02	15.12
潮土	5.90	25.68	14.35

2. 耕层土壤有机质含量与亚类的关系

石家庄市耕地土壤共有21个亚类，土壤有机质含量最高的亚类是棕壤—棕壤性土，平均含量达到了26.79g/kg，变化幅度为18.69～32.85g/kg，而最低的亚类为潮土—沙性潮土，平均含量为12.04g/kg，变化幅度为5.90～19.66g/kg。各亚类有机质含量平均值分析结果见表4-4。

表4-4　不同亚类耕层土壤有机质含量的分布特点　　　　　单位：g/kg

土类	亚类	最小值	最大值	平均值
棕壤	棕壤性土	18.69	32.85	26.79
棕壤	棕壤	14.60	32.97	26.46
褐土	淋溶褐土	17.69	31.44	23.37
粗骨土	钙质粗骨土	12.85	29.39	21.24
褐土	褐土	12.69	41.16	20.80
潮土	脱潮土	17.27	20.96	19.94
褐土	石灰性褐土	8.18	72.23	19.28
潮土	湿潮土	12.89	25.68	19.04
褐土	褐土性土	8.87	85.96	18.69

土类	亚类	最小值	最大值	平均值
粗骨土	酸性粗骨土	8.76	33.39	18.67
粗骨土	中性粗骨土	11.45	28.49	18.60
褐土	潮褐土	5.78	40.44	18.39
沼泽土	草甸沼泽土	13.50	22.20	18.13
水稻土	淹育水稻土	8.65	26.27	18.03
新积土	冲积土	6.32	41.31	17.95
沼泽土	沼泽土	13.75	18.72	15.70
石质土	酸性石质土	14.40	16.51	15.35
风沙土	草甸风沙土	6.00	25.02	15.12
潮土	潮土	6.68	25.41	14.65
潮土	盐化潮土	10.15	21.11	14.11
潮土	沙性潮土	5.90	19.66	12.04

3. 耕层土壤有机质含量与土属的关系

石家庄市耕地土壤共有 40 个土属，土壤有机质含量最高的土属是褐土—褐土—壤性洪冲积褐土，平均含量达到了 28.30g/kg，变化幅度为 24.99 ~ 30.12g/kg，而最低的土属为潮土—沙性潮土—砂壤质潮土，平均含量为 12.04g/kg，变化幅度为 5.90 ~ 19.66g/kg。各土属有机质含量平均值分析结果见表 4 – 5。

表 4 – 5　不同土属耕层土壤有机质含量的分布特点　　　　单位：g/kg

土类	亚类	土属	最小值	最大值	平均值
褐土	褐土	壤性洪冲积褐土	24.99	30.12	28.30
棕壤	棕壤性土	粗散状棕壤性土	18.69	32.85	26.79
棕壤	棕壤	粗散状棕壤	14.60	32.97	26.46
褐土	淋溶褐土	壤性洪冲积淋溶褐土	23.84	25.78	24.40
褐土	褐土	灰质褐土	13.22	41.16	23.62
褐土	淋溶褐土	粗散状淋溶褐土	17.69	31.44	23.40
褐土	淋溶褐土	黄土状淋溶褐土	19.93	25.81	21.98
褐土	褐土性土	沙性洪冲积褐土性土	19.01	24.17	21.60
粗骨土	钙质粗骨土	钙质粗骨土	12.85	29.39	21.24
粗骨土	中性粗骨土	中性粗骨土	11.45	28.49	21.04
褐土	褐土性土	灰质褐土性土	12.09	85.96	20.16

土类	亚类	土属	最小值	最大值	平均值
潮土	脱潮土	沙性脱潮土	17.27	20.96	19.94
褐土	石灰性褐土	壤性洪冲积石灰性褐土	8.18	72.23	19.85
褐土	褐土	粗散状褐土	13.31	31.33	19.57
潮土	湿潮土	盐化湿潮土潮土	15.44	25.68	19.41
褐土	石灰性褐土	灰质石灰性褐土	11.31	39.52	19.24
潮土	湿潮土	壤性湿潮土	12.89	24.33	18.77
粗骨土	酸性粗骨土	酸性粗骨土	8.76	33.39	18.67
褐土	潮褐土	壤性洪冲积潮褐土	5.92	40.44	18.57
褐土	石灰性褐土	沙性洪冲积石灰性褐土	15.04	21.97	18.48
褐土	石灰性褐土	黄土状石灰性褐土	8.85	87.98	18.40
褐土	潮褐土	沙质洪冲积潮褐土	7.70	26.11	18.28
沼泽土	草甸沼泽土	湖积草甸沼泽土	13.50	22.20	18.13
水稻土	淹育水稻土	淹育水稻土	8.65	26.27	18.03
新积土	冲积土	冲积土	6.32	41.31	17.95
褐土	褐土性土	粗散状褐土性土	8.87	30.54	17.71
风沙土	草甸风沙土	半固定草甸风沙土	11.71	25.02	17.05
褐土	褐土	硅质褐土	12.69	22.16	16.90
褐土	石灰性褐土	粗散状石灰性褐土	11.25	28.76	16.65
粗骨土	中性粗骨土	泥质粗骨土	12.14	20.90	16.42
沼泽土	沼泽土	沼泽土	13.75	18.72	15.70
石质土	酸性石质土	酸性石质土	14.40	16.51	15.35
褐土	潮褐土	沙性洪冲积潮褐土	5.78	25.14	15.12
褐土	石灰性褐土	暗实状石灰性褐土	12.53	17.99	15.07
潮土	潮土	沙性潮土	10.23	21.81	14.99
潮土	潮土	壤性潮土	6.68	25.41	14.63
潮土	盐化潮土	硫酸盐盐化潮土	10.15	21.11	14.11
风沙土	草甸风沙土	固定草甸风沙土	6.00	23.10	13.79
潮土	盐化潮土	氯化物盐化潮土	12.47	14.61	13.04
潮土	沙性潮土	沙壤质潮土	5.90	19.66	12.04

二、耕层土壤有机质含量分级及特点

石家庄市耕地土壤有机质含量处于 1～6 级之间（见表 4-6），其中最多的为 4 级，面积 5616555.00 亩，占总耕地面积的 69.46%；最少的为 6 级，面积 65.93 亩，小于总耕地面积的 0.01%。1 级主要分布在藁城市、高邑县。2 级主要分布在井陉县、元氏县、赞皇县。3 级主要分布在赵县、藁城市、行唐县。4 级主要分布在辛集市、无极县、元氏县。5 级主要分布在赵县、辛集市、晋州市。6 级主要分布在藁城市、平山县。

表 4-6 耕地耕层有机质含量分级及面积

级别	1	2	3	4	5	6
范围/（g/kg）	>40	40～30	30～20	20～10	10～6	≤6
耕地面积/亩	12646.22	18858.64	2315312.44	5616555.00	123031.77	65.93
占总耕地（%）	0.16	0.23	28.63	69.46	1.52	<0.01

（一）耕地耕层有机质含量 1 级地行政区域分布特点

1 级地面积为 12646.22 亩，占总耕地面积的 0.16%。1 级地主要分布在藁城市面积为 9148.55 亩，占本级耕地面积的 72.34%；高邑县面积为 1339.85 亩，占本级耕地面积的 10.59%；行唐县面积为 1094.64 亩，占本级耕地面积的 8.66%。详细分析结果见表 4-7。

表 4-7 耕地耕层有机质含量 1 级地行政区域分布

县（市、区）	面积/亩	占本级面积（%）
藁城市	9148.55	72.34
高邑县	1339.85	10.59
行唐县	1094.64	8.66
井陉县	779.05	6.16
鹿泉市	244.98	1.94
元氏县	39.15	0.31

（二）耕地耕层有机质含量 2 级地行政区域分布特点

2 级地面积为 18858.64 亩，占总耕地面积的 0.23%。2 级地主要分布在井陉县面积为 6321.69 亩，占本级耕地面积的 33.52%；元氏县面积为 3396.47 亩，占本级耕地面积的 18.01%；赞皇县面积为 3087.98 亩，占本级耕地面积的 16.37%。详细分析结果见表 4-8。

表 4 - 8　耕地耕层有机质含量 2 级地行政区域分布

县（市、区）	面积/亩	占本级面积（%）
井陉县	6321.69	33.52
元氏县	3396.47	18.01
赞皇县	3087.98	16.37
鹿泉市	2309.96	12.25
高邑县	2003.53	10.62
平山县	1523.27	8.08
栾城县	209.03	1.11
赵县	6.71	0.04

（三）耕地耕层有机质含量 3 级地行政区域分布特点

3 级地面积为 2315312.44 亩，占总耕地面积的 28.63%。3 级地主要分布在赵县面积为 418179.50 亩，占本级耕地面积的 18.06%；藁城市面积为 342693.00 亩，占本级耕地面积的 14.80%；行唐县面积为 256258.50 亩，占本级耕地面积的 11.07%。详细分析结果见表 4 - 9。

表 4 - 9　耕地耕层有机质含量 3 级地行政区域分布

县（市、区）	面积/亩	占本级面积（%）
赵县	418179.50	18.06
藁城市	342693.00	14.80
行唐县	256258.50	11.07
栾城县	227040.80	9.81
正定县	197217.40	8.52
鹿泉市	174903.50	7.55
高邑县	171139.30	7.39
市区	124374.70	5.37
井陉县	122356.00	5.28
元氏县	58843.23	2.54
新乐市	53753.47	2.32
无极县	45399.36	1.96
平山县	40789.14	1.76
灵寿县	32630.29	1.41
深泽县	17719.28	0.77
赞皇县	15869.59	0.69
晋州市	11120.47	0.48
辛集市	5024.91	0.22

（四）耕地耕层有机质含量4级地行政区域分布特点

4级地面积为5616555.00亩，占总耕地面积的69.46%。4级地主要分布在辛集市面积为799843.70亩，占本级耕地面积的14.24%；无极县面积为482596.50亩，占本级耕地面积的8.59%；元氏县面积为463558.40亩，占本级耕地面积的8.25%。详细分析结果见表4-10。

表4-10 耕地耕层有机质含量4级地行政区域分布

县（市、区）	面积/亩	占本级面积（%）
辛集市	799843.70	14.24
无极县	482596.50	8.59
元氏县	463558.40	8.25
藁城市	445746.10	7.94
平山县	409559.40	7.29
晋州市	375280.90	6.68
新乐市	337039.80	6.00
灵寿县	298171.10	5.31
赞皇县	290162.30	5.17
行唐县	280396.70	4.99
赵县	269637.20	4.80
深泽县	261277.10	4.65
正定县	251642.00	4.48
井陉县	213759.60	3.81
鹿泉市	172292.20	3.07
栾城县	145929.20	2.60
高邑县	63407.10	1.13
市区	56255.70	1.00

（五）耕地耕层有机质含量5级地行政区域分布特点

5级地面积为123031.77亩，占总耕地面积的1.52%。5级地主要分布在赵县面积为35441.07亩，占本级耕地面积的28.81%；辛集市面积为31638.25亩，占本级耕地面积的25.72%；晋州市面积为28350.08亩，占本级耕地面积的23.04%。详细分析结果见表4-11。

表 4 – 11　耕地耕层有机质含量 5 级地行政区域分布

县（市、区）	面积/亩	占本级面积（%）
赵县	35441.07	28.81
辛集市	31638.25	25.72
晋州市	28350.08	23.04
新乐市	22082.67	17.95
深泽县	3497.16	2.84
灵寿县	939.07	0.76
鹿泉市	571.90	0.46
藁城市	466.78	0.38
市区	44.79	0.04

（六）耕地耕层有机质含量 6 级地行政区域分布特点

6 级地面积为 65.93 亩，小于总耕地面积的 0.01%。藁城市面积为 62.0 亩，占本级耕地面积的 95.70%；平山县面积为 3.93 亩，占本级耕地面积的 4.30%。

第三节　全氮

一、耕层土壤全氮含量及分布特点

本次耕地地力调查共化验分析耕层土壤样本 57000 个，通过应用克里金空间插值技术并对其进行空间分析得知，全市耕层土壤全氮含量平均为 1.18g/kg，变化幅度为 0.24 ~ 9.61g/kg。

（一）耕层土壤全氮含量的行政区域分布特点

利用行政区划图对土壤全氮含量栅格数据进行区域统计发现，土壤全氮含量平均值达到 1.00g/kg 的县（市、区）有平山县、栾城县、灵寿县、藁城市、无极县、元氏县、井陉县、赵县、市内 7 区、新乐市、行唐县、鹿泉市、高邑县、正定县、晋州市，面积为 6658350.00 亩，占全市总耕地面积的 82.34%，其中平山县、栾城县 2 县平均含量超过了 1.40g/kg，面积合计为 825060.00 亩，占全市总耕地面积的 10.21%。平均值小于 1.00g/kg 的县（市、区）有赞皇县、辛集市、深泽县，面积为 1428120.00 亩，占全市总耕地面积的 17.66%，其中深泽县 1 个县平均含量低于 0.80g/kg，面积合计为 282495.00 亩，占全市总耕地面积的 3.49%。具体的分析结果见表 4 – 12。

表 4 – 12　不同行政区域耕层土壤全氮含量的分布特点

县（市、区）	面积/亩	占总耕地（%）	最小值/（g/kg）	最大值/（g/kg）	平均值/（g/kg）
平山县	451875.00	5.59	0.73	2.61	1.61

续表

县（市、区）	面积/亩	占总耕地（%）	最小值/（g/kg）	最大值/（g/kg）	平均值/（g/kg）
栾城县	373185.00	4.62	0.91	1.96	1.45
灵寿县	331740.00	4.10	0.56	2.50	1.23
藁城市	798120.00	9.87	0.69	1.98	1.19
无极县	528000.00	6.53	0.84	1.64	1.19
元氏县	525840.00	6.50	0.50	1.74	1.16
井陉县	343215.00	4.25	0.53	2.79	1.14
赵县	723255.00	8.94	0.63	1.90	1.10
市区	180675.00	2.23	0.41	1.57	1.08
新乐市	412875.00	5.13	0.54	1.66	1.07
行唐县	537750.00	6.65	0.72	1.57	1.06
鹿泉市	350325.00	4.33	0.41	1.87	1.05
高邑县	237885.00	2.94	0.59	1.38	1.05
正定县	448860.00	5.55	0.59	1.65	1.03
晋州市	414750.00	5.11	0.54	1.80	1.02
赞皇县	309120.00	3.82	0.44	1.51	0.94
辛集市	836505.00	10.35	0.48	1.33	0.93
深泽县	282495.00	3.49	0.24	1.34	0.75

（二）耕层土壤全氮含量与土壤质地的关系

利用土壤质地图对土壤全氮含量栅格数据进行区域统计发现，土壤全氮含量最高的质地是轻壤质，平均含量达到了 1.34g/kg，变化幅度为 0.41～2.61g/kg，而最低的质地为沙质，平均含量为 1.01g/kg，变化幅度为 0.42～1.62g/kg。各质地全氮含量平均值分析结果见表 4-13。

表 4-13 不同土壤质地与耕层土壤全氮含量的分布特点　　　　单位：g/kg

土壤质地	最小值	最大值	平均值
轻壤质	0.41	2.61	1.34
砂壤质	0.43	2.24	1.21
中壤质	0.24	2.47	1.12
重壤质	0.86	1.15	1.02
沙质	0.42	1.62	1.01

（三）耕层土壤全氮含量与土壤分类的关系

1. 耕层土壤全氮含量与土类的关系

在 9 个土类中，土壤全氮含量最高的土类是棕壤，平均含量达到了 2.11g/kg，变化幅度为 0.95～2.56g/kg，而最低的土类为水稻土，平均含量为 0.95g/kg，变化幅度为 0.41～1.29g/kg。各土类全氮含量平均值分析结果见表 4－14。

表 4－14　不同土类耕层土壤全氮含量的分布特点　　　　单位：g/kg

土壤类型	最小值	最大值	平均值
棕壤	0.95	2.56	2.11
粗骨土	0.48	2.24	1.27
褐土	0.24	2.61	1.17
石质土	0.94	1.32	1.10
沼泽土	0.86	1.23	1.02
风沙土	0.62	1.41	1.01
潮土	0.43	2.47	1.00
新积土	0.42	1.62	1.00
水稻土	0.41	1.29	0.95

2. 耕层土壤全氮含量与亚类的关系

在 21 个亚类中，土壤全氮含量最高的亚类是棕壤—棕壤性土，平均含量达到了 2.14g/kg，变化幅度为 1.68～2.50g/kg，而最低的亚类为潮土—沙性潮土，平均含量为 0.81g/kg，变化幅度为 0.43～1.32g/kg。各亚类全氮含量平均值分析结果见表 4－15。

表 4－15　不同亚类耕层土壤全氮含量的分布特点　　　　单位：g/kg

土类	亚类	最小值	最大值	平均值
棕壤	棕壤性土	1.68	2.50	2.14
棕壤	棕壤	0.95	2.56	2.10
褐土	淋溶褐土	0.82	2.51	1.78
褐土	褐土	0.85	2.65	1.50
粗骨土	钙质粗骨土	0.66	2.02	1.38
粗骨土	中性粗骨土	0.68	2.11	1.34
粗骨土	酸性粗骨土	0.48	2.24	1.26
褐土	褐土性土	0.45	2.60	1.25
褐土	石灰性褐土	0.44	2.61	1.16
褐土	潮褐土	0.24	1.96	1.11

土类	亚类	最小值	最大值	平均值
石质土	酸性石质土	0.94	1.32	1.10
潮土	脱潮土	0.88	1.19	1.08
沼泽土	沼泽土	0.92	1.23	1.06
潮土	潮土	0.46	2.47	1.04
潮土	湿潮土	0.70	1.60	1.03
沼泽土	草甸沼泽土	0.86	1.15	1.02
风沙土	草甸风沙土	0.62	1.41	1.01
新积土	冲积土	0.42	1.62	1.00
水稻土	淹育水稻土	0.41	1.29	0.95
潮土	盐化潮土	0.68	1.20	0.95
潮土	沙性潮土	0.43	1.32	0.81

3. 耕层土壤全氮含量与土属的关系

在 40 个土属中，土壤全氮含量最高的土属是棕壤—棕壤性土—粗散状棕壤性土，平均含量达到了 2.14g/kg，变化幅度为 1.68 ~ 2.50g/kg，而最低的土属为潮土—沙性潮土—沙壤质潮土，平均含量为 0.81g/kg，变化幅度为 0.43 ~ 1.32g/kg。各土属全氮含量分析结果见表 4 - 16。

表 4 - 16   不同土属耕层土壤全氮含量的分布特点   单位：g/kg

土类	亚类	土属	最小值	最大值	平均值
棕壤	棕壤性土	粗散状棕壤性土	1.68	2.50	2.14
棕壤	棕壤	粗散状棕壤	0.95	2.56	2.10
褐土	褐土	壤性洪冲积褐土	1.53	2.55	2.03
褐土	淋溶褐土	粗散状淋溶褐土	0.82	2.51	1.78
褐土	淋溶褐土	黄土状淋溶褐土	1.58	2.19	1.78
粗骨土	中性粗骨土	中性粗骨土	0.84	2.11	1.71
褐土	褐土	灰质褐土	0.95	2.65	1.61
褐土	石灰性褐土	沙性洪冲积石灰性褐土	1.29	1.68	1.52
褐土	褐土	粗散状褐土	0.85	2.53	1.48
粗骨土	钙质粗骨土	钙质粗骨土	0.66	2.02	1.38
粗骨土	酸性粗骨土	酸性粗骨土	0.48	2.24	1.26
褐土	褐土性土	灰质褐土性土	0.53	2.60	1.25

土类	亚类	土属	最小值	最大值	平均值
褐土	褐土性土	粗散状褐土性土	0.45	2.55	1.25
褐土	石灰性褐土	黄土状石灰性褐土	0.46	2.61	1.20
潮土	湿潮土	盐化湿潮土潮土	0.95	1.60	1.17
褐土	石灰性褐土	壤性洪冲积石灰性褐土	0.44	2.79	1.15
风沙土	草甸风沙土	半固定草甸风沙土	0.78	1.41	1.12
褐土	淋溶褐土	壤性洪冲积淋溶褐土	1.11	1.12	1.12
褐土	潮褐土	壤性洪冲积潮褐土	0.24	1.96	1.12
褐土	石灰性褐土	灰质石灰性褐土	0.75	2.77	1.11
石质土	酸性石质土	酸性石质土	0.94	1.32	1.10
潮土	脱潮土	沙性脱潮土	0.88	1.19	1.08
沼泽土	沼泽土	沼泽土	0.92	1.23	1.06
潮土	潮土	壤性潮土	0.52	2.47	1.04
褐土	石灰性褐土	粗散状石灰性褐土	0.63	1.45	1.04
褐土	潮褐土	沙质洪冲积潮褐土	0.65	1.54	1.02
沼泽土	草甸沼泽土	湖积草甸沼泽土	0.86	1.15	1.02
新积土	冲积土	冲积土	0.42	1.62	1.00
褐土	褐土	硅质褐土	0.91	1.05	1.00
褐土	石灰性褐土	暗实状石灰性褐土	0.85	1.21	1.00
褐土	潮褐土	沙性洪冲积潮褐土	0.60	1.45	0.96
水稻土	淹育水稻土	淹育水稻土	0.41	1.29	0.95
潮土	盐化潮土	硫酸盐盐化潮土	0.68	1.20	0.95
粗骨土	中性粗骨土	泥质粗骨土	0.68	1.33	0.95
潮土	潮土	沙性潮土	0.46	1.39	0.94
潮土	湿潮土	壤性湿潮土	0.70	1.16	0.94
风沙土	草甸风沙土	固定草甸风沙土	0.62	1.40	0.94
潮土	盐化潮土	氯化物盐化潮土	0.82	0.87	0.85
褐土	褐土性土	沙性洪冲积褐土性土	0.69	1.02	0.82
潮土	沙性潮土	沙壤质潮土	0.43	1.32	0.81

二、耕层土壤全氮含量分级及特点

石家庄市耕地土壤全氮含量处于 1～6 级之间（见表 4－17），其中最多的为 3 级，面积 4897901.30 亩，占总耕地面积的 60.57%；最少的为 6 级，面积 38487.40 亩，占总耕地面积的 0.48%。1 级主要分布在平山县、灵寿县、井陉县。2 级主要分布在平山县、栾城县、藁城市。3 级主要分布在藁城市、赵县、无极县。4 级主要分布在辛集市、赞皇县、正定县。5 级主要分布在深泽县、辛集市、赞皇县。6 级主要分布在深泽县、鹿泉市、市区。

表 4－17　耕地耕层全氮含量分级及面积

级别	1	2	3	4	5	6
范围/（g/kg）	>2.0	2.0～1.5	1.5～1.0	1.0～0.75	0.75～0.5	≤0.50
耕地面积/亩	96675.00	583320.00	4897901.30	2132047.10	338039.20	38487.40
占总耕地（%）	1.20	7.20	60.57	26.37	4.18	0.48

（一）耕地耕层全氮含量 1 级地行政区域分布特点

1 级地面积为 96675.00 亩，占总耕地面积的 1.20%。平山县面积为 43631.00 亩，占本级耕地面积的 45.13%；灵寿县面积为 37809.00 亩，占本级耕地面积的 39.11%；井陉县面积为 15235.00 亩，占本级耕地面积的 15.76%。

（二）耕地耕层全氮含量 2 级地行政区域分布特点

2 级地面积为 583320.00 亩，占总耕地面积的 7.20%。2 级地主要分布在平山县面积为 386321.40 亩，占本级耕地面积的 66.23%；栾城县面积为 156140.0 亩，占本级耕地面积的 26.77%；藁城市面积为 13270.50 亩，占本级耕地面积的 2.27%。详细分析结果见表 4－18。

表 4－18　耕地耕层全氮含量 2 级地行政区域分布

县（市、区）	面积/亩	占本级面积（%）
平山县	386321.40	66.23
栾城县	156140.00	26.77
藁城市	13270.50	2.27
灵寿县	10270.00	1.76
井陉县	7294.20	1.25
新乐市	3338.00	0.57
鹿泉市	1397.60	0.24
无极县	1171.80	0.20
元氏县	1068.00	0.18

县（市、区）	面积/亩	占本级面积（%）
晋州市	1054.00	0.18
赵县	969.00	0.17
正定县	816.00	0.14
行唐县	154.80	0.03
市区	54.70	0.01

（三）耕地耕层全氮含量3级地行政区域分布特点

3级地面积为4897901.30亩，占总耕地面积的60.57%。3级地主要分布在藁城市面积为723450.30亩，占本级耕地面积的14.76%；赵县面积为540539.00亩，占本级耕地面积的11.04%；无极县面积为513996.20亩，占本级耕地面积的10.49%。详细分析结果见表4-19。

表4-19　耕地耕层全氮含量3级地行政区域分布

县（市、区）	面积/亩	占本级面积（%）
藁城市	723450.30	14.76
赵县	540539.00	11.04
无极县	513996.20	10.49
元氏县	477323.10	9.75
行唐县	409186.40	8.35
正定县	254770.00	5.20
辛集市	250553.00	5.12
新乐市	248733.00	5.08
鹿泉市	231006.20	4.72
晋州市	226673.00	4.63
井陉县	216047.60	4.41
栾城县	215457.00	4.40
灵寿县	204374.90	4.17
高邑县	158419.00	3.23
市区	137956.00	2.82
深泽县	47864.00	0.98
平山县	20857.40	0.43
赞皇县	20695.20	0.42

（四）耕地耕层全氮含量4级地行政区域分布特点

4级地面积为2132047.10亩，占总耕地面积的26.37%。4级地主要分布在辛集市面积为509144.00亩，占本级耕地面积的23.88%；赞皇县面积为245985.40亩，占本级耕地面积的11.54%；正定县面积为177151.00亩，占本级耕地面积的8.31%。详细分析结果见表4-20。

表4-20　耕地耕层全氮含量4级地行政区域分布

县（市、区）	面积/亩	占本级面积（%）
辛集市	509144.00	23.88
赞皇县	245985.40	11.54
正定县	177151.00	8.31
晋州市	172224.00	8.08
赵县	161246.10	7.56
新乐市	136346.10	6.40
行唐县	128219.20	6.01
井陉县	104304.80	4.89
鹿泉市	102785.50	4.82
深泽县	89236.00	4.19
灵寿县	76438.60	3.59
高邑县	74475.00	3.49
藁城市	59025.40	2.77
元氏县	41811.90	1.96
市区	38170.80	1.79
无极县	12832.00	0.60
栾城县	1588.00	0.07
平山县	1063.30	0.05

（五）耕地耕层全氮含量5级地行政区域分布特点

5级地面积为338039.20亩，占总耕地面积的4.18%。5级地主要分布在深泽县面积为107550.00亩，占本级耕地面积的31.80%；辛集市面积为76794.00亩，占本级耕地面积的22.72%；赞皇县面积为42294.50亩，占本级耕地面积的12.51%。详细分析结果见表4-21。

表 4-21 耕地耕层全氮含量 5 级地行政区域分布

县（市、区）	面积/亩	占本级面积（%）
深泽县	107550.00	31.80
辛集市	76794.00	22.72
赞皇县	42294.50	12.51
新乐市	24457.90	7.24
赵县	20487.30	6.06
正定县	16123.00	4.77
鹿泉市	14833.70	4.39
晋州市	14799.00	4.38
元氏县	5637.00	1.67
高邑县	4991.00	1.48
市区	4327.50	1.28
灵寿县	2847.50	0.84
藁城市	2373.80	0.70
井陉县	333.40	0.10
行唐县	189.60	0.06

（六）耕地耕层全氮含量 6 级地行政区域分布特点

6 级地面积为 38487.40 亩，占总耕地面积的 0.48%。6 级地主要分布在深泽县面积为 37845.00 亩，占本级耕地面积的 98.33%；鹿泉市面积为 302.00 亩，占本级耕地面积的 0.78%；市区面积为 166.00 亩，占本级耕地面积的 0.43%。详细分析结果见表 4-22。

表 4-22 耕地耕层全氮含量 6 级地行政区域分布

县（市、区）	面积/亩	占本级面积（%）
深泽县	37845.00	98.33
鹿泉市	302.00	0.78
市区	166.00	0.43
赞皇县	144.90	0.38
赵县	13.60	0.04
辛集市	14.00	0.04
平山县	1.90	0.00

第四节　有效磷

一、耕层土壤有效磷含量及分布特点

本次耕地地力调查共化验分析耕层土壤样本 57000 个，通过应用克里金空间插值技术并对其进行空间分析得知，全市耕层土壤有效磷含量平均为 28.54mg/kg，变化幅度为 4.00～210.78mg/kg。

（一）耕层土壤有效磷含量的行政区域分布特点

利用行政区划图对土壤有效磷含量栅格数据进行区域统计发现，土壤有效磷含量平均值达到 25.00mg/kg 的县（市、区）有晋州市、井陉县、藁城市、新乐市、正定县、市内 7 区、鹿泉市、行唐县、无极县、辛集市、平山县、赵县，面积为 6026205.00 亩，占全市总耕地面积的 74.53%，其中晋州市、井陉县、藁城市、新乐市、正定县、市区、鹿泉市 7 个县（市、区）平均含量超过了 30.00mg/kg，面积合计为 2948820.00 亩，占全市总耕地面积的 36.47%。平均值小于 25.00mg/kg 的县（市、区）有灵寿县、元氏县、高邑县、深泽县、栾城县、赞皇县，面积为 2060265.00 亩，占全市总耕地面积的 25.47%，其中赞皇县 1 个县平均含量低于 20.00mg/kg，面积合计为 309120.00 亩，占全市总耕地面积的 3.82%。具体的分析结果见表 4-23。

表 4-23　不同行政区域耕层土壤有效磷含量的分布特点

县（市、区）	面积/亩	占总耕地（%）	最小值/（mg/kg）	最大值/（mg/kg）	平均值/（mg/kg）
晋州市	414750.00	5.13	12.40	97.39	38.45
井陉县	343215.00	4.25	7.14	179.09	36.24
藁城市	798120.00	9.87	7.07	103.99	35.47
新乐市	412875.00	5.11	4.47	95.35	33.53
正定县	448860.00	5.55	7.09	158.03	31.71
市区	180675.00	2.23	6.19	86.48	30.56
鹿泉市	350325.00	4.33	4.45	129.34	30.08
行唐县	537750.00	6.65	11.02	210.78	29.68
无极县	528000.00	6.53	11.35	85.76	29.36
辛集市	836505.00	10.35	8.27	89.29	27.49
平山县	451875.00	5.59	6.55	135.41	26.03
赵县	723255.00	8.94	9.25	116.36	25.43
灵寿县	331740.00	4.10	4.00	70.02	24.65
元氏县	525840.00	6.50	6.52	80.98	24.15

续表

县（市、区）	面积/亩	占总耕地（%）	最小值/（mg/kg）	最大值/（mg/kg）	平均值/（mg/kg）
高邑县	237885.00	2.94	7.26	116.99	23.90
深泽县	282495.00	3.49	4.83	51.11	21.86
栾城县	373185.00	4.62	4.67	78.79	20.39
赞皇县	309120.00	3.82	5.07	51.55	19.09

（二）耕层土壤有效磷含量与土壤质地的关系

利用土壤质地图对土壤有效磷含量栅格数据进行区域统计发现，土壤有效磷含量最高的质地是沙质，平均含量达到了29.97mg/kg，变化幅度为5.45~210.78mg/kg，而最低的质地为沙壤质，平均含量为24.91mg/kg，变化幅度为5.07~101.99mg/kg。各质地有效磷含量分析结果见表4-24。

表4-24 不同土壤质地与耕层土壤有效磷含量的分布特点　　单位：mg/kg

土壤质地	最小值	最大值	平均值
沙质	5.45	210.78	29.97
中壤质	4.00	208.37	29.39
轻壤质	4.00	179.09	28.73
重壤质	16.44	42.92	27.92
砂壤质	5.07	101.99	24.91

（三）耕层土壤有效磷含量与土壤分类的关系

1. 耕层土壤有效磷含量与土类的关系

在9个土类中，土壤有效磷含量最高的土类是风沙土，平均含量达到了33.61mg/kg，变化幅度为10.27~76.57mg/kg，而最低的土类为石质土，平均含量为15.63mg/kg，变化幅度为10.36~18.71mg/kg。各土类有效磷含量分析结果见表4-25。

表4-25 不同土类耕层土壤有效磷含量的分布特点　　单位：mg/kg

土壤类型	最小值	最大值	平均值
风沙土	10.27	76.57	33.61
褐土	4.00	210.78	29.67
沼泽土	16.23	44.85	28.80
水稻土	11.72	112.44	28.36
新积土	8.14	83.24	28.22
潮土	5.45	89.29	27.36

续表

土壤类型	最小值	最大值	平均值
棕壤	12.60	41.03	25.74
粗骨土	5.07	135.41	23.34
石质土	10.36	18.71	15.63

2. 耕层土壤有效磷含量与亚类的关系

在 21 个亚类中，土壤有效磷含量最高的亚类是粗骨土—钙质粗骨土，平均含量达到了 41.40mg/kg，变化幅度为 7.01~135.41mg/kg，而最低的亚类为粗骨土—中性粗骨土，平均含量为 15.01mg/kg，变化幅度为 6.39~43.36mg/kg。各亚类有效磷含量分析结果见表 4-26。

表 4-26　不同亚类耕层土壤有效磷含量的分布特点　　　　单位：mg/kg

土类	亚类	最小值	最大值	平均值
粗骨土	钙质粗骨土	7.01	135.41	41.40
沼泽土	沼泽土	16.23	44.85	35.78
风沙土	草甸风沙土	10.27	76.57	33.61
褐土	褐土	9.72	179.09	31.30
褐土	褐土性土	7.64	134.79	31.06
潮土	湿潮土	14.64	57.16	30.10
褐土	潮褐土	4.47	210.78	30.05
褐土	石灰性褐土	4.00	177.13	29.25
水稻土	淹育水稻土	11.72	112.44	28.36
新积土	冲积土	8.14	83.24	28.22
沼泽土	草甸沼泽土	16.44	42.92	27.93
潮土	潮土	5.45	89.29	27.60
潮土	沙性潮土	9.19	59.66	27.52
棕壤	棕壤	12.60	41.03	25.98
褐土	淋溶褐土	9.78	52.21	24.41
潮土	盐化潮土	10.56	52.72	24.31
棕壤	棕壤性土	17.58	31.30	24.07
粗骨土	酸性粗骨土	5.07	101.99	23.28
潮土	脱潮土	15.18	22.54	17.17
石质土	酸性石质土	10.36	18.71	15.63
粗骨土	中性粗骨土	6.39	43.36	15.01

3. 耕层土壤有效磷含量与土属的关系

在 40 个土属中，土壤有效磷含量最高的土属是褐土—褐土—灰质褐土，平均含量达到了 52.57mg/kg，变化幅度为 12.86～179.09mg/kg，而最低的土属为粗骨土—中性粗骨土—中性粗骨土，平均含量为 14.25mg/kg，变化幅度为 9.07～38.46mg/kg。各土属有效磷含量分析结果见表 4 - 27。

表 4 - 27　不同土属耕层土壤有效磷含量的分布特点　　　　单位：mg/kg

土类	亚类	土属	最小值	最大值	平均值
褐土	褐土	灰质褐土	12.86	179.09	52.57
粗骨土	钙质粗骨土	钙质粗骨土	7.01	135.41	41.40
褐土	淋溶褐土	壤性洪冲积淋溶褐土	39.32	41.15	40.05
褐土	潮褐土	沙性洪冲积潮褐土	12.40	88.54	36.99
风沙土	草甸风沙土	固定草甸风沙土	12.25	76.57	35.85
沼泽土	沼泽土	沼泽土	16.23	44.85	35.78
褐土	褐土性土	灰质褐土性土	7.64	120.26	34.69
褐土	潮褐土	沙质洪冲积潮褐土	8.62	210.78	32.58
潮土	湿潮土	壤性湿潮土	14.64	57.16	30.63
风沙土	草甸风沙土	半固定草甸风沙土	10.27	55.31	30.39
褐土	石灰性褐土	灰质石灰性褐土	11.02	120.02	30.27
褐土	石灰性褐土	壤性洪冲积石灰性褐土	4.00	177.13	29.63
褐土	潮褐土	壤性洪冲积潮褐土	4.47	208.37	29.59
褐土	石灰性褐土	黄土状石灰性褐土	6.29	133.18	29.46
潮土	湿潮土	盐化湿潮土潮	16.72	56.93	29.36
褐土	褐土性土	粗散状褐土性土	10.06	134.79	28.77
褐土	褐土	壤性洪冲积褐土	24.48	36.27	28.66
水稻土	淹育水稻土	淹育水稻土	11.72	112.44	28.36
新积土	冲积土	冲积土	8.14	83.24	28.22
沼泽土	草甸沼泽土	湖积草甸沼泽土	16.44	42.92	27.93
潮土	潮土	壤性潮土	7.04	84.64	27.67
潮土	沙性潮土	砂壤质潮土	9.19	59.66	27.52
棕壤	棕壤	粗散状棕壤	12.60	41.03	25.98
潮土	潮土	沙性潮土	5.45	89.29	25.83
褐土	褐土性土	沙性洪冲积褐土性土	18.91	31.91	25.78
潮土	盐化潮土	硫酸盐盐化潮土	10.56	52.72	24.32

续表

土类	亚类	土属	最小值	最大值	平均值
褐土	淋溶褐土	粗散状淋溶褐土	9.78	52.21	24.25
棕壤	棕壤性土	粗散状棕壤性土	17.58	31.30	24.07
褐土	石灰性褐土	暗实状石灰性褐土	16.96	31.08	23.71
粗骨土	酸性粗骨土	酸性粗骨土	5.07	101.99	23.28
褐土	褐土	粗散状褐土	9.72	54.64	21.95
褐土	褐土	硅质褐土	16.82	30.67	21.66
褐土	淋溶褐土	黄土状淋溶褐土	18.27	27.64	21.50
潮土	盐化潮土	氯化物盐化潮土	19.72	23.00	21.31
褐土	石灰性褐土	沙性洪冲积石灰性褐土	11.08	34.80	19.05
褐土	石灰性褐土	粗散状石灰性褐土	4.00	47.32	17.21
潮土	脱潮土	沙性脱潮土	15.18	22.54	17.17
粗骨土	中性粗骨土	泥质粗骨土	6.39	43.36	15.68
石质土	酸性石质土	酸性石质土	10.36	18.71	15.63
粗骨土	中性粗骨土	中性粗骨土	9.07	38.46	14.25

二、耕层土壤有效磷含量分级及特点

石家庄市耕地土壤有效磷含量处于 1~6 级之间（见表 4 - 28），其中最多的为 2
级，面积 5301124.00 亩，占总耕地面积的 65.55%；最少的为 6 级，面积 108.32 亩，
小于总耕地面积的 0.01%。1 级主要分布在藁城市、晋州市、新乐市。2 级主要分布在
辛集市、藁城市、赵县。3 级主要分布在栾城县、平山县、赞皇县。4 级主要分布在赞
皇县、栾城县、鹿泉市。5 级主要分布在栾城县、鹿泉市、灵寿县。6 级主要分布在赵
县、井陉县、鹿泉市。

表 4 - 28　耕地耕层有效磷含量分级及面积

级别	1	2	3	4	5	6
范围/（mg/kg）	>40	40~20	20~10	10~5	5~3	≤3
耕地面积/亩	1081588.01	5301124.00	1648534.29	54719.93	395.45	108.32
占总耕地（%）	13.38	65.55	20.39	0.68	0.00	0.00

（一）耕地耕层有效磷含量 1 级地行政区域分布特点

1 级地面积为 1081588.01 亩，占总耕地面积的 13.38%。1 级地主要分布在藁城市
面积为 222612.20 亩，占本级耕地面积的 20.58%；晋州市面积为 165015.50 亩，占本

级耕地面积的 15.26% ；新乐市面积为 115345.60 亩，占本级耕地面积的 10.66% 。详细分析结果见表 4 - 29。

表 4 - 29　耕地耕层有效磷含量 1 级地行政区域分布

县（市、区）	面积/亩	占本级面积（%）
藁城市	222612.20	20.58
晋州市	165015.50	15.26
新乐市	115345.60	10.66
井陉县	84950.55	7.85
辛集市	81267.09	7.51
正定县	79382.77	7.34
鹿泉市	74377.95	6.88
无极县	51028.96	4.72
平山县	47686.69	4.41
行唐县	41618.26	3.85
赵县	40804.39	3.77
市区	36522.70	3.38
灵寿县	14591.75	1.35
元氏县	13737.16	1.27
栾城县	4485.42	0.41
高邑县	3328.50	0.31
深泽县	2566.11	0.24
赞皇县	2266.41	0.21

（二）耕地耕层有效磷含量 2 级地行政区域分布特点

2 级地面积为 5301124.00 亩，占总耕地面积的 65.55% 。2 级地主要分布在辛集市面积为 595961.90 亩，占本级耕地面积的 11.24% ；藁城市面积为 564404.70 亩，占本级耕地面积的 10.65% ；赵县面积为 542547.90 亩，占本级耕地面积的 10.23% 。详细分析结果见表 4 - 30。

表 4 - 30　耕地耕层有效磷含量 2 级地行政区域分布

县（市、区）	面积/亩	占本级面积（%）
辛集市	595961.90	11.24
藁城市	564404.70	10.65
赵县	542547.90	10.23

县（市、区）	面积/亩	占本级面积（%）
行唐县	444527.30	8.39
无极县	428177.10	8.08
元氏县	337596.80	6.37
正定县	292883.40	5.52
灵寿县	247986.20	4.68
新乐市	245902.00	4.64
晋州市	238900.00	4.51
井陉县	236675.50	4.46
平山县	214356.50	4.04
鹿泉市	185911.20	3.51
高邑县	178528.60	3.37
栾城县	163625.40	3.09
深泽县	153498.50	2.90
市区	117497.60	2.20
赞皇县	112143.40	2.12

（三）耕地耕层有效磷含量 3 级地行政区域分布特点

3 级地面积为 1648534.30 亩，占总耕地面积的 20.39%。3 级地主要分布在栾城县面积为 197172.60 亩，占本级耕地面积的 11.96%；平山县面积为 187149.60 亩，占本级耕地面积的 11.35%；赞皇县面积为 175391.50 亩，占本级耕地面积的 10.64%。详细分析结果见表 4 - 31。

表 4 - 31　耕地耕层有效磷含量 3 级地行政区域分布

县（市、区）	面积/亩	占本级面积（%）
栾城县	197172.60	11.96
平山县	187149.60	11.35
赞皇县	175391.50	10.64
元氏县	174033.90	10.56
辛集市	158928.80	9.64
赵县	139618.00	8.47
深泽县	122343.90	7.42
鹿泉市	84758.99	5.14

续表

县（市、区）	面积/亩	占本级面积（%）
正定县	72919.82	4.42
灵寿县	66113.82	4.01
高邑县	51705.41	3.14
行唐县	51595.86	3.13
新乐市	50272.86	3.05
无极县	48792.71	2.96
市区	24825.41	1.51
井陉县	21465.24	1.30
晋州市	10815.38	0.66
藁城市	10630.49	0.64

（四）耕地耕层有效磷含量4级地行政区域分布特点

4级地面积为54719.93亩，占总耕地面积的0.68%。4级地主要分布在赞皇县面积为19313.71亩，占本级耕地面积的35.30%；栾城县面积为7721.24亩，占本级耕地面积的14.11%；鹿泉市面积为5135.85亩，占本级耕地面积的9.39%。详细分析结果见表4-32。

表4-32 耕地耕层有效磷含量4级地行政区域分布

县（市、区）	面积/亩	占本级面积（%）
赞皇县	19313.71	35.30
栾城县	7721.24	14.11
鹿泉市	5135.85	9.39
高邑县	4322.66	7.90
深泽县	4084.30	7.46
正定县	3681.72	6.73
灵寿县	2940.40	5.37
平山县	2678.60	4.90
市区	1821.48	3.33
新乐市	1349.90	2.47
藁城市	473.99	0.87
元氏县	464.55	0.83
辛集市	348.67	0.64
赵县	271.17	0.50
井陉县	111.69	0.20

（五）耕地耕层有效磷含量 5 级地行政区域分布特点

5 级地面积为 395.45 亩，小于总耕地面积的 0.01%。栾城县面积为 167.60 亩，占本级耕地面积的 42.38%；鹿泉市面积为 128.00 亩，占本级耕地面积的 32.36%；灵寿县面积为 99.85 亩，占本级耕地面积的 25.26%。

（六）耕地耕层有效磷含量 6 级地行政区域分布特点

6 级地面积为 108.32 亩，不到总耕地面积的 0.01%。6 级地主要分布在赵县面积为 23.39 亩，占本级耕地面积的 21.59%；井陉县面积为 12.72 亩，占本级耕地面积的 11.74%；鹿泉市面积为 12.05 亩，占本级耕地面积的 11.13%。详细分析结果见表 4-33。

表 4-33　耕地耕层有效磷含量 6 级地行政区域分布

县（市、区）	面积/亩	占本级面积（%）
赵县	23.39	21.59
井陉县	12.72	11.74
鹿泉市	12.05	11.13
栾城县	11.70	10.80
晋州市	9.67	8.93
元氏县	8.46	7.81
灵寿县	8.27	7.63
市区	6.97	6.44
行唐县	6.06	5.60
赞皇县	5.17	4.77
平山县	3.86	3.56

第五节　速效钾

一、耕层土壤速效钾含量及分布特点

本次耕地地力调查共化验分析耕层土壤样本 57000 个，通过应用克里金空间插值技术并对其进行空间分析得知，全市耕层土壤速效钾含量平均为 110.29mg/kg，变化幅度为 28.78~469.42mg/kg。

（一）耕层土壤速效钾含量的行政区域分布特点

利用行政区划图对土壤速效钾含量栅格数据进行区域统计发现，土壤速效钾含量平均值达到 120.00mg/kg 的乡镇有栾城县、高邑县、市区、赵县、井陉县、辛集市、正定县，面积为3143580.00亩，占全市总耕地面积的38.88%，其中栾城县1个县平均含量超过了150.00mg/kg，面积合计为373185.00亩，占全市总耕地面积的4.62%。平均值小于120.00mg/kg的乡镇有藁城市、鹿泉市、赞皇县、晋州市、深泽县、灵寿县、无极县、平山县、元氏县、行唐县、新乐市，面积为4942890.00亩，占全市总耕地面积的61.12%，其中行唐县、新乐市2个乡镇平均含量低于90.00mg/kg，面积合计为950625.00亩，占全市总耕地面积的11.76%。具体的分析结果见表4–34。

表4–34　不同行政区域耕层土壤速效钾含量的分布特点　　　单位：mg/kg

县（市、区）	面积/亩	占总耕地（%）	最小值	最大值	平均值
栾城县	373185.00	4.6	71.49	324.33	161.83
高邑县	237885.00	3.0	86.99	449.47	149.36
市区	180675.00	2.2	57.53	270.81	144.40
赵县	723255.00	8.9	54.38	245.74	130.42
井陉县	343215.00	4.3	58.17	334.60	126.06
辛集市	836505.00	10.3	57.01	279.01	124.34
正定县	448860.00	5.6	31.71	393.03	121.32
藁城市	798120.00	9.9	47.02	209.60	119.55
鹿泉市	350325.00	4.3	43.20	469.42	118.95
赞皇县	309120.00	3.8	67.11	369.78	116.17
晋州市	414750.00	5.1	28.78	277.52	109.29
深泽县	282495.00	3.5	48.40	197.78	105.24
灵寿县	331740.00	4.1	43.51	204.70	97.71
无极县	528000.00	6.5	52.00	205.26	97.16
平山县	451875.00	5.6	60.94	250.09	95.01
元氏县	525840.00	6.5	30.51	249.04	91.34
行唐县	537750.00	6.7	48.28	133.76	84.24
新乐市	412875.00	5.1	41.01	182.07	82.46

（二）耕层土壤速效钾含量与土壤质地的关系

利用土壤质地图对土壤速效钾含量栅格数据进行区域统计发现，土壤速效钾含量最高的质地是中壤质，平均含量达到了115.84mg/kg，变化幅度为28.78～469.42mg/kg，而最低的质地为重壤质，平均含量为69.19mg/kg，变化幅度为48.28～100.95mg/kg。各质地速效钾含量具体的分析结果见表4–35。

表4-35 不同土壤质地与耕层土壤速效钾含量的分布特点   单位：mg/kg

土壤质地	最小值	最大值	平均值
中壤质	28.78	469.42	115.84
轻壤质	44.10	369.78	109.56
砂壤质	43.51	299.59	96.72
沙质	45.09	290.85	96.53
重壤质	48.28	100.95	69.19

（三）耕层土壤速效钾含量与土壤分类的关系

1. 耕层土壤速效钾含量与土类的关系

在 9 个土类中，土壤速效钾含量最高的土类是潮土，平均含量达到了 117.25mg/kg，变化幅度为 43.20～279.01mg/kg，而最低的土类为沼泽土，平均含量为 71.32mg/kg，变化幅度为 48.28～108.70mg/kg。各土类速效钾含量具体分析结果见表 4-36。

表4-36 不同土类耕层土壤速效钾含量的分布特点   单位：mg/kg

土壤类型	最小值	最大值	平均值
潮土	43.20	279.01	117.25
褐土	28.78	469.42	112.98
棕壤	67.69	130.27	104.90
新积土	47.02	290.85	103.61
水稻土	44.10	367.01	99.01
粗骨土	43.51	299.59	96.67
风沙土	47.28	193.55	86.65
石质土	74.68	92.30	83.88
沼泽土	48.28	108.70	71.32

2. 耕层土壤速效钾含量与亚类的关系

在 21 个亚类中，土壤速效钾含量最高的亚类是潮土—盐化潮土，平均含量达到了 129.76mg/kg，变化幅度为 67.99～229.93mg/kg，而最低的亚类为沼泽土—草甸沼泽土，平均含量为 69.19mg/kg，变化幅度为 48.28～100.95mg/kg。各亚类速效钾含量具体分析结果见表 4-37。

表4-37 不同亚类耕层土壤速效钾含量的分布特点   单位：mg/kg

土类	亚类	最小值	最大值	平均值
潮土	盐化潮土	67.99	229.93	129.76

土类	亚类	最小值	最大值	平均值
潮土	脱潮土	104.55	130.21	119.27
潮土	潮土	49.09	279.01	117.54
褐土	褐土性土	61.20	334.50	115.67
褐土	石灰性褐土	31.71	469.42	114.34
褐土	潮褐土	28.78	449.47	112.72
褐土	褐土	65.16	250.09	112.06
粗骨土	钙质粗骨土	72.80	208.30	111.36
潮土	沙性潮土	52.50	179.08	109.48
棕壤	棕壤性土	91.68	129.25	108.66
粗骨土	中性粗骨土	75.09	150.03	105.94
棕壤	棕壤	67.69	130.27	104.36
新积土	冲积土	47.02	290.85	103.61
潮土	湿潮土	43.20	182.15	99.79
水稻土	淹育水稻土	44.10	367.01	99.01
褐土	淋溶褐土	67.33	229.49	98.36
粗骨土	酸性粗骨土	43.51	299.59	95.80
沼泽土	沼泽土	73.04	108.70	88.34
风沙土	草甸风沙土	47.28	193.55	86.65
石质土	酸性石质土	74.68	92.30	83.88
沼泽土	草甸沼泽土	48.28	100.95	69.19

3. 耕层土壤速效钾含量与土属的关系

在40个土属中，土壤速效钾含量最高的土属是褐土—褐土性土—沙性洪冲积褐土性土，平均含量达到了144.17mg/kg，变化幅度为103.26～223.72mg/kg，而最低的土属为沼泽土—草甸沼泽土—湖积草甸沼泽土，平均含量为69.19mg/kg，变化幅度为48.28～100.95mg/kg。各土属速效钾含量具体分析结果见表4-38。

表4-38　不同土属耕层土壤速效钾含量的分布特点　　　　　　单位：mg/kg

土类	亚类	土属	最小值	最大值	平均值
褐土	褐土性土	沙性洪冲积褐土性土	103.26	223.72	144.17
褐土	褐土	灰质褐土	79.91	250.09	143.92
褐土	褐土	壤性洪冲积褐土	81.56	234.79	138.63

续表

土类	亚类	土属	最小值	最大值	平均值
潮土	盐化潮土	硫酸盐盐化潮土	67.99	229.93	130.04
褐土	褐土	硅质褐土	82.12	181.60	127.32
褐土	淋溶褐土	壤性洪冲积淋溶褐土	121.42	129.59	125.17
褐土	褐土性土	灰质褐土性土	61.20	334.50	125.09
褐土	石灰性褐土	灰质石灰性褐土	61.22	266.53	125.08
潮土	脱潮土	沙性脱潮土	104.55	130.21	119.27
潮土	湿潮土	盐化湿潮土潮土	77.90	182.15	118.58
褐土	石灰性褐土	壤性洪冲积石灰性褐土	31.71	469.42	118.03
潮土	潮土	壤性潮土	49.09	274.12	117.98
粗骨土	中性粗骨土	泥质粗骨土	75.09	150.03	115.62
褐土	潮褐土	壤性洪冲积潮褐土	28.78	449.47	114.53
粗骨土	钙质粗骨土	钙质粗骨土	72.80	208.30	111.36
潮土	沙性潮土	沙壤质潮土	52.50	179.08	109.48
褐土	褐土性土	粗散状褐土性土	66.21	228.06	109.34
棕壤	棕壤性土	粗散状棕壤性土	91.68	129.25	108.66
褐土	石灰性褐土	暗实状石灰性褐土	85.09	138.07	106.95
潮土	潮土	沙性潮上	56.38	279.01	106.31
褐土	石灰性褐土	黄土状石灰性褐土	60.16	369.78	105.31
棕壤	棕壤	粗散状棕壤	67.69	130.27	104.36
新积土	冲积土	冲积土	47.02	290.85	103.61
水稻土	淹育水稻土	淹育水稻土	44.10	367.01	99.01
褐土	淋溶褐土	粗散状淋溶褐土	67.33	229.49	98.44
褐土	潮褐土	沙性洪冲积潮褐土	51.51	278.94	98.28
褐土	石灰性褐土	粗散状石灰性褐土	66.99	369.45	97.75
粗骨土	酸性粗骨土	酸性粗骨土	43.51	299.59	95.80
粗骨土	中性粗骨土	中性粗骨土	80.31	134.73	95.10
褐土	石灰性褐土	沙性洪冲积石灰性褐土	79.72	109.69	94.70
褐土	褐土	粗散状褐土	65.16	146.23	94.21
风沙土	草甸风沙土	半固定草甸风沙土	56.20	141.78	88.90
沼泽土	沼泽土	沼泽土	73.04	108.70	88.34
潮土	湿潮土	壤性湿潮土	43.20	134.44	86.30

土类	亚类	土属	最小值	最大值	平均值
风沙土	草甸风沙土	固定草甸风沙土	47.28	193.55	85.07
石质土	酸性石质土	酸性石质土	74.68	92.30	83.88
褐土	潮褐土	沙质洪冲积潮褐土	45.09	189.00	83.86
褐土	淋溶褐土	黄土状淋溶褐土	74.90	86.92	80.89
潮土	盐化潮土	氯化物盐化潮土	74.83	85.85	76.93
沼泽土	草甸沼泽土	湖积草甸沼泽土	48.28	100.95	69.19

二、耕层土壤速效钾含量分级及特点

石家庄市耕地土壤速效钾含量处于 1～6 级之间（见表 4－39），其中最多的为 3 级，面积 3883388.92 亩，占总耕地面积的 48.02%；最少的为 6 级，面积 127.08 亩，小于总耕地面积的 0.01%。1 级主要分布在栾城县、正定县、辛集市。2 级主要分布在栾城县、辛集市、赵县。3 级主要分布在藁城市、赵县、辛集市。4 级主要分布在行唐县、元氏县、新乐市。5 级主要分布在晋州市、正定县、新乐市。6 级主要分布在元氏县、辛集市、藁城市。

表 4－39　耕地耕层速效钾含量分级及面积

级别	1	2	3	4	5	6
范围/（mg/kg）	>200	200～150	150～100	100～50	50～30	≤30
耕地面积/亩	144077.48	849272.40	3883388.92	3199494.95	10109.17	127.08
占总耕地（%）	1.78	10.50	48.02	39.57	0.13	0.00

（一）耕地耕层速效钾含量 1 级地行政区域分布特点

1 级地面积为 144077.48 亩，占总耕地面积的 1.78%。1 级地主要分布在栾城县面积为 59240.75 亩，占本级耕地面积的 41.12%；正定县面积为 17189.62 亩，占本级耕地面积的 11.93%；辛集市面积为 16669.27 亩，占本级耕地面积的 11.57%。详细分析结果见表 4－40。

表 4－40　耕地耕层速效钾含量 1 级地行政区域分布

县（市、区）	面积/亩	占本级面积（%）
栾城县	59240.75	41.12
正定县	17189.62	11.93
辛集市	16669.27	11.57

续表

县（市、区）	面积/亩	占本级面积（％）
高邑县	14001.89	9.72
井陉县	10889.42	7.56
鹿泉市	7369.03	5.11
晋州市	6917.49	4.80
市区	5408.67	3.75
平山县	2139.76	1.49
赞皇县	1790.42	1.24
赵县	1421.91	0.99
藁城市	570.56	0.40
元氏县	442.67	0.30
灵寿县	26.02	0.02

（二）耕地耕层速效钾含量2级地行政区域分布特点

2级地面积为849272.40亩，占总耕地面积的10.50%。2级地主要分布在栾城县面积为158636.40亩，占本级耕地面积的18.68%；辛集市面积为127140.50亩，占本级耕地面积的14.97%；赵县面积为116569.9亩，占本级耕地面积的13.73%。详细分析结果见表4-41。

表4-41　耕地耕层速效钾含量2级地行政区域分布

县（市、区）	面积/亩	占本级面积（％）
栾城县	158636.40	18.68
辛集市	127140.50	14.97
赵县	116569.90	13.73
市区	78105.88	9.20
高邑县	76162.12	8.97
正定县	62192.26	7.32
井陉县	59040.13	6.95
晋州市	51647.54	6.08
鹿泉市	39316.11	4.63
藁城市	39092.63	4.60
无极县	10555.24	1.24
赞皇县	10323.03	1.22

县（市、区）	面积/亩	占本级面积（%）
深泽县	5797.90	0.68
灵寿县	5207.20	0.62
平山县	4961.13	0.58
元氏县	3759.23	0.44
新乐市	765.20	0.09

（三）耕地耕层速效钾含量3级地行政区域分布特点

3级地面积为3883388.92亩，占总耕地面积的48.02%。3级地主要分布在藁城市面积为623533.10亩，占本级耕地面积的16.06%；赵县面积为569973.10亩，占本级耕地面积的14.68%；辛集市面积为522512.30亩，占本级耕地面积的13.46%。详细分析结果见表4-42。

表4-42 耕地耕层速效钾含量3级地行政区域分布

县（市、区）	面积/亩	占本级面积（%）
藁城市	623533.10	16.06
赵县	569973.10	14.68
辛集市	522512.30	13.46
赞皇县	241134.20	6.21
正定县	223987.40	5.77
鹿泉市	202242.90	5.21
井陉县	201640.00	5.19
无极县	175938.30	4.53
晋州市	166750.30	4.29
深泽县	159429.40	4.11
高邑县	147000.60	3.79
栾城县	140258.80	3.61
平山县	127268.20	3.28
灵寿县	124901.20	3.22
市区	82960.64	2.14
元氏县	75471.05	1.94
新乐市	53630.01	1.36
行唐县	44757.42	1.15

（四）耕地耕层速效钾含量4级地行政区域分布特点

4级地面积为3199494.95亩，占总耕地面积的39.57%。4级地主要分布在行唐县面积为492393.40亩，占本级耕地面积的15.39%；元氏县面积为444903.30亩，占本级耕地面积的13.91%；新乐市面积为356825.70亩，占本级耕地面积的11.15%。详细分析结果见表4-43。

表4-43 耕地耕层速效钾含量4级地行政区域分布

县（市、区）	面积/亩	占本级面积（%）
行唐县	492393.40	15.39
元氏县	444903.30	13.91
新乐市	356825.70	11.15
无极县	341494.20	10.67
平山县	317502.40	9.92
灵寿县	201397.70	6.29
晋州市	185289.90	5.79
辛集市	170166.20	5.32
正定县	143644.60	4.49
藁城市	134777.50	4.21
深泽县	117262.60	3.67
鹿泉市	101081.70	3.16
井陉县	71647.01	2.24
赞皇县	55872.70	1.75
赵县	35290.42	1.10
栾城县	15039.07	0.47
市区	14199.73	0.44
高邑县	706.82	0.03

（五）耕地耕层速效钾含量5级地行政区域分布特点

5级地面积为10109.17亩，占总耕地面积的0.13%。5级地主要分布在晋州市面积为4146.76亩，占本级耕地面积的41.02%；正定县面积为1836.89亩，占本级耕地面积的18.17%；新乐市面积为1649.32亩，占本级耕地面积的16.32%。详细分析结果见表4-44。

表 4 – 44　耕地耕层速效钾含量 5 级地行政区域分布

县（市、区）	面积/亩	占本级面积（%）
晋州市	4146.76	41.02
正定县	1836.89	18.17
新乐市	1649.32	16.32
元氏县	1228.23	12.15
行唐县	598.81	5.92
鹿泉市	314.47	3.11
灵寿县	207.26	2.05
藁城市	127.43	1.26

（六）耕地耕层速效钾含量 6 级地行政区域分布特点

6 级地面积为 127.08 亩，小于总耕地面积的 0.01%。6 级地主要分布在元氏县面积为 36.05 亩，占本级耕地面积的 28.3%；辛集市面积为 19.85 亩，占本级耕地面积的 15.57%；藁城市面积为 16.89 亩，占本级耕地面积的 13.25%。详细分析结果见表 4 – 45。

表 4 – 45　耕地耕层速效钾含量 6 级地行政区域分布

县（市、区）	面积/亩	占本级面积（%）
元氏县	36.05	28.26
辛集市	19.85	15.57
藁城市	16.89	13.25
正定县	14.52	11.38
高邑县	13.57	10.64
无极县	12.25	9.60
栾城县	11.28	9.23
平山县	2.63	2.67

第六节　有效铜

一、耕层土壤有效铜含量及分布特点

本次耕地地力调查共化验分析耕层土壤样本 57000 个，通过应用克里金空间插值技术并对其进行空间分析得知，全市耕层土壤有效铜含量平均为 1.73mg/kg，变化幅度为

0.05～31.15mg/kg。

（一）耕层土壤有效铜含量的行政区域分布特点

利用行政区划图对土壤有效铜含量栅格数据进行区域统计发现，土壤有效铜含量平均值达到2.00mg/kg的县（市、区）有平山县、晋州市、藁城市、鹿泉市、灵寿县、新乐市，面积为2759685.00亩，占全市总耕地面积的34.13%，其中平山县1个县（市、区）平均含量超过了2.50mg/kg，面积合计为451875.00亩，占全市总耕地面积的5.59%。平均值小于2.00mg/kg的县（市、区）有赵县、市区、深泽县、正定县、赞皇县、井陉县、无极县、栾城县、辛集市、元氏县、高邑县、行唐县，面积为5326785.00亩，占全市总耕地面积的65.87%，其中元氏县、高邑县、行唐县3个县（市、区）平均含量低于1.00mg/kg，面积合计为1301475.00亩，占全市总耕地面积的16.09%。具体的分析结果见表4-46。

表4-46 不同行政区域耕层土壤有效铜含量的分布特点

县（市、区）	面积/亩	占总耕地（%）	最小值/（g/kg）	最大值/（g/kg）	平均值/（g/kg）
平山县	451875.00	5.59	1.19	13.96	2.51
晋州市	414750.00	5.13	0.64	16.10	2.37
藁城市	798120.00	9.87	0.76	6.10	2.14
鹿泉市	350325.00	4.33	0.52	31.15	2.13
灵寿县	331740.00	4.10	0.15	6.37	2.07
新乐市	412875.00	5.11	0.41	10.01	2.04
赵县	723255.00	8.94	0.09	9.67	1.94
市区	180675.00	2.23	0.52	4.71	1.87
深泽县	282495.00	3.49	0.57	8.22	1.73
正定县	448860.00	5.55	0.45	8.58	1.64
赞皇县	309120.00	3.82	0.68	3.30	1.48
井陉县	343215.00	4.25	0.62	12.40	1.39
无极县	528000.00	6.53	0.45	3.30	1.38
栾城县	373185.00	4.62	0.09	9.77	1.37
辛集市	836505.00	10.35	0.41	11.50	1.21
元氏县	525840.00	6.50	0.05	7.40	0.90
高邑县	237885.00	2.94	0.07	1.73	0.62
行唐县	537750.00	6.65	0.10	5.95	0.43

（二）耕层土壤有效铜含量与土壤质地的关系

利用土壤质地图对土壤有效铜含量栅格数据进行区域统计发现，土壤有效铜含量最高的质地是砂壤质，平均含量达到了 1.93mg/kg，变化幅度为 0.07~12.09mg/kg，而最低的质地为重壤质，平均含量为 0.33mg/kg，变化幅度为 0.15~1.26mg/kg。各质地有效铜含量具体的分析结果见表 4-47。

表 4-47　不同土壤质地与耕层土壤有效铜含量的分布特点　　　单位：mg/kg

土壤质地	最小值	最大值	平均值
沙壤质	0.07	12.09	1.93
轻壤质	0.10	23.44	1.83
中壤质	0.05	31.15	1.65
沙质	0.10	11.50	1.56
重壤质	0.15	1.26	0.33

（三）耕层土壤有效铜含量与土壤分类的关系

1. 耕层土壤有效铜含量与土类的关系

在 9 个土类中，土壤有效铜含量最高的土类是棕壤，平均含量达到了 2.55mg/kg，变化幅度为 1.89~4.04mg/kg，而最低的土类为沼泽土，平均含量为 0.47mg/kg，变化幅度为 0.15~2.03mg/kg。各土类有效铜含量具体分析结果见表 4-48。

表 4-48　不同土类耕层土壤有效铜含量的分布特点　　　单位：mg/kg

土壤类型	最小值	最大值	平均值
棕壤	1.89	4.04	2.55
石质土	1.19	3.45	2.33
风沙土	0.41	7.27	2.04
粗骨土	0.13	4.02	1.90
褐土	0.05	31.15	1.72
新积土	0.10	7.26	1.69
水稻土	0.23	4.03	1.41
潮土	0.14	11.50	1.35
沼泽土	0.15	2.03	0.47

2. 耕层土壤有效铜含量与亚类的关系

在 21 个亚类中，土壤有效铜含量最高的亚类是褐土—淋溶褐土，平均含量达到了 2.65mg/kg，变化幅度为 0.25~4.04mg/kg，而最低的亚类为沼泽土—草甸沼泽土，平均含量为 0.33mg/kg，变化幅度为 0.15~1.26mg/kg。各亚类有效铜含量具体分析结果见表 4-49。

表 4 – 49 不同亚类耕层土壤有效铜含量的分布特点 单位：mg/kg

土类	亚类	最小值	最大值	平均值
褐土	淋溶褐土	0.25	4.04	2.65
棕壤	棕壤	1.89	4.04	2.56
棕壤	棕壤性土	2.09	3.10	2.48
石质土	酸性石质土	1.19	3.45	2.33
褐土	褐土	0.92	3.95	2.28
褐土	褐土性土	0.25	23.44	2.04
风沙土	草甸风沙土	0.41	7.27	2.04
粗骨土	酸性粗骨土	0.13	4.02	1.91
粗骨土	中性粗骨土	0.83	3.26	1.81
潮土	湿潮土	0.77	3.07	1.70
新积土	冲积土	0.10	7.26	1.69
褐土	潮褐土	0.05	16.10	1.67
褐土	石灰性褐土	0.05	31.15	1.58
沼泽土	沼泽土	0.99	2.03	1.57
粗骨土	钙质粗骨土	0.18	3.14	1.49
水稻土	淹育水稻土	0.23	4.03	1.41
潮土	潮土	0.14	11.50	1.39
潮土	沙性潮土	0.55	5.45	1.31
潮土	盐化潮土	0.51	4.10	0.97
潮土	脱潮土	0.67	1.01	0.92
沼泽土	草甸沼泽土	0.15	1.26	0.33

3. 耕层土壤有效铜含量与土属的关系

在 40 个土属中，土壤有效铜含量最高的土属是褐土—淋溶褐土—黄土状淋溶褐土，平均含量达到了 3.04mg/kg，变化幅度为 2.39 ~ 3.47mg/kg，而最低的土属为沼泽土—草甸沼泽土—湖积草甸沼泽土，平均含量为 0.33mg/kg，变化幅度为 0.15 ~ 1.26mg/kg。各土属有效铜含量具体分析结果见表 4 – 50。

表 4 – 50 不同土属耕层土壤有效铜含量的分布特点 单位：mg/kg

土类	亚类	土属	最小值	最大值	平均值
褐土	淋溶褐土	黄土状淋溶褐土	2.39	3.47	3.04
褐土	褐土	粗散状褐土	1.40	3.95	2.70

续表

土类	亚类	土属	最小值	最大值	平均值
褐土	淋溶褐土	粗散状淋溶褐土	0.25	4.04	2.64
粗骨土	中性粗骨土	中性粗骨土	1.12	3.26	2.59
棕壤	棕壤	粗散状棕壤	1.89	4.04	2.56
棕壤	棕壤性土	粗散状棕壤性土	2.09	3.10	2.48
褐土	淋溶褐土	壤性洪冲积淋溶褐土	2.35	2.51	2.40
石质土	酸性石质土	酸性石质土	1.19	3.45	2.33
褐土	潮褐土	沙性洪冲积潮褐土	0.07	12.09	2.31
褐土	石灰性褐土	沙性洪冲积石灰性褐土	1.89	3.07	2.17
风沙土	草甸风沙土	固定草甸风沙土	0.41	7.27	2.12
褐土	褐土性土	粗散状褐土性土	0.25	3.83	2.09
褐土	褐土	壤性洪冲积褐土	1.59	2.34	2.02
褐土	褐土性土	灰质褐土性土	0.67	23.44	2.00
风沙土	草甸风沙土	半固定草甸风沙土	0.80	4.22	1.94
粗骨土	酸性粗骨土	酸性粗骨土	0.13	4.02	1.91
潮土	湿潮土	壤性湿潮土	1.02	3.07	1.83
潮土	潮土	沙性潮土	0.55	11.50	1.78
褐土	石灰性褐土	壤性洪冲积石灰性褐土	0.05	31.15	1.69
新积土	冲积土	冲积土	0.10	7.26	1.69
褐土	潮褐土	壤性洪冲积潮褐土	0.05	16.10	1.66
褐土	褐土	灰质褐土	0.92	2.76	1.63
沼泽土	沼泽土	沼泽土	0.99	2.03	1.57
潮土	湿潮土	盐化湿潮土潮土	0.77	1.80	1.51
粗骨土	钙质粗骨土	钙质粗骨土	0.18	3.14	1.49
褐土	石灰性褐土	黄土状石灰性褐土	0.10	13.96	1.49
水稻土	淹育水稻土	淹育水稻土	0.23	4.03	1.41
潮土	潮土	壤性潮土	0.14	7.37	1.37
潮土	沙性潮土	沙壤质潮土	0.55	5.45	1.31
褐土	褐土	硅质褐土	1.02	1.60	1.27
褐土	石灰性褐土	灰质石灰性褐土	0.10	3.63	1.25
褐土	石灰性褐土	暗实状石灰性褐土	1.08	1.35	1.20
褐土	石灰性褐土	粗散状石灰性褐土	0.14	3.10	1.18

土类	亚类	土属	最小值	最大值	平均值
粗骨土	中性粗骨土	泥质粗骨土	0.83	1.54	1.11
褐土	潮褐土	沙质洪冲积潮褐土	0.17	8.49	1.03
潮土	盐化潮土	硫酸盐盐化潮土	0.51	4.10	0.97
潮土	脱潮土	沙性脱潮土	0.67	1.01	0.92
潮土	盐化潮土	氯化物盐化潮土	0.56	0.64	0.59
褐土	褐土性土	沙性洪冲积褐土性土	0.32	0.61	0.38
沼泽土	草甸沼泽土	湖积草甸沼泽土	0.15	1.26	0.33

二、耕层土壤有效铜含量分级及特点

石家庄市耕地土壤有效铜含量处于 1～5 级之间（见表 4－51），其中最多的为 2 级，面积 3460797.90 亩，占总耕地面积的 42.80%；最少的为 5 级，面积 26322.70 亩，占总耕地面积的 0.32%。1 级主要分布在平山县、藁城市、新乐市。2 级主要分布在无极县、藁城市、辛集市。3 级主要分布在行唐县、赵县、辛集市。4 级主要分布在元氏县、行唐县、赵县。5 级主要分布在元氏县、高邑县、赵县。

表 4－51　耕地耕层有效铜含量分级及面积

级别	1	2	3	4	5
范围/（mg/kg）	>1.8	1.8～1.0	1.0～0.5	0.5～0.2	≤0.2
耕地面积/亩	2342742.30	3460797.90	2197592.40	59014.70	26322.70
占总耕地（%）	28.97	42.80	27.18	0.73	0.32

（一）耕地耕层有效铜含量 1 级地行政区域分布特点

1 级地面积为 2342742.30 亩，占总耕地面积的 28.97%。1 级地主要分布在平山县面积为 443825.50 亩，占本级耕地面积的 18.94%；藁城市面积为 372461.00 亩，占本级耕地面积的 15.90%；新乐市面积为 237009.0 亩，占本级耕地面积的 10.12%。详细分析结果见表 4－52。

表 4－52　耕地耕层有效铜含量 1 级地行政区域分布

县（市、区）	面积/亩	占本级面积（%）
平山县	443825.50	18.94
藁城市	372461.00	15.90
新乐市	237009.00	10.12

续表

县（市、区）	面积/亩	占本级面积（%）
晋州市	229216.00	9.78
灵寿县	178324.00	7.61
赵县	169560.00	7.24
鹿泉市	132589.00	5.66
正定县	105066.00	4.48
市区	103674.00	4.43
辛集市	96138.00	4.10
深泽县	92002.00	3.93
赞皇县	80381.00	3.42
无极县	39032.00	1.67
栾城县	31366.80	1.34
井陉县	27118.00	1.16
元氏县	3457.00	0.15
行唐县	1523.00	0.07

（二）耕地耕层有效铜含量2级地行政区域分布特点

2级地面积为3460797.90亩，占总耕地面积的42.80%。2级地主要分布在无极县面积为441763.00亩，占本级耕地面积的12.76%；藁城市面积为417549.00亩，占本级耕地面积的12.07%；辛集市面积为309082.00亩，占本级耕地面积的8.93%。详细分析结果见表4-53。

表4-53 耕地耕层有效铜含量2级地行政区域分布

县（市、区）	面积/亩	占本级面积（%）
无极县	441763.00	12.76
藁城市	417549.00	12.07
辛集市	309082.00	8.93
井陉县	287287.00	8.30
栾城县	255479.50	7.38
正定县	243444.00	7.03
元氏县	236477.00	6.83
鹿泉市	213301.00	6.16
赞皇县	204086.60	5.90

县（市、区）	面积/亩	占本级面积（%）
深泽县	178060.00	5.15
新乐市	171713.00	4.96
灵寿县	144121.70	4.16
晋州市	139768.00	4.05
赵县	113080.00	3.27
市区	65531.00	1.89
行唐县	23785.60	0.69
高邑县	8222.00	0.24
平山县	8047.50	0.23

（三）耕地耕层有效铜含量 3 级地行政区域分布特点

3 级地面积为 2197592.40 亩，占总耕地面积的 27.18%。3 级地主要分布在行唐县面积为 494056.80 亩，占本级耕地面积的 22.48%；赵县面积为 437130.00 亩，占本级耕地面积的 19.89%；辛集市面积为 431285.00 亩，占本级耕地面积的 19.63%。详细分析结果见表 4 – 54。

表 4 – 54 耕地耕层有效铜含量 3 级地行政区域分布

县（市、区）	面积/亩	占本级面积（%）
行唐县	494056.80	22.48
赵县	437130.00	19.89
辛集市	431285.00	19.63
高邑县	227550.00	10.35
元氏县	224841.00	10.23
正定县	100326.00	4.57
栾城县	86129.90	3.92
无极县	47185.00	2.15
晋州市	45766.00	2.08
井陉县	28801.00	1.31
赞皇县	24652.40	1.12
深泽县	12433.00	0.57
市区	11465.00	0.52
灵寿县	9293.30	0.42

县（市、区）	面积/亩	占本级面积（%）
藁城市	8110.00	0.37
鹿泉市	4435.00	0.20
新乐市	4133.00	0.19

（四）耕地耕层有效铜含量4级地行政区域分布特点

4级地面积为59014.70亩，占总耕地面积的0.73%。元氏县面积为36896.00亩，占本级耕地面积的62.52%；行唐县面积为18340.60亩，占本级耕地面积的31.08%；赵县面积为2697.00亩，占本级耕地面积的4.57%。详细分析结果见表4-55。

表4-55　耕地耕层有效铜含量4级地行政区域分布

县（市、区）	面积/亩	占本级面积（%）
元氏县	36896.00	62.52
行唐县	18340.60	31.08
赵县	2697.00	4.57
高邑县	872.00	1.48
栾城县	208.10	0.35
灵寿县	1.00	0.00

（五）耕地耕层有效铜含量5级地行政区域分布特点

5级地面积为26322.70亩，占总耕地面积的0.32%。5级地主要分布在元氏县面积为24169.00亩，占本级耕地面积的91.82%；高邑县面积为1241.00亩，占本级耕地面积的4.71%；赵县面积为788.00亩，占本级耕地面积的3.00%。详细分析结果见表4-56。

表4-56　耕地耕层有效铜含量5级地行政区域分布

县（市、区）	面积/亩	占本级面积（%）
元氏县	24169.00	91.82
高邑县	1241.00	4.71
赵县	788.00	3.00
行唐县	44.00	0.16
正定县	24.00	0.09
新乐市	20.00	0.08
无极县	20.00	0.07

县（市、区）	面积/亩	占本级面积（%）
井陉县	9.00	0.04
市区	5.00	0.02
平山县	2.00	0.01
栾城县	0.70	0.00

第七节　有效铁

一、耕层土壤有效铁含量及分布特点

本次耕地地力调查共化验分析耕层土壤样本 57000 个，通过应用克里金空间插值技术并对其进行空间分析得知，全市耕层土壤有效铁含量平均为 11.93mg/kg，变化幅度为 0.11～77.44mg/kg。

（一）耕层土壤有效铁含量的行政区域分布特点

利用行政区划图对土壤有效铁含量栅格数据进行区域统计发现，土壤有效铁含量平均值达到 10.00mg/kg 的县（市、区）有灵寿县、新乐市、平山县、赞皇县、正定县、无极县、鹿泉市、市区、藁城市，面积为 3811590.00 亩，占全市总耕地面积的47.13%，其中灵寿县 1 个县平均含量超过了 20.00mg/kg，面积合计为 331740.00 亩，占全市总耕地面积的 4.10%。平均值小于 10.00mg/kg 的县（市、区）有栾城县、井陉县、行唐县、元氏县、晋州市、赵县、深泽县、高邑县、辛集市，面积为 4274880.00亩，占全市总耕地面积的 52.87%，其中高邑县、辛集市 2 个县（市、区）平均含量低于 5.00mg/kg，面积合计为 1074390.00 亩，占全市总耕地面积的 13.29%。具体的分析结果见表 4-57。

表 4-57　不同行政区域耕层土壤有效铁含量的分布特点

县（市、区）	面积/亩	占总耕地（%）	最小值/（mg/kg）	最大值/（mg/kg）	平均值/（mg/kg）
灵寿县	331740.00	4.10	2.27	48.57	25.69
新乐市	412875.00	5.11	5.04	77.44	19.85
平山县	451875.00	5.59	5.51	47.05	17.53
赞皇县	309120.00	3.82	3.95	39.26	16.01
正定县	448860.00	5.55	1.70	32.33	14.24
无极县	528000.00	6.53	3.75	21.25	11.98
鹿泉市	350325.00	4.33	1.40	27.17	11.98

县（市、区）	面积/亩	占总耕地（%）	最小值/（mg/kg）	最大值/（mg/kg）	平均值/（mg/kg）
市区	180675.00	2.23	4.65	17.44	10.43
藁城市	798120.00	9.87	3.07	22.77	10.06
栾城县	373185.00	4.62	0.18	15.46	9.11
井陉县	343215.00	4.25	2.68	33.75	8.58
行唐县	537750.00	6.65	1.44	33.26	6.57
元氏县	525840.00	6.50	0.11	33.87	6.28
晋州市	414750.00	5.13	2.62	18.68	5.96
赵县	723255.00	8.94	0.13	14.82	5.21
深泽县	282495.00	3.49	1.76	17.89	5.15
高邑县	237885.00	2.94	0.17	15.80	4.68
辛集市	836505.00	10.35	1.39	11.22	2.76

（二）耕层土壤有效铁含量与土壤质地的关系

利用土壤质地图对土壤有效铁含量栅格数据进行区域统计发现，土壤有效铁含量最高的质地是沙壤质，平均含量达到了 16.51mg/kg，变化幅度为 0.14～48.57mg/kg，而最低的质地为重壤质，平均含量为 4.75mg/kg，变化幅度为 2.66～12.27mg/kg。各质地有效铁含量具体的分析结果见表 4－58。

表 4－58　不同土壤质地与耕层土壤有效铁含量的分布特点　　　单位：mg/kg

土壤质地	最小值	最大值	平均值
沙壤质	0.14	48.57	16.51
沙质	0.17	77.44	13.27
轻壤质	0.13	47.05	13.26
中壤质	0.11	73.00	9.90
重壤质	2.66	12.27	4.75

（三）耕层土壤有效铁含量与土壤分类的关系

1. 耕层土壤有效铁含量与土类的关系

在 9 个土类中，土壤有效铁含量最高的土类是石质土，平均含量达到了 25.06mg/kg，变化幅度为 7.70～44.24mg/kg，而最低的土类为潮土，平均含量为 5.82mg/kg，变化幅度为 1.39～37.88mg/kg。各土类有效铁含量的具体分析结果见表 4－59。

表 4-59　不同土类耕层土壤有效铁含量的分布特点　　　　　单位：mg/kg

土壤类型	最小值	最大值	平均值
石质土	7.70	44.24	25.06
棕壤	12.85	38.01	20.86
风沙土	2.54	77.44	19.15
粗骨土	1.91	48.57	17.45
新积土	0.17	60.51	12.47
水稻土	3.28	30.41	11.70
褐土	0.11	73.00	11.13
沼泽土	2.66	25.90	6.50
潮土	1.39	37.88	5.82

2. 耕层土壤有效铁含量与亚类的关系

在 21 个亚类中，土壤有效铁含量最高的亚类是石质土——酸性石质土，平均含量达到了 25.06mg/kg，变化幅度为 7.70～44.24mg/kg，而最低的亚类为潮土——盐化潮土，平均含量为 2.60mg/kg，变化幅度为 1.68～5.08mg/kg。各亚类有效铁含量的具体分析结果见表 4-60。

表 4-60　不同亚类耕层土壤有效铁含量的分布特点　　　　　单位：mg/kg

土类	亚类	最小值	最大值	平均值
石质土	酸性石质土	7.70	44.24	25.06
棕壤	棕壤	12.85	38.01	21.22
沼泽土	沼泽土	11.52	25.90	20.46
褐土	淋溶褐土	4.94	39.13	19.65
风沙土	草甸风沙土	2.54	77.44	19.15
褐土	褐土	4.97	47.05	19.10
棕壤	棕壤性土	12.85	22.73	18.38
粗骨土	酸性粗骨土	2.29	48.57	17.88
潮土	湿潮土	5.74	26.77	16.75
褐土	褐土性土	1.60	44.24	13.17
新积土	冲积土	0.17	60.51	12.47
粗骨土	中性粗骨土	4.81	20.07	12.26
水稻土	淹育水稻土	3.28	30.41	11.70
粗骨土	钙质粗骨土	1.91	21.52	11.21

续表

土类	亚类	最小值	最大值	平均值
褐土	石灰性褐土	0.12	44.80	11.18
褐土	潮褐土	0.11	73.00	9.46
潮土	潮土	1.39	37.88	6.38
沼泽土	草甸沼泽土	2.66	12.27	4.75
潮土	沙性潮土	1.41	31.64	3.12
潮土	脱潮土	2.71	3.04	2.90
潮土	盐化潮土	1.68	5.08	2.60

3. 耕层土壤有效铁含量与土属的关系

在40个土属中，土壤有效铁含量最高的土属是褐土—淋溶褐土—壤性洪冲积淋溶褐土，平均含量达到了29.47mg/kg，变化幅度为27.45~31.26mg/kg，而最低的土属为潮土—盐化潮土—氯化物盐化潮土，平均含量为1.92mg/kg，变化幅度为1.80~2.02mg/kg。各土属有效铁含量的具体分析结果见表4-61。

表4-61　不同土属耕层土壤有效铁含量的分布特点　　单位：mg/kg

土类	亚类	土属	最小值	最大值	平均值
褐土	淋溶褐土	壤性洪冲积淋溶褐土	27.45	31.26	29.47
石质土	酸性石质土	酸性石质土	7.70	44.24	25.06
褐土	褐土	粗散状褐土	10.80	47.05	24.87
潮土	湿潮土	盐化湿潮土潮土	13.96	25.61	21.78
棕壤	棕壤	粗散状棕壤	12.85	38.01	21.22
风沙土	草甸风沙土	固定草甸风沙土	2.54	77.44	20.90
沼泽土	沼泽土	沼泽土	11.52	25.90	20.46
褐土	淋溶褐土	粗散状淋溶褐土	4.94	39.13	19.52
褐土	淋溶褐土	黄土状淋溶褐土	17.51	20.58	19.00
棕壤	棕壤性土	粗散状棕壤性土	12.85	22.73	18.38
粗骨土	酸性粗骨土	酸性粗骨土	2.29	48.57	17.88
褐土	石灰性褐土	暗实状石灰性褐土	15.95	19.59	17.39
褐土	石灰性褐土	沙性洪冲积石灰性褐土	12.90	22.33	17.04
风沙土	草甸风沙土	半固定草甸风沙土	6.65	26.31	16.65
褐土	褐土	壤性洪冲积褐土	8.54	25.28	15.82
褐土	褐土性土	粗散状褐土性土	4.21	44.24	15.52

土类	亚类	土属	最小值	最大值	平均值
粗骨土	中性粗骨土	中性粗骨土	9.62	20.07	14.34
潮土	湿潮土	壤性湿潮土	5.74	26.77	13.13
褐土	潮褐土	沙质洪冲积潮褐土	2.53	39.58	12.83
新积土	冲积土	冲积土	0.17	60.51	12.47
褐土	石灰性褐土	壤性洪冲积石灰性褐土	0.12	44.80	11.99
褐土	石灰性褐土	粗散状石灰性褐土	1.89	31.63	11.89
褐土	潮褐土	沙性洪冲积潮褐土	0.14	40.28	11.89
水稻土	淹育水稻土	淹育水稻土	3.28	30.41	11.70
粗骨土	钙质粗骨土	钙质粗骨土	1.91	21.52	11.21
褐土	石灰性褐土	黄土状石灰性褐土	0.13	34.52	10.46
粗骨土	中性粗骨土	泥质粗骨土	4.81	14.28	10.41
褐土	褐土	灰质褐土	6.00	19.23	10.11
褐土	褐土性土	灰质褐土性土	1.60	26.39	9.65
褐土	潮褐土	壤性洪冲积潮褐土	0.11	73.00	9.21
潮土	潮土	沙性潮土	1.69	37.88	8.88
褐土	石灰性褐土	灰质石灰性褐土	1.65	20.66	7.80
潮土	潮土	壤性潮土	1.39	27.41	6.28
褐土	褐土	硅质褐土	4.97	9.73	6.04
沼泽土	草甸沼泽土	湖积草甸沼泽土	2.66	12.27	4.75
褐土	褐土性土	沙性洪冲积褐土性土	2.97	4.87	3.72
潮土	沙性潮土	沙壤质潮土	1.41	31.64	3.12
潮土	脱潮土	沙性脱潮土	2.71	3.04	2.90
潮土	盐化潮土	硫酸盐盐化潮土	1.68	5.08	2.60
潮土	盐化潮土	氯化物盐化潮土	1.80	2.02	1.92

二、耕层土壤有效铁含量分级及特点

石家庄市耕地土壤有效铁含量处于 1 ~ 5 级之间（见表 4 - 62），其中最多的为 2
级，面积 2722400.01 亩，占总耕地面积的 33.67%；最少的为 5 级，面积 62064.35 亩，
占总耕地面积的 0.77%。1 级主要分布在灵寿县、新乐市、平山县。2 级主要分布在无
极县、正定县、平山县。3 级主要分布在藁城市、晋州市、行唐县。4 级主要分布在辛
集市、赵县、深泽县。5 级主要分布在元氏县、赵县、高邑县。

表 4 - 62　耕地耕层有效铁含量分级及面积

级别	1	2	3	4	5
范围/（mg/kg）	>20.0	20.0~10.0	10.0~4.5	4.5~0.5	≤0.5
耕地面积/亩	645222.40	2722400.01	2720518.04	1936264.20	62065.35
占总耕地（%）	7.98	33.67	33.64	23.94	0.77

（一）耕地耕层有效铁含量 1 级地行政区域分布特点

1 级地面积为 645222.40 亩，占总耕地面积的 7.98%。1 级地主要分布在灵寿县面积为 215783.80 亩，占本级耕地面积的 33.44%；新乐市面积为 157119.70 亩，占本级耕地面积的 24.35%；平山县面积为 104751.00 亩，占本级耕地面积的 16.23%。详细分析结果见表 4 - 63。

表 4 - 63　耕地耕层有效铁含量 1 级地行政区域分布

县（市、区）	面积/亩	占本级面积（%）
灵寿县	215783.80	33.44
新乐市	157119.70	24.35
平山县	104751.00	16.23
赞皇县	84491.47	13.09
正定县	46745.58	7.25
元氏县	13431.91	2.08
藁城市	8135.19	1.26
井陉县	5781.03	0.90
鹿泉市	5153.24	0.81
行唐县	3578.83	0.55
无极县	250.65	0.04

（二）耕地耕层有效铁含量 2 级地行政区域分布特点

2 级地面积为 2722400.01 亩，占总耕地面积的 33.67%。2 级地主要分布在无极县面积为 408506.80 亩，占本级耕地面积的 15.01%；正定县面积为 343104.80 亩，占本级耕地面积的 12.60%；平山县面积为 341518.60 亩，占本级耕地面积的 12.54%。详细分析结果见表 4 - 64。

表 4 - 64　耕地耕层有效铁含量 2 级地行政区域分布

县（市、区）	面积/亩	占本级面积（%）
无极县	408506.80	15.01
正定县	343104.80	12.60
平山县	341518.60	12.54
藁城市	329134.30	12.09
鹿泉市	258864.20	9.51
新乐市	249930.00	9.18
赞皇县	166966.90	6.13
灵寿县	111619.40	4.10
市区	103695.10	3.81
栾城县	88749.77	3.26
元氏县	80839.05	2.97
赵县	77701.86	2.85
行唐县	69256.14	2.54
井陉县	56023.95	2.06
深泽县	17072.98	0.63
高邑县	9907.73	0.36
晋州市	9432.14	0.35
辛集市	76.29	0.01

（三）耕地耕层有效铁含量 3 级地行政区域分布特点

3 级地面积为 2720518.04 亩，占总耕地面积的 33.64%。3 级地主要分布在藁城市面积为 454934.10 亩，占本级耕地面积的 16.72%；晋州市面积为 327740.40 亩，占本级耕地面积的 12.05%；行唐县面积为 306634.10 亩，占本级耕地面积的 11.27%。详细分析结果见表 4 - 65。

表 4 - 65　耕地耕层有效铁含量 3 级地行政区域分布

县（市、区）	面积/亩	占本级面积（%）
藁城市	454934.10	16.72
晋州市	327740.40	12.05
行唐县	306634.10	11.27
栾城县	278948.30	10.25
井陉县	277296.60	10.19

县（市、区）	面积/亩	占本级面积（％）
元氏县	243913.80	8.97
赵县	221998.10	8.16
无极县	118903.60	4.37
深泽县	106596.80	3.92
鹿泉市	81259.66	2.99
高邑县	80150.82	2.95
市区	76980.13	2.83
赞皇县	57639.18	2.12
正定县	49048.17	1.80
辛集市	22876.03	0.84
新乐市	5829.98	0.21
平山县	5603.44	0.21
灵寿县	4164.82	0.15

（四）耕地耕层有效铁含量4级地行政区域分布特点

4级地面积为1936264.20亩，占总耕地面积的23.94%。4级地主要分布在辛集市面积为813555.10亩，占本级耕地面积的42.02%；赵县面积为420109.00亩，占本级耕地面积的21.70%；深泽县面积为158804.00亩，占本级耕地面积的8.20%。详细分析结果见表4-66。

表4-66 耕地耕层有效铁含量4级地行政区域分布

县（市、区）	面积/亩	占本级面积（％）
辛集市	813555.10	42.02
赵县	420109.00	21.70
深泽县	158804.00	8.20
行唐县	158279.60	8.17
高邑县	146970.60	7.59
元氏县	130115.80	6.72
晋州市	77567.51	4.01
正定县	9954.96	0.51
藁城市	5912.16	0.31
栾城县	5357.59	0.28

县（市、区）	面积/亩	占本级面积（%）
鹿泉市	5040.34	0.26
井陉县	4113.31	0.20
无极县	297.38	0.02
灵寿县	163.31	0.01
赞皇县	23.54	0.00

（五）耕地耕层有效铁含量5级地行政区域分布特点

5级地面积为62065.35亩，占总耕地面积的0.77%。5级地主要分布在元氏县面积为57537.48亩，占本级耕地面积的92.71%；赵县面积为3446.80亩，占本级耕地面积的5.56%；高邑县面积为855.86亩，占本级耕地面积的1.38%。详细分析结果见表4-67。

表4-67 耕地耕层有效铁含量5级地行政区域分布

县（市、区）	面积/亩	占本级面积（%）
元氏县	57537.48	92.71
赵县	3446.80	5.56
高邑县	855.86	1.38
栾城县	132.87	0.20
无极县	42.16	0.07
深泽县	21.42	0.04
鹿泉市	9.52	0.02
晋州市	8.83	0.01
灵寿县	8.13	0.01
平山县	2.28	0.00

第八节　有效锰

一、耕层土壤有效锰含量及分布特点

本次耕地地力调查共化验分析耕层土壤样本57000个，通过应用克里金空间插值技术并对其进行空间分析得知，全市耕层土壤有效锰含量平均为14.17mg/kg，变化幅度为0.40~83.41mg/kg。

（一）耕层土壤有效锰含量的行政区域分布特点

利用行政区划图对土壤有效锰含量栅格数据进行区域统计发现，土壤有效锰含量平均值达到 15.00mg/kg 的县（市、区）有灵寿县、鹿泉市、赞皇县、井陉县、新乐市、市区、栾城县，面积为 2301135.00 亩，占全市总耕地面积的 28.46%，其中灵寿县、鹿泉市、赞皇县 3 个县（市、区）平均含量超过了 20.00mg/kg，面积合计为 991185.00 亩，占全市总耕地面积的 12.25%。平均值小于 15.00mg/kg 的县（市、区）有无极县、正定县、藁城市、行唐县、晋州市、高邑县、元氏县、深泽县、平山县、赵县、辛集市，面积为 5785335.00 亩，占全市总耕地面积的 71.54%，其中元氏县、深泽县、平山县、赵县、辛集市 5 个县（市、区）平均含量低于 10.00mg/kg，面积合计为 2819970.00 亩，占全市总耕地面积的 34.87%。具体的分析结果见表 4-68。

表 4-68　不同行政区域耕层土壤有效锰含量的分布特点

县（市、区）	面积/亩	占总耕地（%）	最小值/（mg/kg）	最大值/（mg/kg）	平均值/（mg/kg）
灵寿县	331740.00	4.10	6.51	33.65	23.84
鹿泉市	350325.00	4.33	1.16	72.95	20.97
赞皇县	309120.00	3.82	6.24	40.87	20.52
井陉县	343215.00	4.25	7.29	47.26	19.52
新乐市	412875.00	5.11	5.94	83.41	19.42
市区	180675.00	2.23	8.61	34.49	18.78
栾城县	373185.00	4.62	0.65	37.49	15.69
无极县	528000.00	6.53	3.78	44.56	14.81
正定县	448860.00	5.55	6.61	38.88	14.79
藁城市	798120.00	9.87	5.96	43.28	14.67
行唐县	537750.00	6.65	7.35	30.68	14.56
晋州市	414750.00	5.13	3.69	21.25	12.52
高邑县	237885.00	2.94	0.89	26.71	10.31
元氏县	525840.00	6.50	0.40	47.47	9.08
深泽县	282495.00	3.49	1.61	22.11	8.67
平山县	451875.00	5.59	4.67	50.39	8.34
赵县	723255.00	8.94	0.62	18.25	8.04
辛集市	836505.00	10.35	1.92	17.05	5.59

（二）耕层土壤有效锰含量与土壤质地的关系

利用土壤质地图对土壤有效锰含量栅格数据进行区域统计发现，土壤有效锰含量最高的质地是沙质,平均含量达到了15.93mg/kg,变化幅度为0.76～78.96mg/kg,而最低的质地为重壤质,平均含量为9.77mg/kg,变化幅度为7.35～14.27mg/kg。各质地有效锰含量具体的分析结果见表4-69。

表4-69 不同土壤质地与耕层土壤有效锰含量的分布特点 单位:mg/kg

土壤质地	最小值	最大值	平均值
沙质	0.76	78.96	15.93
沙壤质	0.56	47.47	15.25
轻壤质	0.60	55.75	14.69
中壤质	0.40	83.41	13.48
重壤质	7.35	14.27	9.77

(三) 耕层土壤有效锰含量与土壤分类的关系

1. 耕层土壤有效锰含量与土类的关系

在9个土类中,土壤有效锰含量最高的土类是石质土,平均含量达到了24.97mg/kg,变化幅度为11.98～32.73mg/kg,而最低的土类为潮土,平均含量为7.19mg/kg,变化幅度为1.92～33.50mg/kg。各土类有效锰含量的具体分析结果见表4-70。

表4-70 不同土类耕层土壤有效锰含量的分布特点 单位:mg/kg

土壤类型	最小值	最大值	平均值
石质土	11.98	32.73	24.97
风沙土	2.88	78.96	19.35
粗骨土	4.24	55.75	15.89
新积土	0.76	56.18	15.10
褐土	0.40	83.41	14.46
水稻土	7.17	31.41	13.19
沼泽土	7.35	23.53	10.76
棕壤	6.12	36.27	9.71
潮土	1.92	33.50	7.19

2. 耕层土壤有效锰含量与亚类的关系

在21个亚类中,土壤有效锰含量最高的亚类是石质土—酸性石质土,平均含量达到了24.97mg/kg,变化幅度为11.98～32.73mg/kg,而最低的亚类为潮土—沙性潮土,平均含量为5.49mg/kg,变化幅度为1.92～33.50mg/kg。各亚类有效锰含量的具体分析结果见表4-71。

表 4 - 71　不同亚类耕层土壤有效锰含量的分布特点　　单位：mg/kg

土类	亚类	最小值	最大值	平均值
石质土	酸性石质土	11.98	32.73	24.97
风沙土	草甸风沙土	2.88	78.96	19.35
沼泽土	沼泽土	13.88	23.53	18.74
潮土	湿潮土	7.23	32.15	17.43
褐土	褐土	5.22	33.64	16.55
褐土	褐土性土	1.20	51.56	16.30
粗骨土	酸性粗骨土	4.24	47.47	16.09
褐土	石灰性褐土	0.40	71.53	15.77
粗骨土	钙质粗骨土	6.97	55.75	15.26
新积土	冲积土	0.76	56.18	15.10
褐土	潮褐土	0.56	83.41	13.20
水稻土	淹育水稻土	7.17	31.41	13.19
粗骨土	中性粗骨土	5.49	24.86	12.40
褐土	淋溶褐土	5.41	42.50	11.58
棕壤	棕壤	6.12	36.27	10.05
沼泽土	草甸沼泽土	7.35	14.27	9.77
潮土	潮土	2.53	28.80	7.41
棕壤	棕壤性土	6.32	8.75	7.32
潮土	盐化潮土	2.84	9.63	5.98
潮土	脱潮土	5.44	6.73	5.58
潮土	沙性潮土	1.92	33.50	5.49

3. 耕层土壤有效锰含量与土属的关系

在 40 个土属中，土壤有效锰含量最高的土属是褐土—淋溶褐土—壤性洪冲积淋溶褐土，平均含量达到了 25.59mg/kg，变化幅度为 24.64～27.38mg/kg，而最低的土属为潮土—沙性潮土—砂壤质潮土，平均含量为 5.49mg/kg，变化幅度为 1.92～33.50mg/kg。各土属有效锰含量的具体分析结果见表 4 - 72。

表 4 - 72　不同土属耕层土壤有效锰含量的分布特点　　单位：mg/kg

土类	亚类	土属	最小值	最大值	平均值
褐土	淋溶褐土	壤性洪冲积淋溶褐土	24.64	27.38	25.59
石质土	酸性石质土	酸性石质土	11.98	32.73	24.97

续表

土类	亚类	土属	最小值	最大值	平均值
褐土	石灰性褐土	暗实状石灰性褐土	22.15	27.46	24.52
潮土	湿潮土	盐化湿潮土潮土	13.74	24.99	22.21
风沙土	草甸风沙土	固定草甸风沙土	2.88	78.96	19.63
褐土	褐土	灰质褐土	7.05	31.39	19.55
风沙土	草甸风沙土	半固定草甸风沙土	8.07	43.20	18.95
沼泽土	沼泽土	沼泽土	13.88	23.53	18.74
褐土	石灰性褐土	粗散状石灰性褐土	4.13	40.35	17.88
褐土	褐土性土	灰质褐土性土	1.20	51.56	17.77
褐土	潮褐土	沙质洪冲积潮褐土	7.83	57.36	16.74
褐土	石灰性褐土	灰质石灰性褐土	6.35	29.53	16.73
粗骨土	中性粗骨土	泥质粗骨土	5.63	24.86	16.32
褐土	石灰性褐土	壤性洪冲积石灰性褐土	0.40	71.53	16.30
粗骨土	酸性粗骨土	酸性粗骨土	4.24	47.47	16.09
褐土	褐土	硅质褐土	12.52	21.82	15.43
褐土	褐土性土	粗散状褐土性土	4.67	33.40	15.42
褐土	褐土	粗散状褐土	5.22	33.64	15.32
粗骨土	钙质粗骨土	钙质粗骨土	6.97	55.75	15.26
新积土	冲积土	冲积土	0.76	56.18	15.11
褐土	石灰性褐土	黄土状石灰性褐土	0.60	52.23	14.32
潮土	湿潮土	壤性湿潮土	7.23	32.15	14.00
褐土	潮褐土	沙性洪冲积潮褐土	0.56	30.09	13.64
水稻土	淹育水稻土	淹育水稻土	7.17	31.41	13.19
褐土	潮褐土	壤性洪冲积潮褐土	0.56	83.41	13.04
褐土	褐土	壤性洪冲积褐土	6.88	21.78	12.18
潮土	潮土	沙性潮土	2.89	28.80	11.52
褐土	淋溶褐土	粗散状淋溶褐土	5.41	42.50	11.46
棕壤	棕壤	粗散状棕壤	6.12	36.27	10.05
褐土	褐土性土	沙性洪冲积褐土性土	8.60	11.83	10.00
沼泽土	草甸沼泽土	湖积草甸沼泽土	7.35	14.27	9.77
褐土	淋溶褐土	黄土状淋溶褐土	7.66	8.86	8.49
粗骨土	中性粗骨土	中性粗骨土	5.49	18.09	8.02

土类	亚类	土属	最小值	最大值	平均值
褐土	石灰性褐土	沙性洪冲积石灰性褐土	6.76	8.95	7.89
棕壤	棕壤性土	粗散状棕壤性土	6.32	8.75	7.32
潮土	潮土	壤性潮土	2.53	27.66	7.25
潮土	盐化潮土	硫酸盐盐化潮土	2.84	9.63	5.98
潮土	脱潮土	沙性脱潮土	5.44	6.73	5.58
潮土	盐化潮土	氯化物盐化潮土	4.94	6.34	5.55
潮土	沙性潮土	沙壤质潮土	1.92	33.50	5.49

二、耕层土壤有效锰含量分级及特点

石家庄市耕地土壤有效锰含量处于 1~5 级之间（见表 4-73），其中最多的为 3 级，面积 4486312.39 亩，占总耕地面积的 55.48%；最少的为 5 级，面积 72493.73 亩，占总耕地面积的 0.90%。1 级主要分布在灵寿县、新乐市、赞皇县。2 级主要分布在藁城市、鹿泉市、井陉县。3 级主要分布在赵县、辛集市、藁城市。4 级主要分布在辛集市、元氏县、赵县。5 级主要分布在元氏县、赵县、高邑县。

表 4-73　耕地耕层有效锰含量分级及面积

级别	1	2	3	4	5
范围/（mg/kg）	>30.0	30.0~15.0	15.0~5.0	5.0~1.0	≤1.0
耕地面积/亩	204160.72	2745360.00	4486312.39	578143.16	72493.73
占总耕地（%）	2.52	33.95	55.48	7.15	0.90

（一）耕地耕层有效锰含量 1 级地行政区域分布特点

1 级地面积为 204160.72 亩，占总耕地面积的 2.52%。1 级地主要分布在灵寿县面积为 58398.27 亩，占本级耕地面积的 28.60%；新乐市面积为 38902.25 亩，占本级耕地面积的 19.05%；赞皇县面积为 31063.05 亩，占本级耕地面积的 15.22%。详细分析结果见表 4-74。

表 4-74　耕地耕层有效锰含量 1 级地行政区域分布

县（市、区）	面积/亩	占本级面积（%）
灵寿县	58398.27	28.60
新乐市	38902.25	19.05
赞皇县	31063.05	15.22

续表

县（市、区）	面积/亩	占本级面积（%）
元氏县	28339.92	13.88
鹿泉市	21182.97	10.38
井陉县	12356.97	6.05
栾城县	5128.03	2.51
正定县	3224.82	1.58
藁城市	2424.27	1.19
市区	1993.24	0.98
无极县	560.47	0.27
平山县	554.29	0.27
行唐县	32.17	0.02

（二）耕地耕层有效锰含量2级地行政区域分布特点

2级地面积为2745360.00亩，占总耕地面积的33.95%。2级地主要分布在藁城市面积为323145.00亩，占本级耕地面积的11.77%；鹿泉市面积为282462.00亩，占本级耕地面积的10.29%；井陉县面积为278050.40亩，占本级耕地面积的10.13%。详细分析结果见表4-75。

表4-75 耕地耕层有效锰含量2级地行政区域分布

县（市、区）	面积/亩	占本级面积（%）
藁城市	323145.00	11.77
鹿泉市	282462.00	10.29
井陉县	278050.40	10.13
无极县	248295.00	9.04
赞皇县	245709.30	8.95
新乐市	243201.60	8.86
灵寿县	229399.40	8.36
行唐县	199650.60	7.27
正定县	172626.90	6.29
市区	151908.00	5.53
栾城县	146470.10	5.34
元氏县	73761.49	2.69
晋州市	59377.93	2.16

县（市、区）	面积/亩	占本级面积（%）
赵县	46146.16	1.68
平山县	18523.78	0.67
高邑县	18386.08	0.67
深泽县	8013.77	0.29
辛集市	232.49	0.01

（三）耕地耕层有效锰含量3级地行政区域分布特点

3级地面积为4486312.39亩，占总耕地面积的55.48%。3级地主要分布在赵县面积为578676.10亩，占本级耕地面积的12.90%；辛集市面积为495058.70亩，占本级耕地面积的11.03%；藁城市面积为472554.30亩，占本级耕地面积的10.53%。详细分析结果见表4-76。

表4-76　耕地耕层有效锰含量3级地行政区域分布

县（市、区）	面积/亩	占本级面积（%）
赵县	578676.10	12.90
辛集市	495058.70	11.03
藁城市	472554.30	10.53
平山县	432353.40	9.64
晋州市	355183.90	7.92
行唐县	338051.70	7.54
无极县	279141.60	6.22
正定县	273002.60	6.09
深泽县	269103.20	6.00
元氏县	230094.60	5.13
栾城县	219431.60	4.89
高邑县	215343.00	4.80
新乐市	130770.70	2.90
井陉县	52807.33	1.18
灵寿县	43942.14	0.98
鹿泉市	41671.75	0.93
赞皇县	32347.31	0.72
市区	26778.46	0.60

（四）耕地耕层有效锰含量4级地行政区域分布特点

4级地面积为578143.16亩，占总耕地面积的7.15%。4级地主要分布在辛集市面积为341214.70亩，占本级耕地面积的59.02%；元氏县面积为125997.60亩，占本级耕地面积的21.79%；赵县面积为94748.30亩，占本级耕地面积的16.39%。详细分析结果见表4-77。

表4-77　耕地耕层有效锰含量4级地行政区域分布

县（市、区）	面积/亩	占本级面积（%）
辛集市	341214.70	59.02
元氏县	125997.60	21.79
赵县	94748.29	16.39
深泽县	5379.83	0.93
鹿泉市	5011.29	0.87
高邑县	3105.63	0.53
栾城县	2053.72	0.36
平山县	443.74	0.08
晋州市	188.36	0.03

（五）耕地耕层有效锰含量5级地行政区域分布特点

5级地面积为72493.73亩，占总耕地面积的0.90%。元氏县面积为67640.0亩，占本级耕地面积的93.31%；赵县面积为3688.22亩，占本级耕地面积的5.09%；高邑县面积为1054.07亩，占本级耕地面积的1.45%。详细分析结果见表4-78。

表4-78　耕地耕层有效锰含量5级地行政区域分布

县（市、区）	面积/亩	占本级面积（%）
元氏县	67640.01	93.31
赵县	3688.22	5.09
高邑县	1054.07	1.45
栾城县	97.95	0.13
行唐县	13.48	0.02

第九节　有效锌

一、耕层土壤有效锌含量及分布特点

本次耕地地力调查共化验分析耕层土壤样本57000个，通过应用克里金空间插值技

术并对其进行空间分析得知，全市耕层土壤有效锌含量平均为 2.27mg/kg，变化幅度为
0.16~15.67mg/kg。

（一）耕层土壤有效锌含量的行政区域分布特点

利用行政区划图对土壤有效锌含量栅格数据进行区域统计发现，土壤有效锌含量平
均值达到 2.00mg/kg 的县（市、区）有市区、正定县、栾城县、高邑县、藁城市、鹿
泉市、赞皇县、新乐市、平山县、灵寿县、赵县，面积为 4617915.00 亩，占全市总耕
地面积的 57.10%，其中市区、正定县、栾城县 3 个县（市、区）平均含量超过了
3.00mg/kg，面积合计为 1002720.00 亩，占全市总耕地面积的 12.40%。平均值小于
2.00mg/kg 的县（市、区）有行唐县、井陉县、无极县、晋州市、元氏县、深泽县、
辛集市，面积为 3468555.00 亩，占全市总耕地面积的 42.90%，其中辛集市平均含量低
于 1.00mg/kg，面积合计为 836505.00 亩，占全市总耕地面积的 10.35%。具体的分析
结果见表 4-79。

表 4-79 不同行政区域耕层土壤有效锌含量的分布特点

县（市、区）	面积/亩	占总耕地（%）	最小值/（mg/kg）	最大值/（mg/kg）	平均值/（mg/kg）
市区	180675.00	2.23	1.09	6.94	3.74
正定县	448860.00	5.55	0.83	10.21	3.43
栾城县	373185.00	4.62	0.21	7.91	3.31
高邑县	237885.00	2.94	0.33	5.94	2.97
藁城市	798120.00	9.87	0.41	8.35	2.95
鹿泉市	350325.00	4.33	0.79	15.67	2.94
赞皇县	309120.00	3.82	1.04	11.22	2.93
新乐市	412875.00	5.11	0.52	10.44	2.76
平山县	451875.00	5.59	1.32	8.20	2.65
灵寿县	331740.00	4.10	0.88	6.66	2.16
赵县	723255.00	8.94	0.26	4.73	2.05
行唐县	537750.00	6.65	0.58	7.87	1.89
井陉县	343215.00	4.25	0.71	7.00	1.73
无极县	528000.00	6.50	0.29	3.70	1.60
晋州市	414750.00	5.13	0.51	6.90	1.52
元氏县	525840.00	6.50	0.16	6.09	1.35
深泽县	282495.00	3.49	0.20	4.18	1.20
辛集市	836505.00	10.35	0.24	3.71	0.94

（二）耕层土壤有效锌含量与土壤质地的关系

利用土壤质地图对土壤有效锌含量栅格数据进行区域统计发现，土壤有效锌含量最高的质地是沙质，平均含量达到了 2.53mg/kg，变化幅度为 0.37 ~ 10.44mg/kg，而最低的质地为重壤质，平均含量为 1.37mg/kg，变化幅度为 0.90 ~ 2.30mg/kg。各质地有效锌含量具体的分析结果见表 4 - 80。

表 4 - 80　不同土壤质地与耕层土壤有效锌含量的分布特点　　单位：mg/kg

土壤质地	最小值	最大值	平均值
沙质	0.37	10.44	2.53
中壤质	0.16	15.67	2.27
轻壤质	0.30	15.41	2.26
沙壤质	0.21	7.86	2.23
重壤质	0.90	2.30	1.37

（三）耕层土壤有效锌含量与土壤分类的关系

1. 耕层土壤有效锌含量与土类的关系

在 9 个土类中，土壤有效锌含量最高的土类是新积土，平均含量达到了 2.70mg/kg，变化幅度为 0.37 ~ 10.44mg/kg，而最低的土类为潮土，平均含量为 1.30mg/kg，变化幅度为 0.24 ~ 9.88mg/kg。各土类有效锌含量的具体分析结果见表 4 - 81。

表 4 - 81　不同土类耕层土壤有效锌含量的分布特点　　单位：mg/kg

土壤类型	最小值	最大值	平均值
新积土	0.37	10.44	2.70
水稻土	0.89	11.53	2.68
棕壤	2.08	4.74	2.54
风沙土	0.58	10.35	2.41
粗骨土	0.74	7.86	2.35
褐土	0.16	15.67	2.32
石质土	0.97	2.83	1.90
沼泽土	0.90	2.30	1.39
潮土	0.24	9.88	1.30

2. 耕层土壤有效锌含量与亚类的关系

在 21 个亚类中，土壤有效锌含量最高的亚类是新积土—冲积土，平均含量达到了 2.70mg/kg，变化幅度为 0.37 ~ 10.44mg/kg，而最低的亚类为潮土—盐化潮土，平均含量为 0.95mg/kg，变化幅度为 0.39 ~ 2.43mg/kg。各亚类有效锌含量的具体分析结果见

表 4-82。

表 4-82 不同亚类耕层土壤有效锌含量的分布特点　　　　　　单位：mg/kg

土类	亚类	最小值	最大值	平均值
新积土	冲积土	0.37	10.44	2.70
褐土	淋溶褐土	1.26	4.75	2.69
水稻土	淹育水稻土	0.89	11.53	2.68
潮土	湿潮土	0.83	9.88	2.62
棕壤	棕壤	2.08	4.74	2.55
棕壤	棕壤性土	2.14	2.76	2.44
褐土	石灰性褐土	0.17	15.67	2.44
风沙土	草甸风沙土	0.58	10.35	2.41
粗骨土	中性粗骨土	1.13	5.25	2.39
粗骨土	酸性粗骨土	0.74	7.86	2.35
褐土	褐土性土	0.88	15.41	2.31
褐土	褐土	0.78	3.58	2.27
粗骨土	钙质粗骨土	1.08	4.08	2.26
褐土	潮褐土	0.16	12.83	2.20
潮土	脱潮土	1.99	2.54	2.12
石质土	酸性石质土	0.97	2.83	1.90
沼泽土	沼泽土	1.36	1.74	1.58
沼泽土	草甸沼泽土	0.90	2.30	1.37
潮土	潮土	0.28	5.50	1.37
潮土	沙性潮土	0.24	4.06	0.96
潮土	盐化潮土	0.39	2.43	0.95

3. 耕层土壤有效锌含量与土属的关系

在 40 个土属中，土壤有效锌含量最高的土属是褐土—淋溶褐土—壤性洪冲积淋溶褐土，平均含量达到了 4.60mg/kg，变化幅度为 4.31～4.74mg/kg，而最低的土属为潮土—盐化潮土—氯化物盐化潮土，平均含量为 0.80mg/kg，变化幅度为 0.77～0.85mg/kg。各土属有效锌含量的具体分析结果见表 4-83。

表4-83　不同土属耕层土壤有效锌含量的分布特点　　　　单位：mg/kg

土类	亚类	土属	最小值	最大值	平均值
褐土	淋溶褐土	壤性洪冲积淋溶褐土	4.31	4.74	4.60
潮土	湿潮土	壤性湿潮土	0.83	9.88	2.91
褐土	石灰性褐土	沙性洪冲积石灰性褐土	2.19	3.58	2.87
褐土	淋溶褐土	黄土状淋溶褐土	2.20	3.09	2.86
新积土	冲积土	冲积土	0.37	10.44	2.70
水稻土	淹育水稻土	淹育水稻土	0.89	11.53	2.68
褐土	淋溶褐土	粗散状淋溶褐土	1.26	4.75	2.65
风沙土	草甸风沙土	半固定草甸风沙土	0.58	7.59	2.64
褐土	石灰性褐土	壤性洪冲积石灰性褐土	0.17	15.67	2.64
粗骨土	中性粗骨土	中性粗骨土	2.08	5.25	2.63
褐土	褐土	粗散状褐土	1.18	3.58	2.62
棕壤	棕壤	粗散状棕壤	2.08	4.74	2.55
棕壤	棕壤性土	粗散状棕壤性土	2.14	2.76	2.44
褐土	潮褐土	沙质洪冲积潮褐土	0.83	7.87	2.44
粗骨土	酸性粗骨土	酸性粗骨土	0.74	7.86	2.35
褐土	褐土性土	粗散状褐土性土	0.95	10.11	2.33
褐土	褐土性土	灰质褐土性土	0.88	15.41	2.28
褐土	石灰性褐土	黄土状石灰性褐土	0.30	11.22	2.28
粗骨土	钙质粗骨土	钙质粗骨土	1.08	4.08	2.26
风沙土	草甸风沙土	固定草甸风沙土	0.66	10.35	2.25
褐土	褐土性土	沙性洪冲积褐土性土	1.42	3.71	2.22
潮土	湿潮土	盐化湿潮土潮土	1.60	3.26	2.22
褐土	潮褐土	壤性洪冲积潮褐土	0.16	12.83	2.21
褐土	褐土	壤性洪冲积褐土	1.65	2.49	2.21
褐土	石灰性褐土	粗散状石灰性褐土	0.94	10.24	2.19
粗骨土	中性粗骨土	泥质粗骨土	1.13	3.40	2.18

续表

土类	亚类	土属	最小值	最大值	平均值
潮土	脱潮土	沙性脱潮土	1.99	2.54	2.12
石质土	酸性石质土	酸性石质土	0.97	2.83	1.90
褐土	潮褐土	沙性洪冲积潮褐土	0.21	5.28	1.88
褐土	石灰性褐土	暗实状石灰性褐土	1.64	2.00	1.82
褐土	褐土	灰质褐土	0.88	2.89	1.76
褐土	石灰性褐土	灰质石灰性褐土	0.86	4.80	1.74
沼泽土	沼泽土	沼泽土	1.36	1.74	1.58
潮土	潮土	壤性潮土	0.28	5.50	1.37
沼泽土	草甸沼泽土	湖积草甸沼泽土	0.90	2.30	1.37
潮土	潮土	沙性潮土	0.42	3.71	1.23
褐土	褐土	硅质褐土	0.78	1.65	1.17
潮土	沙性潮土	沙壤质潮土	0.24	4.06	0.96
潮土	盐化潮土	硫酸盐盐化潮土	0.39	2.43	0.95
潮土	盐化潮土	氯化物盐化潮土	0.77	0.85	0.80

二、耕层土壤有效锌含量分级及特点

石家庄市耕地土壤有效锌含量处于 1~5 级之间（见表 4-84），其中最多的为 2 级，面积 5402228.00 亩，占总耕地面积的 66.81%；最少的为 5 级，面积 35197.73 亩，占总耕地面积的 0.44%。1 级主要分布在藁城市、正定县、栾城县。2 级主要分布在赵县、行唐县、无极县。3 级主要分布在辛集市、深泽县、元化县。4 级主要分布在元氏县、辛集市、深泽县。5 级主要分布在元氏县赵县、栾城县。

表 4-84 耕地耕层有效锌含量分级及面积

级别	1	2	3	4	5
范围/（mg/kg）	>3.0	3.0~1.0	1.0~0.5	0.5~0.3	≤0.3
耕地面积/亩	1697550.17	5402228.96	832037.15	119457.99	35197.73
占总耕地（%）	21.99	66.81	10.29	1.48	0.44

（一）耕地耕层有效锌含量 1 级地行政区域分布特点

1 级地面积为 1697550.17 亩，占总耕地面积的 20.99%。1 级地主要分布在藁城市面积为 355784.00 亩，占本级耕地面积的 20.96%；正定县面积为 262421.90 亩，占本级耕地面积的 15.46%；栾城县面积为 219284.10 亩，占本级耕地面积的 12.92%。详细分析结果见表 4 – 85。

表 4 – 85　耕地耕层有效锌含量 1 级地行政区域分布

县（市、区）	面积/亩	占本级面积（%）
藁城市	355784.00	20.96
正定县	262421.90	15.46
栾城县	219284.10	12.92
市区	142966.20	8.42
新乐市	131968.80	7.77
赞皇县	130223.80	7.67
鹿泉市	126291.60	7.45
高邑县	106813.30	6.29
平山县	70270.36	4.14
赵县	52500.80	3.09
行唐县	23758.75	1.40
元氏县	23593.58	1.39
灵寿县	20082.04	1.18
井陉县	15652.97	0.92
晋州市	11699.70	0.69
深泽县	2553.42	0.15
无极县	1309.57	0.08
辛集市	375.28	0.02

（二）耕地耕层有效锌含量 2 级地行政区域分布特点

2 级地面积为 5402227.96 亩，占总耕地面积的 66.81%。2 级地主要分布在赵县面积为 645597.30 亩，占本级耕地面积的 11.95%；行唐县面积为 509945.90 亩，占本级耕地面积的 9.44%；无极县面积为 497396.20 亩，占本级耕地面积的 9.21%。详细分析结果见表 4 – 86。

表 4 – 86　耕地耕层有效锌含量 2 级地行政区域分布

县（市、区）	面积/亩	占本级面积（%）
赵县	645597.30	11.95
行唐县	509945.90	9.44
无极县	497396.20	9.21
藁城市	437290.70	8.09
平山县	381604.60	7.06

县（市、区）	面积/亩	占本级面积（%）
晋州市	341149.30	6.31
元氏县	337664.10	6.25
井陉县	318787.50	5.90
灵寿县	310814.10	5.75
辛集市	289438.30	5.36
新乐市	280502.20	5.19
鹿泉市	223638.70	4.15
正定县	185115.30	3.43
赞皇县	178896.90	3.31
栾城县	152287.50	2.82
深泽县	147123.80	2.72
高邑县	127270.90	2.36
市区	37704.66	0.70

（三）耕地耕层有效锌含量3级地行政区域分布特点

3级地面积为832037.15亩，占总耕地面积的10.29%。3级地主要分布在辛集市面积为505734.20亩，占本级耕地面积的60.78%；深泽县面积为124739.50亩，占本级耕地面积的14.99%；元氏县面积为68796.44亩，占本级耕地面积的8.27%。详细分析结果见表4-87。

表4-87　耕地耕层有效锌含量3级地行政区域分布

县（市、区）	面积/亩	占本级面积（%）
辛集市	505734.20	60.78
深泽县	124739.50	14.99
元氏县	68796.44	8.27
晋州市	61901.13	7.44
无极县	29205.56	3.51
赵县	18020.78	2.17
井陉县	8774.54	1.05
藁城市	4803.74	0.58
行唐县	4045.34	0.49
高邑县	1742.32	0.20

县（市、区）	面积/亩	占本级面积（%）
栾城县	1343.07	0.16
正定县	1321.76	0.16
灵寿县	838.37	0.10
新乐市	388.16	0.05
鹿泉市	382.24	0.05

（四）耕地耕层有效锌含量4级地行政区域分布特点

4级地面积为119456.99亩，占总耕地面积的1.48%。4级地主要分布在元氏县面积为63595.11亩，占本级耕地面积的53.24%；辛集市面积为40818.24亩，占本级耕地面积的34.17%；深泽县面积为7950.77亩，占本级耕地面积的6.66%。详细分析结果见表4-88。

表4-88 耕地耕层有效锌含量4级地行政区域分布

县（市、区）	面积/亩	占本级面积（%）
元氏县	63595.11	53.24
辛集市	40818.24	34.17
深泽县	7950.77	6.66
赵县	4612.41	3.86
高邑县	2057.77	1.72
藁城市	247.31	0.20
栾城县	103.86	0.09
无极县	71.52	0.06

（五）耕地耕层有效锌含量5级地行政区域分布特点

5级地面积为35197.73亩，占总耕地面积的0.44%。5级地主要分布在元氏县面积为32193.70亩，占本级耕地面积的91.47%；赵县面积为2526.35亩，占本级耕地面积的7.18%；栾城县面积为159.02亩，占本级耕地面积的0.45%。详细分析结果见表4-89。

表4-89 耕地耕层有效锌含量5级地行政区域分布

县（市、区）	面积/亩	占本级面积（%）
元氏县	32193.70	91.47
赵县	2526.35	7.18

续表

县（市、区）	面积/亩	占本级面积（%）
栾城县	159.02	0.45
辛集市	139.75	0.40
深泽县	125.35	0.36
无极县	16.73	0.04
新乐市	13.42	0.04
鹿泉市	12.65	0.03
灵寿县	5.95	0.02
市内7区	4.81	0.01

第五章 耕地地力评价

本次耕地地力调查，结合石家庄市的实际情况，共选取 7 个对耕地地力影响比较大、区域内变异明显、在时间序列上具有相对稳定性、与农业生产有密切关系的因素，建立评价指标体系。以 1 : 50000 土壤图、土地利用现状图、行政区划图 3 种图件叠加形成的图斑为评价单元。应用农业部统一提供的软件对全市耕地进行评价，石家庄市耕地等级共划分为 6 级地，耕地地力等级在 1~6 级之间。

第一节 耕地地力分级

一、面积统计

利用 ARC/INFO 软件，对评价图属性进行空间分析，检索统计耕地各等级的面积及图幅总面积。2012 年石家庄市耕地总面积 8086470 亩为基准，按面积比例进行平差，计算各耕地地力等级面积。

石家庄市耕地总面积为 8086470.00 亩，其中 1 级地 2916434.80 亩，占耕地总面积的 36.07%；2 级地 2667690.50 亩，占耕地总面积的 32.99%；3 级地 1337526.00 亩，占耕地总面积的 16.54%；4 级地 656699.00 亩，占耕地总面积的 8.12%；5 级地 400618.30 亩，占耕地总面积的 4.95%；6 级地 107501.40 亩，占耕地总面积的 1.33%（见表 5-1）。

表 5-1 耕地地力评价结果

等级	耕地面积/亩	占总耕地（%）
1	2916434.80	36.07
2	2667690.50	32.99
3	1337526.00	16.54
4	656699.00	8.12
5	400618.30	4.95
6	107501.40	1.33

二、地域分布

耕地地力等级地域分布

从等级分布图上可以看出，1级、2级地集中分布在本市的东南部地区，该区地势平坦、水利设施良好、土壤质地多为中壤质，土层较厚；3级、4级地主要分布在西部地区，土壤质地多为砂壤质、轻壤质；5级、6级地主要分布在西部、北部山区。另外，从等级的分布地域特征可以看出，等级的高低与地形地貌之间存在着密切的关系，呈现出明显的地域分布规律：随着耕地地力等级的升高，地形地貌由山地向山前平原逐渐转换。具体详见表5-2至表5-19。

表5-2　市区耕地地力等级统计表

级别	面积/亩	百分比（%）
1	84662.40	46.86
2	17523.40	9.70
3	15382.70	8.51
4	51451.70	28.48
5	11654.80	6.45

表5-3　高邑县耕地地力等级统计表

级别	面积/亩	百分比（%）
1	232778.00	97.85
2	970.50	0.41
4	4136.50	1.74

表5-4　藁城市耕地地力等级统计表

级别	面积/亩	百分比（%）
1	632083.70	79.20
2	68169.60	8.54
3	27848.30	3.49
4	63730.50	7.98
5	6287.90	0.79

表5-5　栾城县耕地地力等级统计表

级别	面积/亩	百分比（%）
1	370979.60	99.41
2	2167.60	0.58
3	37.80	0.01

表 5 - 6　行唐县耕地地力等级统计表

级别	面积/亩	百分比（%）
2	250463.00	46.57
3	169571.40	31.53
4	43536.10	8.10
5	70060.60	13.03
6	4118.90	0.77

表 5 - 7　鹿泉市耕地地力等级统计表

级别	面积/亩	百分比（%）
1	193568.00	55.25
2	105470.80	30.11
3	18808.90	5.37
4	12596.20	3.60
5	10232.30	2.92
6	9648.80	2.75

表 5 - 8　井陉县耕地地力等级统计表

级别	面积/亩	百分比（%）
1	1499.00	0.43
2	6340.00	1.85
3	215741.60	62.86
4	35104.90	10.23
5	54770.80	15.96
6	29758.70	8.69

表 5 - 9　正定县耕地地力等级统计表

级别	面积/亩	百分比（%）
1	310053.70	69.07
2	43205.20	9.63
3	3357.70	0.75
4	60061.20	13.38
5	32182.20	7.17

表 5 – 10　平山县耕地地力等级统计表

级别	面积/亩	百分比（%）
1	5611.20	1.24
2	88686.70	19.63
3	215090.00	47.60
4	68318.50	15.12
5	26615.80	5.89
6	47552.80	10.52

表 5 – 11　赵县耕地地力等级统计表

级别	面积/亩	百分比（%）
1	625677.40	86.51
2	73860.30	10.21
3	15166.80	2.10
4	8550.50	1.18

表 5 – 12　赞皇县耕地地力等级统计表

级别	面积/亩	百分比（%）
1	358.90	0.12
2	111996.40	36.23
3	149907.50	48.49
4	24096.70	7.79
5	14547.60	4.71
6	8212.90	2.66

表 5 – 13　灵寿县耕地地力等级统计表

级别	面积/亩	百分比（%）
1	43419.50	13.09
2	151466.20	45.66
3	86437.40	26.06
4	33382.80	10.06
5	13414.40	4.04
6	3619.70	1.09

表 5 – 14   无极县耕地地力等级统计表

级别	面积/亩	百分比（%）
1	201588.00	38.18
2	284456.50	53.87
3	8694.00	1.65
4	32865.90	6.22
5	395.60	0.08

表 5 – 15   元氏县耕地地力等级统计表

级别	面积/亩	百分比（%）
1	3488.40	0.66
2	222717.30	42.35
3	254695.60	48.44
4	24428.80	4.65
5	15920.30	3.03
6	4589.60	0.87

表 5 – 16   新乐市耕地地力等级统计表

级别	面积/亩	百分比（%）
2	210696.50	51.03
3	9534.80	2.31
4	78306.80	18.97
5	114336.90	27.69

表 5 – 17   深泽县耕地地力等级统计表

级别	面积/亩	百分比（%）
1	744.00	0.26
2	233411.30	82.62
3	18899.70	6.69
4	21539.40	7.63
5	7900.60	2.80

表 5 – 18　晋州市耕地地力等级统计表

级别	面积/亩	百分比（%）
1	194223.90	46.83
2	191994.40	46.29
3	9896.40	2.39
4	13731.60	3.31
5	4903.70	1.18

表 5 – 19　辛集市耕地地力等级统计表

级别	面积/亩	百分比（%）
1	15699.10	1.88
2	604094.80	72.22
3	118455.40	14.15
4	80860.90	9.67
5	17394.80	2.08

第二节　耕地地力等级分述

一、1级地

（一）面积与分布

将耕地地力等级分布图与行政区划图进行叠加分析，从耕地地力等级行政区域分布数据库中按权属字段检索出各等级的记录，统计各级地在各县（市、区）的分布状况。全市1级地，综合评价指数为0.99042~0.95005，耕地面积2916434.8亩，占耕地总面积的36.1%。分析结果见表5－20。

表 5 – 20　1级地行政区域分布

县（市、区）	面积/亩	占本级耕地（%）
藁城市	632083.70	21.67
赵县	625677.40	21.46
栾城县	370979.60	12.72
正定县	310053.70	10.63
高邑县	232778.00	7.98

县（市、区）	面积/亩	占本级耕地（%）
无极县	201588.00	6.91
晋州市	194223.90	6.66
鹿泉市	193568.00	6.64
市区	84662.40	2.90
灵寿县	43419.50	1.49
辛集市	15699.10	0.54
平山县	5611.20	0.19
元氏县	3488.40	0.12
井陉县	1499.00	0.05
深泽县	744.00	0.03
赞皇县	358.90	0.01

（二）主要属性分析

1. 有机质含量

利用地力等级图对土壤有机质含量栅格数据进行区域统计得知，全市1级地土壤有机质含量平均为20.03g/kg，变化幅度为7.08～53.88g/kg。

利用行政区划图与地力等级图叠加联合形成行政区划地力等级综合图，对土壤有机质含量栅格数据进行区域统计得知，1级地中，土壤有机质含量（平均值）最高的县（市、区）是井陉县，最低的县（市、区）是晋州市，统计结果见表5-21。

表5-21 有机质1级地行政区划分布 单位：g/kg

县（市、区）	最大值	最小值	平均值
井陉县	33.49	22.32	27.43
赞皇县	23.41	22.62	23.02
市区	29.61	15.61	21.97
鹿泉市	53.88	9.45	21.43
高邑县	44.93	15.26	21.31
藁城市	40.44	10.69	21.26
元氏县	40.22	15.89	20.95
深泽县	24.28	18.81	20.91
栾城县	38.10	12.30	20.75
赵县	28.32	9.68	20.32

续表

县（市、区）	最大值	最小值	平均值
正定县	28.26	10.55	20.28
灵寿县	30.85	10.54	19.96
平山县	21.12	16.77	19.84
无极县	23.39	12.38	18.12
辛集市	20.73	13.21	16.43
晋州市	22.47	7.08	13.57

2. 全氮含量

利用地力等级图对土壤全氮含量栅格数据进行区域统计得知，全市 1 级地土壤全氮含量平均为 1.22g/kg，变化幅度为 0.42 ~ 1.96g/kg。

利用行政区划图与地力等级图叠加联合形成行政区划地力等级综合图，对土壤全氮含量栅格数据进行区域统计得知，1 级地中，土壤全氮含量（平均值）最高的县（市、区）是平山县，最低的县（市、区）是深泽县，统计结果见表 5 - 22。

表 5 - 22　全氮 1 级地行政区划分布

单位：g/kg

县（市、区）	最大值	最小值	平均值
平山县	1.61	1.19	1.45
栾城县	1.96	0.91	1.45
灵寿县	1.96	0.69	1.26
元氏县	1.51	1.12	1.24
市区	1.57	0.95	1.21
藁城市	1.98	0.77	1.21
无极县	1.64	0.84	1.20
井陉县	1.24	1.08	1.17
赵县	1.90	0.75	1.13
赞皇县	1.14	1.10	1.11
辛集市	1.26	0.93	1.10
鹿泉市	1.85	0.46	1.09
正定县	1.65	0.59	1.07
高邑县	1.38	0.59	1.06
晋州市	1.65	0.55	1.00
深泽县	0.54	0.42	0.49

3. 有效磷含量

利用地力等级图对土壤有效磷含量栅格数据进行区域统计得知，全市 1 级地土壤有效磷含量平均为 30.0mg/kg，变化幅度为 4.67 ~ 158.03mg/kg。

利用行政区划图与地力等级图叠加联合形成行政区划地力等级综合图，对土壤有效磷含量栅格数据进行区域统计得知，1 级地中，土壤有效磷含量（平均值）最高的县（市、区）是井陉县，最低的县（市、区）是栾城县，统计结果见表 5 - 23。

表 5 - 23　有效磷 1 级地行政区划分布　　　　　单位：mg/kg

县（市、区）	最大值	最小值	平均值
井陉县	62.24	33.51	46.96
晋州市	91.34	12.79	42.41
藁城市	103.99	8.85	35.51
辛集市	65.33	17.55	34.74
正定县	158.03	7.69	33.06
灵寿县	57.46	11.06	32.17
鹿泉市	122.63	6.59	31.96
市区	83.38	7.73	31.63
无极县	85.76	11.35	30.00
平山县	55.63	19.33	29.62
深泽县	32.23	19.69	25.42
元氏县	35.13	11.25	25.34
高邑县	116.99	7.28	24.28
赵县	116.08	9.25	23.67
赞皇县	25.14	16.03	21.07
栾城县	78.79	4.67	20.51

4. 速效钾含量

利用地力等级图对土壤速效钾含量栅格数据进行区域统计得知，全市 1 级地土壤速效钾含量平均为 132.82mg/kg，变化幅度为 31.71 ~ 469.42mg/kg。

利用行政区划图与地力等级图叠加联合形成行政区划地力等级综合图，对土壤速效钾含量栅格数据进行区域统计得知，1 级地中，土壤速效钾含量（平均值）最高的县（市、区）是井陉县，最低的县（市、区）是无极县，统计结果见表 5 - 24。

表 5 - 24　速效钾 1 级地行政区划分布　　　　　单位：mg/kg

县（市、区）	最大值	最小值	平均值
井陉县	205.38	147.96	166.32
栾城县	324.33	71.49	162.61
辛集市	224.11	100.93	149.60
高邑县	442.50	86.99	149.28
赞皇县	155.73	136.72	147.23
市区	260.60	92.18	147.00
赵县	245.74	59.03	132.57
平山县	155.17	90.38	130.74
晋州市	277.52	55.51	128.58
正定县	393.03	31.71	128.23
鹿泉市	469.42	64.90	126.29
藁城市	209.04	47.02	123.54
灵寿县	204.70	66.70	122.64
深泽县	127.90	104.16	118.68
元氏县	175.23	90.50	114.83
无极县	201.10	62.01	105.51

5. 有效铜含量

利用地力等级图对土壤有效铜含量栅格数据进行区域统计得知，全市 1 级地土壤有效铜含量平均为 1.71mg/kg，变化幅度为 0.07 ~ 31.15mg/kg。

利用行政区划图与地力等级图叠加联合形成行政区划地力等级综合图，对土壤有效铜含量栅格数据进行区域统计得知，1 级地中，土壤有效铜含量（平均值）最高的县（市、区）是平山县，最低的县（市、区）是高邑县，统计结果见表 5 - 25。

表 5 - 25　有效铜 1 级地行政区划分布　　　　　单位：mg/kg

县（市、区）	最大值	最小值	平均值
平山县	5.74	2.09	3.06
晋州市	16.10	0.68	2.70
鹿泉市	31.15	0.90	2.36
藁城市	6.10	0.81	2.21
灵寿县	2.37	0.76	1.71
市区	4.50	0.67	1.71

续表

县（市、区）	最大值	最小值	平均值
正定县	8.58	0.48	1.55
深泽县	2.11	1.30	1.54
赵县	9.67	0.09	1.43
栾城县	9.77	0.09	1.38
无极县	2.58	0.45	1.36
井陉县	1.89	1.08	1.30
辛集市	2.01	0.78	1.21
赞皇县	1.22	0.83	1.09
元氏县	1.71	0.10	0.82
高邑县	1.73	0.07	0.62

6. 有效铁含量

利用地力等级图对土壤有效铁含量栅格数据进行区域统计得知，全市1级地土壤有效铁含量平均为8.89mg/kg，变化幅度为0.13～30.34mg/kg。

利用行政区划图与地力等级图叠加联合形成行政区划地力等级综合图，对土壤有效铁含量栅格数据进行区域统计得知，1级地中，土壤有效铁含量（平均值）最高的县（市、区）是灵寿县，最低的县（市、区）是辛集市，统计结果见表5-26。

表5-26　有效铁1级地行政区划分布　　　　　　单位：mg/kg

县（市、区）	最大值	最小值	平均值
灵寿县	30.34	13.59	19.81
平山县	22.90	11.99	16.99
正定县	30.13	1.70	13.95
无极县	20.43	3.75	12.10
鹿泉市	25.76	1.40	11.85
赞皇县	13.36	7.93	11.47
藁城市	22.62	3.08	9.82
市区	15.88	4.65	9.53
栾城县	15.46	0.18	9.11
井陉县	9.57	6.40	7.51
晋州市	13.12	2.75	6.49
元氏县	11.24	0.19	4.95

续表

县（市、区）	最大值	最小值	平均值
赵县	14.82	0.13	4.78
高邑县	15.80	0.18	4.56
深泽县	3.60	2.97	3.28
辛集市	4.33	1.80	3.16

7. 有效锰含量

利用地力等级图对土壤有效锰含量栅格数据进行区域统计得知，全市1级地土壤有效锰含量平均为13.33mg/kg，变化幅度为0.62~71.53mg/kg。

利用行政区划图与地力等级图叠加联合形成行政区划地力等级综合图，对土壤有效锰含量栅格数据进行区域统计得知，1级地中，土壤有效锰含量（平均值）最高的县（市、区）是灵寿县，最低的县（市、区）是辛集市，统计结果见表5-27。

表5-27 有效锰1级地行政区划分布 单位：mg/kg

县（市、区）	最大值	最小值	平均值
灵寿县	31.14	12.44	25.98
鹿泉市	71.53	1.16	20.89
市区	34.49	11.03	19.04
赞皇县	18.98	16.50	17.67
井陉县	19.22	13.02	16.59
栾城县	37.13	0.65	15.74
无极县	25.56	5.18	14.74
正定县	38.88	6.61	14.49
藁城市	30.75	5.95	14.32
晋州市	19.50	3.69	12.35
平山县	18.43	7.62	10.49
高邑县	26.71	0.89	10.09
深泽县	9.47	7.45	8.15
元氏县	15.65	0.92	7.60
赵县	17.90	0.62	7.23
辛集市	9.47	3.94	6.56

8. 有效锌含量

利用地力等级图对土壤有效锌含量栅格数据进行区域统计得知，全市1级地土壤有效锌含量平均为 2.84mg/kg，变化幅度为 0.21 ~ 8.20mg/kg。

利用行政区划图与地力等级图叠加联合形成行政区划地力等级综合图，对土壤有效锌含量栅格数据进行区域统计得知，1 级地中，土壤有效锌含量（平均值）最高的县（市、区）是市区，最低的县（市、区）是深泽县，统计结果见表 5 – 28。

表 5 – 28　有效锌 1 级地行政区划分布　　　　　　　　单位：mg/kg

县（市、区）	最大值	最小值	平均值
市区	6.94	1.20	3.85
正定县	8.20	0.94	3.58
赞皇县	3.72	2.89	3.35
栾城县	7.91	0.21	3.33
鹿泉市	5.67	0.85	3.31
井陉县	4.04	1.84	3.04
藁城市	8.35	0.66	3.03
平山县	5.45	2.42	3.02
高邑县	5.94	0.33	2.97
灵寿县	5.03	1.29	2.30
元氏县	5.18	0.21	2.21
赵县	4.73	0.26	2.17
晋州市	6.90	0.51	1.70
无极县	2.91	0.40	1.56
辛集市	2.33	0.52	1.44
深泽县	1.15	0.61	0.84

二、2 级地

（一）面积与分布

将耕地地力等级分布图与行政区划图进行叠加分析，从耕地地力等级行政区域分布数据库中按权属字段检索出各等级的记录，统计各级地在各县（市、区）的分布状况。全市 2 级地，综合评价指数为 0.94991 ~ 0.92，耕地面积 2667690.5 亩，占耕地总面积的 33.0%。分析结果见表 5 – 29。

表 5 – 29　2 级地行政区域分布

县（市、区）	面积/亩	占本级耕地（%）
辛集市	604094.80	22.64

续表

县（市、区）	面积/亩	占本级耕地（%）
无极县	284456.50	10.66
行唐县	250463.00	9.39
深泽县	233411.30	8.75
元氏县	222717.30	8.35
新乐市	210696.50	7.90
晋州市	191994.40	7.20
灵寿县	151466.20	5.68
赞皇县	111996.40	4.20
鹿泉市	105470.80	3.95
平山县	88686.70	3.32
赵县	73860.30	2.77
藁城市	68169.60	2.55
正定县	43205.20	1.62
市区	17523.40	0.66
井陉县	6340.00	0.24
栾城县	2167.60	0.08
高邑县	970.50	0.04

（二）主要属性分析

1. 有机质含量

利用地力等级图对土壤有机质含量栅格数据进行区域统计得知，全市 2 级地土壤有机质含量平均为 16.74g/kg，变化幅度为 5.92 ~ 72.23g/kg。

利用行政区划图与地力等级图叠加联合形成行政区划地力等级综合图，对土壤有机质含量栅格数据进行区域统计得知，2 级地中，土壤有机质含量（平均值）最高的县（市、区）是井陉县，最低的县（市、区）是赵县，统计结果见表 5 - 30。

表 5 - 30　有机质 2 级地行政区划分布　　　　　单位：g/kg

县（市、区）	最大值	最小值	平均值
井陉县	36.89	17.22	24.60
行唐县	72.23	10.62	21.09
元氏县	43.21	12.28	19.27
鹿泉市	35.74	8.89	18.98

县（市、区）	最大值	最小值	平均值
正定县	23.65	12.45	18.63
赞皇县	29.82	12.21	18.23
栾城县	22.07	16.45	18.15
市区	21.40	11.82	18.09
新乐市	26.69	6.24	17.74
无极县	22.69	13.25	17.72
藁城市	24.53	8.80	17.42
平山县	25.61	11.74	17.32
灵寿县	27.63	10.54	17.10
高邑县	18.43	15.36	16.69
深泽县	23.97	6.81	16.29
晋州市	23.68	5.92	14.62
辛集市	23.53	6.74	13.84
赵县	19.55	6.49	11.17

2. 全氮含量

利用地力等级图对土壤全氮含量栅格数据进行区域统计得知，全市 2 级地土壤全氮含量平均为 1.03g/kg，变化幅度为 0.24 ~ 2.47g/kg。

利用行政区划图与地力等级图叠加联合形成行政区划地力等级综合图，对土壤全氮含量栅格数据进行区域统计得知，2 级地中，土壤全氮含量（平均值）最高的县（市、区）是平山县，最低的县（市、区）是深泽县，统计结果见表 5 - 31。

表 5 - 31　全氮 2 级地行政区划分布　　　　　　　　　　单位：g/kg

县（市、区）	最大值	最小值	平均值
平山县	2.47	0.76	1.50
栾城县	1.32	1.11	1.24
井陉县	2.03	0.91	1.22
元氏县	1.78	0.50	1.20
无极县	1.51	0.88	1.18
新乐市	1.66	0.54	1.14
灵寿县	1.70	0.69	1.11
藁城市	1.32	0.70	1.09

续表

县（市、区）	最大值	最小值	平均值
正定县	1.38	0.78	1.07
晋州市	1.80	0.57	1.04
行唐县	1.33	0.74	1.03
鹿泉市	1.45	0.48	1.01
高邑县	1.14	0.91	0.97
市区	1.30	0.56	0.96
辛集市	1.31	0.51	0.94
赞皇县	1.50	0.44	0.85
赵县	1.03	0.61	0.82
深泽县	1.34	0.24	0.77

3. 有效磷含量

利用地力等级图对土壤有效磷含量栅格数据进行区域统计得知，全市 2 级地土壤有效磷含量平均为 29.59mg/kg，变化幅度为 4.27～157.82mg/kg。

利用行政区划图与地力等级图叠加联合形成行政区划地力等级综合图，对土壤有效磷含量栅格数据进行区域统计得知，2 级地中，土壤有效磷含量（平均值）最高的县（市、区）是井陉县，最低的县（市、区）是高邑县，统计结果见表 5－32。

表 5－32　有效磷 2 级地行政区划分布　　　　　单位：mg/kg

县（市、区）	最大值	最小值	平均值
井陉县	109.29	21.71	41.76
赵县	67.03	20.86	40.03
藁城市	64.53	7.07	36.03
晋州市	97.39	13.30	35.36
行唐县	110.78	12.86	34.94
正定县	157.82	10.01	34.37
新乐市	95.35	4.47	32.82
无极县	64.49	14.27	29.23
元氏县	80.98	11.69	28.69
平山县	81.32	6.55	27.61
鹿泉市	104.55	4.45	27.47
辛集市	80.23	8.27	27.29

县（市、区）	最大值	最小值	平均值
市区	52.68	6.19	26.76
灵寿县	60.54	4.27	26.58
深泽县	47.09	4.83	21.71
赞皇县	51.55	7.93	20.94
栾城县	35.58	11.39	19.24
高邑县	18.97	7.93	11.59

4. 速效钾含量

利用地力等级图对土壤速效钾含量栅格数据进行区域统计得知，全市 2 级地土壤速效钾含量平均为 102.92mg/kg，变化幅度为 30.51~310.89mg/kg。

利用行政区划图与地力等级图叠加联合形成行政区划地力等级综合图，对土壤速效钾含量栅格数据进行区域统计得知，2 级地中，土壤速效钾含量（平均值）最高的县（市、区）是高邑县，最低的县（市、区）是行唐县，统计结果见表 5-33。

表 5-33　速效钾 2 级地行政区划分布　　　　　　单位：mg/kg

县（市、区）	最大值	最小值	平均值
高邑县	161.63	114.48	127.20
辛集市	274.12	58.01	126.61
赞皇县	310.89	80.89	118.52
井陉县	261.13	76.59	118.42
赵县	175.54	84.57	113.94
栾城县	150.89	93.18	112.76
深泽县	197.78	48.40	107.32
平山县	226.84	73.56	104.62
市区	149.11	65.72	104.27
鹿泉市	239.76	43.20	101.72
灵寿县	182.43	48.80	101.71
晋州市	223.46	31.18	95.23
元氏县	249.04	30.51	92.19
正定县	175.47	31.81	91.80
无极县	167.76	63.60	91.45
藁城市	172.86	66.39	90.19
新乐市	182.07	49.29	85.30
行唐县	129.43	57.77	81.92

5. 有效铜含量

利用地力等级图对土壤有效铜含量栅格数据进行区域统计得知，全市2级地土壤有效铜含量平均为1.52mg/kg，变化幅度为0.05～13.11mg/kg。

利用行政区划图与地力等级图叠加联合形成行政区划地力等级综合图，对土壤有效铜含量栅格数据进行区域统计得知，2级地中，土壤有效铜含量（平均值）最高的县（市、区）是赵县，最低的县（市、区）是行唐县，统计结果见表5－34。

表5－34 有效铜2级地行政区划分布　　　　　　　单位：mg/kg

县（市、区）	最大值	最小值	平均值
赵县	8.69	1.45	5.51
平山县	13.11	1.54	2.41
新乐市	5.88	0.46	2.08
晋州市	10.14	0.64	2.06
深泽县	8.22	0.57	1.73
鹿泉市	10.53	0.77	1.68
灵寿县	2.82	0.62	1.67
藁城市	4.28	0.86	1.66
井陉县	3.84	0.79	1.57
市区	2.39	0.61	1.45
无极县	3.30	0.48	1.38
正定县	4.90	0.62	1.30
赞皇县	2.45	0.68	1.21
辛集市	7.52	0.45	1.19
栾城县	1.82	0.51	1.15
高邑县	0.97	0.49	0.87
元氏县	1.99	0.05	0.62
行唐县	5.94	0.11	0.42

6. 有效铁含量

利用地力等级图对土壤有效铁含量栅格数据进行区域统计得知，全市2级地土壤有效铁含量平均为9.03mg/kg，变化幅度为0.12～42.73mg/kg。

利用行政区划图与地力等级图叠加联合形成行政区划地力等级综合图，对土壤有效铁含量栅格数据进行区域统计得知，2级地中，土壤有效铁含量（平均值）最高的县（市、区）是灵寿县，最低的县（市、区）是辛集市，统计结果见表5－35。

表 5 - 35　有效铁 2 级地行政区划分布　　　　单位：mg/kg

县（市、区）	最大值	最小值	平均值
灵寿县	42.73	8.99	20.36
新乐市	33.00	5.04	18.84
平山县	27.20	6.49	17.14
正定县	32.33	1.70	16.65
鹿泉市	26.77	1.69	12.19
藁城市	21.91	4.26	12.05
无极县	21.25	3.96	11.85
赞皇县	17.83	4.03	11.30
市区	13.30	7.43	9.86
栾城县	10.56	2.50	8.73
赵县	11.85	3.04	8.67
井陉县	13.29	5.78	8.65
高邑县	9.94	3.63	8.31
行唐县	28.96	1.53	7.91
晋州市	13.55	2.88	5.49
深泽县	17.89	1.76	5.26
元氏县	29.10	0.12	3.80
辛集市	10.10	1.39	2.78

7. 有效锰含量

利用地力等级图对土壤有效锰含量栅格数据进行区域统计得知，全市 2 级地土壤有效锰含量平均为 12.74mg/kg，变化幅度为 0.40 ~ 72.95mg/kg。

利用行政区划图与地力等级图叠加联合形成行政区划地力等级综合图，对土壤有效锰含量栅格数据进行区域统计得知，2 级地中，土壤有效锰含量（平均值）最高的县（市、区）是灵寿县，最低的县（市、区）是元氏县，统计结果见表 5 - 36。

表 5 - 36　有效锰 2 级地行政区划分布　　　　单位：mg/kg

县（市、区）	最大值	最小值	平均值
灵寿县	31.19	6.53	25.59
鹿泉市	72.95	1.29	21.76
市区	28.78	10.76	21.03
新乐市	33.41	5.94	19.98

续表

县（市、区）	最大值	最小值	平均值
赞皇县	35.15	9.83	19.13
井陉县	23.80	12.02	16.71
行唐县	30.68	7.77	16.22
藁城市	34.66	5.98	15.92
正定县	29.15	6.94	15.25
高邑县	17.04	10.60	14.94
无极县	44.56	3.78	14.73
赵县	18.25	6.42	14.36
晋州市	21.21	4.01	12.63
栾城县	12.54	3.29	11.38
深泽县	21.80	2.24	8.77
平山县	50.32	5.75	8.66
辛集市	16.31	2.48	5.60
元氏县	30.38	0.40	4.60

8. 有效锌含量

利用地力等级图对土壤有效锌含量栅格数据进行区域统计得知，全市 2 级地土壤有效锌含量平均为 1.73mg/kg，变化幅度为 0.17~9.14mg/kg。

利用行政区划图与地力等级图叠加联合形成行政区划地力等级综合图，对土壤有效锌含量栅格数据进行区域统计得知，2 级地中，土壤有效锌含量（平均值）最高的县（市、区）是赞皇县，最低的是县（市、区）辛集市，统计结果见表 5-37。

表 5-37　有效锌 2 级地行政区划分布　　　　　　　　　单位：mg/kg

县（市、区）	最大值	最小值	平均值
赞皇县	9.14	1.38	3.01
新乐市	9.83	0.52	2.90
平山县	8.10	1.42	2.87
栾城县	5.51	1.46	2.81
正定县	9.88	0.90	2.76
藁城市	5.03	0.47	2.51
市区	3.74	1.41	2.46
鹿泉市	4.41	0.83	2.36

续表

县（市、区）	最大值	最小值	平均值
高邑县	2.55	2.04	2.33
井陉县	5.10	1.33	2.15
行唐县	7.73	0.75	2.02
灵寿县	3.87	0.95	1.93
无极县	3.69	0.36	1.63
晋州市	3.03	0.56	1.29
深泽县	4.18	0.20	1.21
赵县	1.72	0.70	1.19
元氏县	5.61	0.17	1.09
辛集市	2.81	0.28	0.92

三、3 级地

（一）面积与分布

将耕地地力等级分布图与行政区划图进行叠加分析，从耕地地力等级行政区域分布数据库中按权属字段检索出各等级的记录，统计各级地在各乡镇的分布状况。全市 3 级地，综合评价指数为 0.91992 ~ 0.80013，耕地面积 1337526.0 亩，占耕地总面积的16.5%。分析结果见表 5-38。

表 5-38 3 级地行政区域分布

县（市、区）	面积/亩	占本级耕地（%）
元氏县	254695.60	19.04
井陉县	215741.60	16.13
平山县	215090.00	16.08
行唐县	169571.40	12.68
赞皇县	149907.50	11.21
辛集市	118455.40	8.86
灵寿县	86437.40	6.46
藁城市	27848.30	2.08
深泽县	18899.70	1.41
鹿泉市	18808.90	1.41
市区	15382.70	1.16

续表

县（市、区）	面积/亩	占本级耕地（%）
赵县	15166.80	1.13
晋州市	9896.40	0.74
新乐市	9534.80	0.71
无极县	8694.00	0.65
正定县	3357.70	0.25
栾城县	37.80	0.00

（二）主要属性分析

1. 有机质含量

利用地力等级图对土壤有机质含量栅格数据进行区域统计得知，全市 3 级地土壤有机质含量平均为 17.24g/kg，变化幅度为 6.61~44.10g/kg。

利用行政区划图与地力等级图叠加联合形成行政区划地力等级综合图，对土壤有机质含量栅格数据进行区域统计得知，3 级地中，土壤有机质含量（平均值）最高的县（市、区）是井陉县，最低的县（市、区）是晋州市，统计结果见表 5-39。

表 5-39　有机质 3 级地行政区划分布　　　　　单位：g/kg

县（市、区）	最大值	最小值	平均值
井陉县	44.10	11.19	19.83
行唐县	25.85	12.55	19.52
栾城县	18.86	18.81	18.84
鹿泉市	40.02	8.65	18.31
无极县	21.01	15.10	18.14
平山县	30.54	12.08	17.16
藁城市	23.51	9.46	17.13
赵县	22.49	8.40	16.96
元氏县	26.37	10.34	16.89
赞皇县	28.65	11.74	16.71
正定县	19.55	12.54	16.41
灵寿县	24.56	9.43	15.84
新乐市	22.70	7.14	15.30
深泽县	21.45	6.61	15.10
市区	19.51	9.52	14.45
辛集市	23.55	8.08	13.19
晋州市	20.59	8.59	12.61

2. 全氮含量

利用地力等级图对土壤全氮含量栅格数据进行区域统计得知，全市 3 级地土壤全氮含量平均为 1.13g/kg，变化幅度为 0.36~2.61g/kg。

利用行政区划图与地力等级图叠加联合形成行政区划地力等级综合图，对土壤全氮含量栅格数据进行区域统计得知，3 级地中，土壤全氮含量（平均值）最高的县（市、区）是平山县，最低的县（市、区）是深泽县，统计结果见表 5-40。

表 5-40　全氮 3 级地行政区划分布　　　　单位：g/kg

县（市、区）	最大值	最小值	平均值
平山县	2.61	0.88	1.58
栾城县	1.22	1.22	1.22
无极县	1.45	0.98	1.21
元氏县	1.41	0.69	1.14
正定县	1.24	0.72	1.10
井陉县	2.24	0.61	1.07
藁城市	1.40	0.69	1.07
行唐县	1.40	0.80	1.05
灵寿县	1.71	0.56	1.04
赵县	1.31	0.77	1.00
鹿泉市	1.27	0.41	0.95
赞皇县	1.47	0.52	0.93
晋州市	1.31	0.71	0.90
新乐市	1.32	0.71	0.90
辛集市	1.26	0.63	0.89
市区	0.98	0.41	0.68
深泽县	0.92	0.36	0.61

3. 有效磷含量

利用地力等级图对土壤有效磷含量栅格数据进行区域统计得知，全市 3 级地土壤有效磷含量平均为 27.62mg/kg，变化幅度为 4.00~132.97mg/kg。

利用行政区划图与地力等级图叠加联合形成行政区划地力等级综合图，对土壤有效磷含量栅格数据进行区域统计得知，3 级地中，土壤有效磷含量（平均值）最高的县（市、区）是晋州市，最低的县（市、区）是赞皇县，统计结果见表 5-41。

表 5 - 41　有效磷 3 级地行政区划分布　　　　　单位：mg/kg

县（市、区）	最大值	最小值	平均值
晋州市	78.86	23.75	43.70
井陉县	132.97	16.14	41.20
无极县	85.74	18.74	35.32
栾城县	33.81	33.34	33.57
藁城市	63.11	18.39	33.06
正定县	43.28	17.08	29.62
平山县	131.78	9.99	29.38
鹿泉市	106.33	9.10	27.61
辛集市	88.54	8.83	26.96
行唐县	111.20	11.02	26.40
新乐市	51.81	9.33	25.79
赵县	51.46	15.18	25.01
元氏县	52.47	6.52	23.13
市区	44.69	12.33	22.67
灵寿县	45.31	4.00	21.76
深泽县	44.10	5.02	19.97
赞皇县	47.36	5.68	15.52

4. 速效钾含量

利用地力等级图对土壤速效钾含量栅格数据进行区域统计得知，全市 3 级地土壤速效钾含量平均为 99.93mg/kg，变化幅度为 41.01～357.84mg/kg。

利用行政区划图与地力等级图叠加联合形成行政区划地力等级综合图，对土壤速效钾含量栅格数据进行区域统计得知，3 级地中，土壤速效钾含量（平均值）最高的县（市、区）是晋州市，最低的县（市、区）是新乐市，统计结果见表 5 - 42。

表 5 - 42　速效钾 3 级地行政区划分布　　　　　单位：mg/kg

县（市、区）	最大值	最小值	平均值
晋州市	261.48	63.97	125.27
赵县	163.27	96.86	123.66
井陉县	334.60	61.20	118.02
辛集市	278.94	67.98	117.20
藁城市	209.60	68.06	115.55

县（市、区）	最大值	最小值	平均值
赞皇县	357.84	67.11	112.43
鹿泉市	347.52	44.10	96.59
无极县	185.81	69.80	94.96
栾城县	95.50	93.70	94.60
灵寿县	149.80	43.51	93.80
平山县	202.04	64.38	91.28
元氏县	160.52	67.40	90.34
市区	142.63	57.53	88.94
行唐县	133.76	49.09	85.96
深泽县	126.98	57.39	85.69
正定县	101.55	61.84	79.21
新乐市	119.38	41.01	68.90

5. 有效铜含量

利用地力等级图对土壤有效铜含量栅格数据进行区域统计得知，全市3级地土壤有效铜含量平均为1.41mg/kg，变化幅度为0.10~12.09mg/kg。

利用行政区划图与地力等级图叠加联合形成行政区划地力等级综合图，对土壤有效铜含量栅格数据进行区域统计得知，3级地中，土壤有效铜含量（平均值）最高的县（市、区）是晋州市，最低的县（市、区）是栾城县，统计结果见表5-43。

表5-43　有效铜3级地行政区划分布　　　　　　　　单位：mg/kg

县（市、区）	最大值	最小值	平均值
晋州市	12.09	0.77	4.55
赵县	7.70	0.59	3.97
藁城市	6.07	0.80	3.11
平山县	3.21	1.24	2.43
新乐市	3.40	0.93	1.90
鹿泉市	6.46	0.52	1.78
灵寿县	3.52	0.14	1.60
无极县	2.33	0.74	1.55
市区	2.87	0.52	1.54
深泽县	2.48	0.74	1.49

县（市、区）	最大值	最小值	平均值
井陉县	4.26	0.62	1.33
赞皇县	3.30	0.68	1.21
正定县	2.10	0.79	1.15
辛集市	7.48	0.46	1.03
元氏县	7.26	0.07	0.92
行唐县	2.32	0.10	0.36
栾城县	0.10	0.10	0.10

6. 有效铁含量

利用地力等级图对土壤有效铁含量栅格数据进行区域统计得知，全市 3 级地土壤有效铁含量平均为 9.74mg/kg，变化幅度为 0.11 ~ 47.11mg/kg。

利用行政区划图与地力等级图叠加联合形成行政区划地力等级综合图，对土壤有效铁含量栅格数据进行区域统计得知，3 级地中，土壤有效铁含量（平均值）最高的县（市、区）是灵寿县，最低的县（市、区）是栾城县，统计结果见表 5 - 44。

表 5 - 44 有效铁 3 级地行政区划分布   单位：mg/kg

县（市、区）	最大值	最小值	平均值
灵寿县	47.11	2.28	21.29
新乐市	26.45	12.45	19.08
正定县	30.41	14.91	18.99
平山县	39.03	5.76	17.27
鹿泉市	27.17	4.80	13.49
无极县	20.39	6.53	12.38
赞皇县	37.82	5.46	10.92
市区	12.06	7.80	9.29
井陉县	18.34	2.68	8.01
藁城市	9.91	3.07	7.08
赵县	11.57	2.60	6.23
元氏县	33.87	0.11	5.76
晋州市	9.25	3.19	5.74
行唐县	14.95	1.65	4.92
深泽县	9.24	2.56	3.75
辛集市	8.01	1.45	2.63
栾城县	0.21	0.20	0.21

7. 有效锰含量

利用地力等级图对土壤有效锰含量栅格数据进行区域统计得知，全市 3 级地土壤有效锰含量平均为 12.28mg/kg，变化幅度为 0.55 ~ 40.77mg/kg。

利用行政区划图与地力等级图叠加联合形成行政区划地力等级综合图，对土壤有效锰含量栅格数据进行区域统计得知，3 级地中，土壤有效锰含量（平均值）最高的县（市、区）是灵寿县，最低的县（市、区）是栾城县，统计结果见表 5 - 45。

表 5 - 45　有效锰 3 级地行政区划分布　　　　　　单位：mg/kg

县（市、区）	最大值	最小值	平均值
灵寿县	33.63	6.93	23.13
井陉县	36.56	7.33	18.20
赞皇县	40.77	6.24	16.63
新乐市	28.14	10.64	16.54
鹿泉市	35.34	4.00	15.74
无极县	22.64	6.78	15.32
正定县	18.40	12.89	15.11
行唐县	24.81	7.42	13.77
藁城市	18.93	5.96	13.17
市区	17.27	9.41	12.20
晋州市	18.34	6.91	11.65
赵县	17.89	5.38	9.94
平山县	47.15	4.67	8.20
深泽县	10.07	6.06	7.84
元氏县	45.05	0.55	6.96
辛集市	12.03	2.55	5.79
栾城县	0.86	0.85	0.86

8. 有效锌含量

利用地力等级图对土壤有效锌含量栅格数据进行区域统计得知，全市 3 级地土壤有效锌含量平均为 2.03mg/kg，变化幅度为 0.16 ~ 12.05mg/kg。

利用行政区划图与地力等级图叠加联合形成行政区划地力等级综合图，对土壤有效锌含量栅格数据进行区域统计得知，3 级地中，土壤有效锌含量（平均值）最高的县（市、区）是正定县，最低的县（市、区）是栾城县，统计结果见表 5 - 46。

表 5 – 46　有效锌 3 级地行政区划分布　　　　　　单位：mg/kg

县（市、区）	最大值	最小值	平均值
正定县	5.72	1.73	3.78
平山县	8.10	1.34	2.80
市区	4.23	1.87	2.74
赞皇县	10.76	1.04	2.69
藁城市	5.57	1.09	2.52
鹿泉市	12.05	0.89	2.35
新乐市	3.81	1.12	2.30
井陉县	6.36	0.74	1.93
灵寿县	3.73	0.89	1.93
行唐县	3.15	0.80	1.75
无极县	2.43	0.85	1.60
晋州市	2.82	0.72	1.49
赵县	2.50	0.89	1.46
元氏县	6.09	0.16	1.44
辛集市	3.70	0.40	0.90
深泽县	1.83	0.33	0.78
栾城县	0.22	0.22	0.22

四、4 级地

（一）面积与分布

将耕地地力等级分布图与行政区划图进行叠加分析，从耕地地力等级行政区域分布数据库中按权属字段检索出各等级的记录，统计各级地在各乡镇的分布状况。全市 4 级地，综合评价指数为 0.79992 ~ 0.7301，耕地面积 656699.0 亩，占耕地总面积的 8.1%。分析结果见表 5 – 47。

表 5 – 47　4 级地行政区域分布

县（市、区）	面积/亩	占本级耕地（%）
辛集市	80860.90	12.31
新乐市	78306.80	11.93
平山县	68318.50	10.40
藁城市	63730.50	9.71

县（市、区）	面积/亩	占本级耕地（%）
正定县	60061.20	9.15
市区	51451.70	7.83
行唐县	43536.10	6.63
井陉县	35104.90	5.35
灵寿县	33382.80	5.08
无极县	32865.90	5.00
元氏县	24428.80	3.72
赞皇县	24096.70	3.67
深泽县	21539.40	3.28
晋州市	13731.60	2.09
鹿泉市	12596.20	1.92
赵县	8550.50	1.30
高邑县	4136.50	0.63

（二）主要属性分析

1. 有机质含量

利用地力等级图对土壤有机质含量栅格数据进行区域统计得知，全市4级地土壤有机质含量平均为16.74g/kg，变化幅度为5.78~41.31g/kg。

利用行政区划图与地力等级图叠加联合形成行政区划地力等级综合图，对土壤有机质含量栅格数据进行区域统计得知，4级地中，土壤有机质含量（平均值）最高的县（市、区）是市区，最低的县（市、区）是赵县，统计结果见表5-48。

表5-48　有机质4级地行政区划分布　　　　单位：g/kg

县（市、区）	最大值	最小值	平均值
市内7区	25.37	17.52	21.78
高邑县	24.32	19.01	21.65
行唐县	26.94	13.45	20.12
藁城市	41.31	9.61	19.80
鹿泉市	23.30	14.09	19.32
赞皇县	33.25	12.92	19.00
井陉县	32.88	11.86	18.63
正定县	24.52	13.06	18.51

续表

县 (市、区)	最大值	最小值	平均值
无极县	23.14	13.05	17.31
平山县	29.64	12.20	17.20
元氏县	24.25	11.13	16.06
灵寿县	25.92	9.37	16.01
深泽县	22.53	11.11	15.76
新乐市	23.10	5.78	14.50
晋州市	20.10	6.80	13.62
辛集市	17.37	5.90	11.70
赵县	17.28	9.01	11.02

2. 全氮含量

利用地力等级图对土壤全氮含量栅格数据进行区域统计得知，全市 4 级地土壤全氮含量平均为 1.04g/kg，变化幅度为 0.43 ~ 2.79g/kg。

利用行政区划图与地力等级图叠加联合形成行政区划地力等级综合图，对土壤全氮含量栅格数据进行区域统计得知，4 级地中，土壤全氮含量（平均值）最高的县（市、区）是平山县，最低的县（市、区）是深泽县，统计结果见表 5 – 49。

表 5 – 49　全氮 4 级地行政区划分布　　　　　　　　　　　单位：g/kg

县 (市、区)	最大值	最小值	平均值
平山县	2.23	0.84	1.41
无极县	1.54	0.88	1.15
藁城市	1.50	0.69	1.15
元氏县	1.39	0.76	1.14
鹿泉市	1.45	0.76	1.09
井陉县	2.79	0.67	1.07
灵寿县	1.60	0.63	1.05
市区	1.23	0.82	1.04
行唐县	1.44	0.77	1.03
新乐市	1.40	0.60	0.95
晋州市	1.30	0.61	0.93
赞皇县	1.42	0.48	0.92
正定县	1.34	0.59	0.89

县（市、区）	最大值	最小值	平均值
高邑县	1.02	0.69	0.83
辛集市	1.23	0.48	0.82
赵县	0.93	0.71	0.82
深泽县	1.26	0.43	0.75

3. 有效磷含量

利用地力等级图对土壤有效磷含量栅格数据进行区域统计得知，全市4级地土壤有效磷含量平均为30.49mg/kg，变化幅度为5.15～134.76mg/kg。

利用行政区划图与地力等级图叠加联合形成行政区划地力等级综合图，对土壤有效磷含量栅格数据进行区域统计得知，4级地中，土壤有效磷含量（平均值）最高的县（市、区）是新乐市，最低的县（市、区）是赞皇县，统计结果见表5-50。

表5-50　有效磷4级地行政区划分布　　　　单位：mg/kg

县（市、区）	最大值	最小值	平均值
新乐市	76.57	12.25	40.81
井陉县	134.76	18.20	38.15
赵县	46.53	22.86	36.97
藁城市	64.90	16.52	33.67
晋州市	69.98	12.40	32.46
平山县	131.91	9.86	29.67
市区	45.15	17.84	29.50
行唐县	53.81	12.26	29.42
鹿泉市	66.96	9.02	28.55
辛集市	89.29	10.77	27.55
无极县	58.45	15.61	27.48
深泽县	42.75	9.19	26.27
正定县	50.36	12.25	25.72
高邑县	31.91	18.66	25.53
灵寿县	48.77	7.84	23.91
元氏县	47.00	11.31	22.22
赞皇县	46.91	5.15	16.50

4. 速效钾含量

利用地力等级图对土壤速效钾含量栅格数据进行区域统计得知，全市4级地土壤速效钾含量平均为 103.33mg/kg，变化幅度为 51.51~290.91mg/kg。

利用行政区划图与地力等级图叠加联合形成行政区划地力等级综合图，对土壤速效钾含量栅格数据进行区域统计得知，4级地中，土壤速效钾含量（平均值）最高的县（市、区）是高邑县，最低的县（市、区）是新乐市，统计结果见表5-51。

表5-51　速效钾4级地行政区划分布　　　　单位：mg/kg

县（市、区）	最大值	最小值	平均值
高邑县	223.72	103.26	141.63
市区	183.19	90.17	139.24
正定县	290.91	55.99	122.19
鹿泉市	171.02	68.30	119.32
井陉县	273.93	64.39	115.49
辛集市	279.01	57.01	114.24
藁城市	175.62	51.99	113.89
赞皇县	149.04	68.26	113.79
赵县	136.68	89.94	104.82
深泽县	134.37	59.99	98.01
灵寿县	155.26	59.79	95.27
无极县	136.40	61.01	94.51
元氏县	157.53	66.99	93.44
平山县	204.69	65.53	93.34
晋州市	185.51	51.51	90.47
行唐县	118.64	54.90	84.91
新乐市	139.85	52.50	84.88

5. 有效铜含量

利用地力等级图对土壤有效铜含量栅格数据进行区域统计得知，全市4级地土壤有效铜含量平均为 1.83mg/kg，变化幅度为 0.13~11.94mg/kg。

利用行政区划图与地力等级图叠加联合形成行政区划地力等级综合图，对土壤有效铜含量栅格数据进行区域统计得知，4级地中，土壤有效铜含量（平均值）最高的县（市、区）是赵县，最低的县（市、区）是高邑县，统计结果见表5-52。

表 5 - 52　有效铜 4 级地行政区划分布　　　　　　单位：mg/kg

县（市、区）	最大值	最小值	平均值
赵县	8.59	2.07	6.39
正定县	8.44	0.63	2.49
平山县	11.94	1.21	2.39
晋州市	6.17	0.78	2.33
鹿泉市	9.52	0.94	2.28
新乐市	10.01	0.64	2.18
深泽县	5.44	0.95	1.89
灵寿县	3.05	0.24	1.69
辛集市	11.50	0.55	1.59
藁城市	3.49	0.76	1.52
市区	2.59	0.86	1.46
赞皇县	2.46	0.75	1.37
无极县	3.25	0.71	1.35
井陉县	3.66	0.73	1.30
元氏县	1.87	0.07	0.90
行唐县	1.95	0.13	0.46
高邑县	0.64	0.32	0.37

6. 有效铁含量

利用地力等级图对土壤有效铁含量栅格数据进行区域统计得知，全市 4 级地土壤有效铁含量平均为 12.62mg/kg，变化幅度为 0.14 ~ 77.44mg/kg。

利用行政区划图与地力等级图叠加联合形成行政区划地力等级综合图，对土壤有效铁含量栅格数据进行区域统计得知，4 级地中，土壤有效铁含量（平均值）最高的县（市、区）是新乐市，最低的县（市、区）是辛集市，统计结果见表 5 - 53。

表 5 - 53　有效铁 4 级地行政区划分布　　　　　　单位：mg/kg

县（市、区）	最大值	最小值	平均值
新乐市	77.44	5.10	23.56
灵寿县	47.42	4.28	20.80
平山县	26.56	5.81	18.05
赞皇县	38.03	7.38	14.35
正定县	25.08	8.15	13.40

续表

县（市、区）	最大值	最小值	平均值
无极县	20.55	5.92	12.47
市区	17.44	5.48	11.37
藁城市	23.27	4.57	11.19
鹿泉市	19.53	1.71	10.94
井陉县	18.34	3.50	8.21
赵县	11.57	3.47	7.80
行唐县	17.55	1.60	6.48
晋州市	13.65	3.07	6.43
元氏县	22.39	0.14	5.95
深泽县	12.60	2.79	5.67
高邑县	4.87	2.94	3.71
辛集市	8.13	1.41	2.68

7. 有效锰含量

利用地力等级图对土壤有效锰含量栅格数据进行区域统计得知，全市4级地土壤有效锰含量平均为14.34mg/kg，变化幅度为0.56~78.96mg/kg。

利用行政区划图与地力等级图叠加联合形成行政区划地力等级综合图，对土壤有效锰含量栅格数据进行区域统计得知，4级地中，土壤有效锰含量（平均值）最高的县（市、区）是灵寿县，最低的县（市、区）是辛集市，统计结果见表5-54。

表5-54 有效锰4级地行政区划分布　　　　单位：mg/kg

县（市、区）	最大值	最小值	平均值
灵寿县	33.55	11.64	24.49
新乐市	78.96	9.36	20.70
鹿泉市	38.89	1.29	19.68
赞皇县	40.14	11.07	18.69
井陉县	36.63	9.26	17.88
市区	19.22	13.34	16.33
藁城市	43.28	9.13	16.32
正定县	33.35	7.70	15.54
无极县	26.22	5.03	15.03
行唐县	21.66	7.92	13.99

县（市、区）	最大值	最小值	平均值
晋州市	20.98	5.74	13.19
赵县	17.89	7.68	12.71
高邑县	11.36	8.60	9.98
平山县	26.38	4.82	9.20
元氏县	44.51	0.56	8.67
深泽县	15.69	1.61	8.22
辛集市	8.84	1.92	4.86

8. 有效锌含量

利用地力等级图对土壤有效锌含量栅格数据进行区域统计得知，全市 4 级地土壤有效锌含量平均为 2.32mg/kg，变化幅度为 0.21～10.44mg/kg。

利用行政区划图与地力等级图叠加联合形成行政区划地力等级综合图，对土壤有效锌含量栅格数据进行区域统计得知，4 级地中，土壤有效锌含量（平均值）最高的县（市、区）是市区，最低的县（市、区）是辛集市，统计结果见表 5 - 55。

表 5 - 55　有效锌 4 级地行政区划分布　　　　单位：mg/kg

县（市、区）	最大值	最小值	平均值
市区	6.56	2.25	4.03
正定县	10.21	1.46	3.61
鹿泉市	8.11	1.19	3.09
平山县	7.03	1.33	2.82
赞皇县	6.88	1.43	2.75
新乐市	10.44	1.06	2.70
藁城市	6.01	0.79	2.55
高邑县	3.71	1.42	2.30
灵寿县	3.47	0.89	1.94
晋州市	3.36	0.70	1.78
行唐县	3.04	0.58	1.65
井陉县	4.53	0.91	1.64
无极县	2.78	0.29	1.55
深泽县	3.84	0.45	1.47
元氏县	4.45	0.21	1.24
赵县	1.35	0.89	1.12
辛集市	3.70	0.24	1.00

五、5 级地

（一）面积与分布

将耕地地力等级分布图与行政区划图进行叠加分析，从耕地地力等级行政区域分布数据库中按权属字段检索出各等级的记录，统计各级地在各县（市、区）的分布状况。全市 5 级地，综合评价指数为 0.72998 ~ 0.63001，耕地面积 400618.3 亩，占耕地总面积的 5.0%。分析结果见表 5 – 56。

表 5 – 56　5 级地行政区域分布

县（市、区）	面积/亩	占本级耕地（%）
新乐市	114336.90	28.54
行唐县	70060.60	17.49
井陉县	54770.80	13.67
正定县	32182.20	8.03
平山县	26615.80	6.64
辛集市	17394.80	4.34
元氏县	15920.30	3.97
赞皇县	14547.60	3.63
灵寿县	13414.40	3.35
市区	11654.80	2.91
鹿泉市	10232.30	2.56
深泽县	7900.60	1.97
藁城市	6287.90	1.57
晋州市	4903.70	1.23
无极县	395.60	0.10

（二）主要属性分析

1. 有机质含量

利用地力等级图对土壤有机质含量栅格数据进行区域统计得知，全市 5 级地土壤有机质含量平均为 16.63g/kg，变化幅度为 6.00 ~ 31.06g/kg。

利用行政区划图与地力等级图叠加联合形成行政区划地力等级综合图，对土壤有机质含量栅格数据进行区域统计得知，5 级地中，土壤有机质含量（平均值）最高的县（市、区）是行唐县，最低的县（市、区）是辛集市，统计结果见表 5 – 57。

表 5-57　有机质 5 级地行政区划分布　　　　　　　单位：g/kg

县（市、区）	最大值	最小值	平均值
行唐县	26.06	13.66	19.38
无极县	19.89	17.86	18.70
井陉县	25.64	11.54	18.54
鹿泉市	25.75	12.46	18.34
赞皇县	24.79	12.10	18.08
平山县	31.06	12.36	17.75
藁城市	25.00	12.71	17.49
元氏县	21.36	11.24	16.76
灵寿县	28.00	9.24	16.75
晋州市	19.56	13.52	16.64
正定县	20.64	12.05	16.38
市区	18.74	12.09	16.10
深泽县	23.19	10.28	14.88
新乐市	25.10	6.00	14.65
辛集市	17.17	10.23	13.06

2. 全氮含量

利用地力等级图对土壤全氮含量栅格数据进行区域统计得知，全市 5 级地土壤全氮含量平均为 1.04g/kg，变化幅度为 0.42~2.65g/kg。

利用行政区划图与地力等级图叠加联合形成行政区划地力等级综合图，对土壤全氮含量栅格数据进行区域统计得知，5 级地中，土壤全氮含量（平均值）最高的县（市、区）是平山县，最低的县（市、区）是市区，统计结果见表 5-58。

表 5-58　全氮 5 级地行政区划分布　　　　　　　单位：g/kg

县（市、区）	最大值	最小值	平均值
平山县	2.43	1.00	1.44
无极县	1.31	1.19	1.24
藁城市	1.41	1.02	1.22
元氏县	1.34	0.66	1.18
井陉县	2.65	0.76	1.14
晋州市	1.27	0.90	1.10
灵寿县	2.29	0.64	1.09

续表

县（市、区）	最大值	最小值	平均值
行唐县	1.37	0.76	1.03
新乐市	1.54	0.54	1.01
鹿泉市	1.45	0.65	0.96
赞皇县	1.39	0.65	0.90
正定县	1.19	0.65	0.87
辛集市	1.09	0.62	0.87
深泽县	0.98	0.42	0.69
市区	0.87	0.45	0.67

3. 有效磷含量

利用地力等级图对土壤有效磷含量栅格数据进行区域统计得知，全市 5 级地土壤有效磷含量平均为 29.64mg/kg，变化幅度为 6.32~209.85mg/kg。

利用行政区划图与地力等级图叠加联合形成行政区划地力等级综合图，对土壤有效磷含量栅格数据进行区域统计得知，5 级地中，土壤有效磷含量（平均值）最高的县（市、区）是井陉县，最低的县（市、区）是赞皇县，统计结果见表 5-59。

表 5-59　有效磷 5 级地行政区划分布　　　　　单位：mg/kg

县（市、区）	最大值	最小值	平均值
井陉县	130.71	14.00	34.81
行唐县	209.85	13.76	34.24
晋州市	51.22	19.74	33.14
正定县	60.02	11.02	32.28
新乐市	83.24	8.62	30.07
藁城市	50.21	10.27	29.64
平山县	130.81	9.91	26.42
鹿泉市	62.55	7.03	26.13
无极县	31.91	21.48	25.35
灵寿县	48.14	6.32	24.39
辛集市	45.62	10.57	21.63
深泽县	32.80	9.24	20.17
市区	23.24	16.17	19.79
元氏县	36.75	10.37	19.74
赞皇县	36.75	8.63	17.17

4. 速效钾含量

利用地力等级图对土壤速效钾含量栅格数据进行区域统计得知，全市 5 级地土壤速效钾含量平均为 87.83mg/kg，变化幅度为 45.09 ~ 266.73mg/kg。

利用行政区划图与地力等级图叠加联合形成行政区划地力等级综合图，对土壤速效钾含量栅格数据进行区域统计得知，5 级地中，土壤速效钾含量（平均值）最高的县（市、区）是井陉县，最低的县（市、区）是晋州市，统计结果见表 5 – 60。

表 5 – 60　速效钾 5 级地行政区划分布　　　　　　单位：mg/kg

县（市、区）	最大值	最小值	平均值
井陉县	247.22	61.50	121.69
赞皇县	266.73	78.52	110.43
市区	197.60	75.46	109.02
深泽县	156.21	60.06	108.82
鹿泉市	204.01	51.50	107.02
辛集市	140.07	74.96	96.11
正定县	139.00	53.69	91.32
元氏县	134.76	68.31	87.08
平山县	175.34	63.68	86.48
灵寿县	143.60	46.73	86.22
无极县	90.38	80.40	86.20
藁城市	121.79	64.61	83.95
行唐县	114.64	51.13	77.79
新乐市	143.30	45.09	76.34
晋州市	147.62	46.96	65.44

5. 有效铜含量

利用地力等级图对土壤有效铜含量栅格数据进行区域统计得知，全市 5 级地土壤有效铜含量平均为 1.52mg/kg，变化幅度为 0.10 ~ 7.11mg/kg。

利用行政区划图与地力等级图叠加联合形成行政区划地力等级综合图，对土壤有效铜含量栅格数据进行区域统计得知，5 级地中，土壤有效铜含量（平均值）最高的县（市、区）是平山县，最低的县（市、区）是行唐县，统计结果见表 5 – 61。

表 5 – 61　有效铜 5 级地行政区划分布　　　　　　单位：mg/kg

县（市、区）	最大值	最小值	平均值
平山县	3.62	1.31	2.57

续表

县（市、区）	最大值	最小值	平均值
市区	6.89	1.41	2.07
鹿泉市	7.11	0.89	2.04
深泽县	5.37	1.13	1.87
新乐市	6.74	0.41	1.84
藁城市	2.43	1.17	1.84
赞皇县	2.46	0.90	1.45
无极县	1.57	1.19	1.42
辛集市	7.27	0.41	1.39
井陉县	3.22	0.72	1.35
灵寿县	3.45	0.45	1.35
正定县	2.38	0.45	1.15
晋州市	3.39	0.79	1.08
元氏县	2.03	0.10	1.00
行唐县	2.08	0.17	0.47

6. 有效铁含量

利用地力等级图对土壤有效铁含量栅格数据进行区域统计得知，全市 5 级地土壤有效铁含量平均为 13.87mg/kg，变化幅度为 0.1 ~ 60.51mg/kg。

利用行政区划图与地力等级图叠加联合形成行政区划地力等级综合图，对土壤有效铁含量栅格数据进行区域统计得知，5 级地中，土壤有效铁含量（平均值）最高的县（市、区）是灵寿县，最低的县（市、区）是辛集市，统计结果见表 5 - 62。

表 5 - 62　有效铁 5 级地行政区划分布　　　　　　单位：mg/kg

县（市、区）	最大值	最小值	平均值
灵寿县	47.05	5.42	20.05
新乐市	60.51	6.38	19.30
平山县	43.78	6.13	18.83
藁城市	21.29	12.15	16.89
正定县	23.49	8.64	16.80
赞皇县	38.38	6.93	14.36
鹿泉市	25.30	6.35	13.87
市区	12.54	8.59	10.58

续表

县（市、区）	最大值	最小值	平均值
井陉县	22.70	3.19	8.51
元氏县	23.59	0.17	8.04
行唐县	33.72	2.47	7.94
无极县	10.47	5.82	7.81
晋州市	7.37	4.01	4.59
深泽县	8.80	2.33	4.34
辛集市	10.10	1.69	2.90

7. 有效锰含量

利用地力等级图对土壤有效锰含量栅格数据进行区域统计得知，全市 5 级地土壤有效锰含量平均为 16.14mg/kg，变化幅度为 2.88 ~ 56.18mg/kg。

利用行政区划图与地力等级图叠加联合形成行政区划地力等级综合图，对土壤有效锰含量栅格数据进行区域统计得知，5 级地中，土壤有效锰含量（平均值）最高的县（市、区）是灵寿县，最低的县（市、区）是辛集市，统计结果见表 5 – 63。

表 5 – 63 有效锰 5 级地行政区划分布　　　　　　　　　单位：mg/kg

县（市、区）	最大值	最小值	平均值
灵寿县	33.63	9.17	21.91
鹿泉市	45.39	9.63	20.76
赞皇县	40.10	11.69	19.18
井陉县	44.40	8.24	19.04
藁城市	26.86	11.86	18.03
新乐市	56.18	6.48	17.93
正定县	30.80	9.48	17.43
行唐县	28.81	7.84	14.92
元氏县	45.20	4.76	14.40
晋州市	15.98	6.40	12.05
市区	15.03	9.17	12.01
无极县	14.48	8.64	11.78
平山县	32.77	5.45	8.33
深泽县	10.22	6.27	8.19
辛集市	15.36	2.88	5.05

8. 有效锌含量

利用地力等级图对土壤有效锌含量栅格数据进行区域统计得知，全市 5 级地土壤有效锌含量平均为 2.24mg/kg，变化幅度为 0.42～10.82mg/kg。

利用行政区划图与地力等级图叠加联合形成行政区划地力等级综合图，对土壤有效锌含量栅格数据进行区域统计得知，5 级地中，土壤有效锌含量（平均值）最高的县（市、区）是市区，最低的县（市、区）是辛集市，统计结果见表 5-64。

表 5-64　有效锌 5 级地行政区划分布　　　　　单位：mg/kg

县（市、区）	最大值	最小值	平均值
市区	3.72	2.27	2.97
藁城市	7.41	1.76	2.79
赞皇县	6.86	1.49	2.75
平山县	3.94	1.78	2.70
鹿泉市	10.82	1.15	2.65
新乐市	10.44	1.09	2.55
行唐县	7.87	1.03	2.25
正定县	3.89	0.83	2.03
灵寿县	3.14	0.95	1.89
井陉县	4.68	0.71	1.57
无极县	1.66	1.08	1.33
晋州市	1.72	0.84	1.19
元氏县	2.79	0.38	1.16
深泽县	2.22	0.45	0.98
辛集市	1.72	0.42	0.77

六、6 级地

（一）面积与分布

将耕地地力等级分布图与行政区划图进行叠加分析，从耕地地力等级行政区域分布数据库中按权属字段检索出各等级的记录，统计各级地在各乡镇的分布状况。全市 6 级地，综合评价指数为 0.62999～0.3074，耕地面积 107501.4 亩，占耕地总面积的 1.3%。分析结果见表 5-65。

表5－65　6级地行政区域分布

县（市、区）	面积/亩	占本级耕地（%）
平山县	47552.80	44.23
井陉县	29758.70	27.68
鹿泉市	9648.80	8.98
赞皇县	8212.90	7.64
元氏县	4589.60	4.27
行唐县	4118.90	3.83
灵寿县	3619.76	3.37

（二）主要属性分析

1. 有机质含量

利用地力等级图对土壤有机质含量栅格数据进行区域统计得知，全市6级地土壤有机质含量平均为19.14g/kg，变化幅度为11.63~39.49g/kg。

利用行政区划图与地力等级图叠加联合形成行政区划地力等级综合图，对土壤有机质含量栅格数据进行区域统计得知，6级地中，土壤有机质含量（平均值）最高的县（市、区）是赞皇县，最低的县（市、区）是元氏县，统计结果见表5－66。

表5－66　有机质6级地行政区划分布　　　　　　　　　　单位：g/kg

县（市、区）	最大值	最小值	平均值
赞皇县	26.88	14.68	21.38
行唐县	24.68	14.85	20.23
鹿泉市	25.82	14.21	19.95
井陉县	39.49	11.63	19.46
平山县	32.91	12.87	18.74
灵寿县	28.14	13.37	17.67
元氏县	19.72	12.71	15.55

2. 全氮含量

利用地力等级图对土壤全氮含量栅格数据进行区域统计得知，全市6级地土壤全氮含量平均为1.41g/kg，变化幅度为0.69~2.60g/kg。

利用行政区划图与地力等级图叠加联合形成行政区划地力等级综合图，对土壤全氮含量栅格数据进行区域统计得知，6级地中，土壤全氮含量（平均值）最高的县（市、区）是平山县，最低的县（市、区）是赞皇县，统计结果见表5－67。

表 5 – 67　全氮 6 级地行政区划分布　　　　单位：g/kg

县（市、区）	最大值	最小值	平均值
平山县	2.53	1.00	1.52
井陉县	2.60	0.76	1.27
灵寿县	2.32	0.85	1.21
行唐县	1.48	0.99	1.18
元氏县	1.30	0.91	1.14
鹿泉市	1.37	0.74	1.10
赞皇县	1.34	0.69	1.08

3. 有效磷含量

利用地力等级图对土壤有效磷含量栅格数据进行区域统计得知，全市 6 级地土壤有效磷含量平均为 26.37mg/kg，变化幅度为 7.32 ~ 131.36mg/kg。

利用行政区划图与地力等级图叠加联合形成行政区划地力等级综合图，对土壤有效磷含量栅格数据进行区域统计得知，6 级地中，土壤有效磷含量（平均值）最高的县（市、区）是井陉县，最低的县（市、区）是元氏县，统计结果见表 5 – 68。

表 5 – 68　有效磷 6 级地行政区划分布　　　　单位：mg/kg

县（市、区）	最大值	最小值	平均值
井陉县	125.75	13.40	34.26
鹿泉市	57.87	10.74	25.50
行唐县	38.87	13.91	25.10
平山县	131.36	9.79	24.55
灵寿县	44.25	11.82	19.72
赞皇县	39.13	7.32	19.54
元氏县	29.18	10.37	17.46

4. 速效钾含量

利用地力等级图对土壤速效钾含量栅格数据进行区域统计得知，全市 6 级地土壤速效钾含量平均为 101.76mg/kg，变化幅度为 46.75 ~ 252.95mg/kg。

利用行政区划图与地力等级图叠加联合形成行政区划地力等级综合图，对土壤速效钾含量栅格数据进行区域统计得知，6 级地中，土壤速效钾含量（平均值）最高的县（市、区）是井陉县，最低的县（市、区）是行唐县，统计结果见表 5 – 69。

表 5 - 69　速效钾 6 级地行政区划分布

单位：g/kg

县（市、区）	最大值	最小值	平均值
井陉县	252.95	63.09	120.93
鹿泉市	171.60	83.00	115.27
赞皇县	146.61	84.61	108.69
灵寿县	143.59	46.75	93.42
平山县	229.66	67.86	91.30
元氏县	134.88	69.00	89.15
行唐县	96.80	63.22	82.46

5. 有效铜含量

利用地力等级图对土壤有效铜含量栅格数据进行区域统计得知，全市 6 级地土壤有效铜含量平均为 2.02mg/kg，变化幅度为 0.26～3.68mg/kg。

利用行政区划图与地力等级图叠加联合形成行政区划地力等级综合图，对土壤有效铜含量栅格数据进行区域统计得知，6 级地中，土壤有效铜含量（平均值）最高的县（市、区）是灵寿县，最低的县（市、区）是行唐县，统计结果见表 5 - 70。

表 5 - 70　有效铜 6 级地行政区划分布

单位：mg/kg

县（市、区）	最大值	最小值	平均值
灵寿县	3.59	1.02	2.79
平山县	3.68	1.60	2.49
赞皇县	2.59	0.96	1.60
鹿泉市	3.81	0.98	1.51
元氏县	1.84	1.19	1.47
井陉县	2.46	0.75	1.41
行唐县	1.51	0.26	0.43

6. 有效铁含量

利用地力等级图对土壤有效铁含量栅格数据进行区域统计得知，全市 6 级地土壤有效铁含量平均为 15.53mg/kg，变化幅度为 2.80～47.05mg/kg。

利用行政区划图与地力等级图叠加联合形成行政区划地力等级综合图，对土壤有效铁含量栅格数据进行区域统计得知，6 级地中，土壤有效铁含量（平均值）最高的县（市、区）是灵寿县，最低的县（市、区）是行唐县，统计结果见表 5 - 71。

表 5 – 71　有效铁 6 级地行政区划分布　　　　　　单位：mg/kg

县（市、区）	最大值	最小值	平均值
灵寿县	47.05	11.72	35.51
赞皇县	37.82	7.40	18.69
平山县	43.78	8.54	18.30
元氏县	24.39	6.07	13.89
鹿泉市	16.74	5.85	11.62
井陉县	33.75	4.15	10.33
行唐县	18.29	2.80	6.18

7. 有效锰含量

利用地力等级图对土壤有效锰含量栅格数据进行区域统计得知，全市 6 级地土壤有效锰含量平均为 16.0mg/kg，变化幅度为 4.24 ~ 47.47mg/kg。

利用行政区划图与地力等级图叠加联合形成行政区划地力等级综合图，对土壤有效锰含量栅格数据进行区域统计得知，6 级地中，土壤有效锰含量（平均值）最高的县（市、区）是元氏县，最低的县（市、区）是平山县，统计结果见表 5 – 72。

表 5 – 72　有效锰 6 级地行政区划分布　　　　　　单位：mg/kg

县（市、区）	最大值	最小值	平均值
元氏县	47.47	4.24	26.87
灵寿县	33.63	8.27	25.07
鹿泉市	45.03	14.00	24.22
赞皇县	40.75	12.35	22.85
井陉县	47.20	8.10	22.73
行唐县	20.51	9.71	13.51
平山县	32.77	5.65	8.43

8. 有效锌含量

利用地力等级图对土壤有效锌含量栅格数据进行区域统计得知，全市 6 级地土壤有效锌含量平均为 2.31mg/kg，变化幅度为 0.78 ~ 4.74mg/kg。

利用行政区划图与地力等级图叠加联合形成行政区划地力等级综合图，对土壤有效锌含量栅格数据进行区域统计得知，6 级地中，土壤有效锌含量（平均值）最高的县（市、区）是赞皇县，最低的县（市、区）是井陉县，统计结果见表 5 – 73。

表 5 - 73　有效锌 6 级地行政区划分布　　　　　　单位：mg/kg

县（市、区）	最大值	最小值	平均值
赞皇县	4.74	1.92	3.23
平山县	3.94	1.52	2.69
灵寿县	3.15	1.36	2.50
鹿泉市	4.10	1.42	2.25
行唐县	2.39	1.10	1.78
元氏县	3.97	1.02	1.59
井陉县	4.15	0.78	1.51

第六章 蔬菜地地力评价及合理利用

第一节 蔬菜生产现状

石家庄蔬菜种植占地面积128.50万亩，总产量达到1290.16万吨。蔬菜主要种植方式为日光温室、大拱棚、中小拱棚，播种面积分别为29.96万亩、28.00万亩和66.04万亩，各占比例为23.32%、21.79%和51.39%。石家庄蔬菜生产状况如表6-1、表6-2所示。

表6-1 石家庄各县（市、区）蔬菜面积　　　　　　单位：万亩，万吨

县（市、区）	占地面积	裸地	地膜	设施菜总	日光温室	大拱棚	中拱棚	小拱棚	总产量
长安区	0.90	0.30	0.55	0.87	—		0.37	0.50	7.33
桥东区	0.33	0.06	0.10	0.17	—	0.01	0.06	0.10	1.20
桥西区	0.61	0.28	0.10	0.44	0.04	0.15	0.10	0.15	6.33
新华区	0.95	1.98	0.20	0.37	0.05	0.15	0.07	0.1	10.58
矿区	0.43	0.38	0.26	0.05	0.02	—	0.01	0.02	1.92
裕华区	0.22	0.51	0.10	0.04	0.02	—	0.01	0.01	3.27
井陉县	2.78	2.33	0.50	2.83	0.05	0.01	0.5	2.27	19.62
正定县	6.85	4.29	2.11	6.40	0.60	1.6	2.40	1.80	84.51
栾城县	7.48	8.55	0.60	9.15	2.25	1.9	2.95	2.05	119.41
行唐县	4.18	3.38	0.16	3.56	0.17	0.09	1.25	2.05	31.81
灵寿县	4.58	0.90	0.15	3.55	3.50	0.01	0.02	0.02	19.40
高邑县	5.39	3.24	0.78	6.23	4.05	1.88	0.10	0.20	49.24
深泽县	4.08	2.46	1.52	4.00	0.89	0.97	0.75	1.39	41.37
赞皇县	1.95	1.01	0.66	1.68	0.01	0.06	0.72	0.89	12.38
无极县	8.86	6.05	1.76	7.81	5.83	0.83	0.24	0.91	76.82
平山县	4.75	3.17	0.70	3.88	0.30	0.52	1.02	2.04	22.76
元氏县	9.65	3.68	1.10	4.80	0.40	0.82	1.82	1.76	44.58
赵县	9.58	8.17	1.80	9.98	0.65	1.30	3.48	4.55	102.03
辛集市	8.23	5.87	2.30	8.18	1.01	2.60	2.04	2.53	98.13

续表

县（市、区）	占地面积	裸地	地膜	设施菜总	日光温室	大拱棚	中拱棚	小拱棚	总产量
藁城市	23.79	17.20	9.35	26.6	9.40	9.50	4.81	2.89	285.50
晋州市	4.85	3.61	1.19	4.8	0.16	0.35	1.59	2.70	48.17
新乐市	10.56	7.82	1.33	9.15	0.16	3.73	3.96	1.30	106.03
鹿泉市	7.05	7.37	1.20	8.58	0.25	1.50	2.90	3.93	89.71
开发区	0.45	0.77	0.10	0.88	0.15	0.02	0.03	0.68	8.06
总　计	128.50	93.38	28.62	124.00	29.96	28.00	31.20	34.84	1290.16

表6-2　不同种植方式下蔬菜面积及产量状况

项目	播种面积/万亩	平均产量/（kg/亩）	总产量/万吨
裸地菜	93.38	4691.00	438.05
地膜菜	28.62	4860.00	139.09
日光温室	29.96	6480.00	194.40
大拱棚	28.00	5890.00	164.92
中拱棚	31.20	5465.00	170.50
小拱棚	34.84	5265.00	183.20

注：此表数据包括蔬菜和瓜果类。

石家庄市主要种植蔬菜种类为大白菜、菠菜、黄瓜、番茄等，其中大白菜的播种面积达到44.7万亩，产量为271.1万吨；番茄的播种面积也高达17.4万亩，总产为89.0万吨；主要瓜类为黄瓜和西瓜等，播种面积分别为18.9万亩和13.2万亩。不同蔬菜种植情况见表6-3、表6-4、表6-5。

表6-3　各种蔬菜产量状况

蔬菜种类	播种面积/万亩	总产量/万吨	平均产量/（kg/亩）	主要品种
大白菜	44.7	271.1	6064	北京新3号、中白81、丰抗78
菠菜	20.1	95.6	4756.2	先锋菠菜、经典菠菜、中菠1号
黄瓜	18.9	107.7	5695.8	津优1号、津优35号、津春4号
番茄	17.4	89	5112.1	金棚系列、粉祺288、中研988
甘蓝	14.6	75.4	5164.4	中甘21、中甘17、春夏秋、8398

蔬菜种类	播种面积/万亩	总产量/万吨	平均产量/（kg/亩）	主要品种
西瓜	13.2	51.6	3922.4	京欣 1 号、胜欣、星研 8 号
茄子	11.2	57.5	5133.9	黑霸王、丽黑圆茄、黑丽园
萝卜	10.8	60.6	5611.1	秋白玉 1 号、丰光一代、丰翘一代
豆角	10.7	50.3	4692.2	泰国架豆王、地豆王 1 号、
大葱	10.6	56.2	5301.9	青叶 1 号、中华巨葱、金棒 88
韭菜	8.2	47.2	5756.1	791、雪韭 1 号、平韭 4 号
西葫芦	8.2	41.5	5061	科萌丽春、赛玉、中葫 1 号
芹菜	7.2	32.3	4486.1	文图拉、四季西芹、皇马西芹
甜椒	6.6	30.3	4590.9	中椒 7 号、津福 18 号、中椒 107
大蒜	6.4	28.3	4425	苍山薹蒜、金乡薹蒜
油菜	5.8	24.3	4189.7	七宝青、华青、华冠
食用菌	5.3	17.5	3301.9	—
胡萝卜	4.3	23.5	5452.4	幕田红光、改良 5 寸参
洋葱	4.2	16.6	3952.4	紫魁 1 号、紫星洋葱、紫美洋葱
菜花	3.7	6.9	1876.7	雪宝、贞心 70、津品 80
马铃薯	3.2	6.2	1965.1	费乌瑞它、早大白、尤金
尖椒	1	4.3	4166.7	特大牛角椒、博辣 8 号、博辣 9 号
甜瓜	1	2.3	2400	红城 10 号、伊丽莎白、丰雷
生菜	0.4	1.5	3750	射手、绿健、美国大速生
空心菜	0.3	1.2	4000	—

表 6-4　白菜种植面积及产量

名称	播种面积/万亩	亩产量/kg	主要品种
春白菜	1.85	4470	阳春、早心白
夏白菜	1.95	4935	夏优 50
秋白菜	40.90	6190	新北京 3 号、丰抗 78
总计	44.70	6063	—

表6-5　瓜菜种植面积及产量

种类	总面积/ 万亩	亩产量/ kg	总产量/ 万吨
黄瓜	18.9	5695.8	107.7
西瓜	13.15	3922	51.58
甜瓜	0.95	2395	2.28

第二节　蔬菜生产中问题与解决措施

一、蔬菜生产概况

(一) 蔬菜生产发展成效

蔬菜产业是石家庄市农业四大特色主导产业之一，近年来产业规模逐步扩大，栽培品种不断增加，科技水平逐年提升，产品质量不断提高。已成为本市种植业中农民自主投入最多、整体效益好、发展速度快的第一支柱产业，在农民增收中发挥着不可替代的重要作用。为全面提高蔬菜产品的质量、增强产品竞争力，本市始终把蔬菜产业发展作为全市农业工作的重点，加强对无公害蔬菜生产管理工作的指导，加大蔬菜技术推广工作力度，取得了一定成效。

1. 规模化生产布局基本形成

目前，石家庄市主栽的蔬菜良种覆盖率达到90%以上，形成了设施、地膜和露地等多种形式并存的生产格局，已由传统的季节性生产转向了周年生产。全市形成了以藁城市为代表的设施甜椒、以无极县为代表的设施黄瓜、以正定县为代表的设施番茄、以灵寿县为代表的食用菌、以赵县为代表的冬瓜、以新乐市为代表的西瓜、以辛集市军齐为代表的韭菜、以鹿泉市为代表的特菜等九大特色优势瓜菜集中产区，有6个县把蔬菜产业作为首选主导产业，种植面积在10万亩左右的县 (市) 有10个，有效的带动了全市蔬菜产业的发展。区域化、规模化蔬菜生产格局基本形成。

2. 产地认定和产品认证步伐加快

为确保蔬菜生产质量，本市紧紧抓住"源头"治理这一关键环节，加大了产地管理力度。加强了对蔬菜产地的环境评价、认定与保护工作，对环境符合标准，生产组织、技术保障体系健全的产地，颁发"无公害农产品产地认定证书"，并对产地进行登记编码。对紧邻污染源和不符合产地标准要求的区域，禁止进行蔬菜生产。本市逐年加快对蔬菜产地进行环境评价和认定的步伐，截止到目前认证面积已达到110万亩，居全省第三位。石家庄市在建设无公害蔬菜基地的同时，不断加大无公害蔬菜新品种的认证工作，全市共有26个蔬菜品种通过无公害蔬菜认证，居全省第二位。并出现了藁城市"碧青"、新华区"西环"、灵寿县"灵洁"等一批在市场上叫得响的无公害蔬菜品牌，全市蔬菜产业走上了追求质量、品牌、效益的发展道路。

3. 蔬菜质量检测体系逐步完善

为提高检验检测能力，石家庄市投资500万元建成了3000m² 的石家庄市农产品质量检测中心，具备了农产品质量检测能力。全市 12 个蔬菜大县建立了农残定量检测站，20 个县（市、区）配备了农药残留速测设备，为强化无公害蔬菜监督管理奠定了基础。初步形成了产地检测点、县级检测站和市级检测中心 3 级质量检验检测体系，并在全市实施了产地自检报告制度，基本实现了对全市无公害蔬菜生产基地和上市蔬菜的快速定性和定量检测，蔬菜质量安全水平明显提高。在积极引导生产基地和生产经营企业搞好产品自检的同时，进一步加大了产品质量检测机构对蔬菜基地、合作组织、龙头企业及市场产品质量的检验，增加了抽测次数和样点，并定期公布检测结果。

（二）农村专业合作组与蔬菜生产

近年来，为进一步提高农产品的市场竞争能力，推进农业产业化经营，本市以市场为导向，以农民为主体，以效益为纽带，积极培育、加快发展农民专业合作组织，初步形成了一批以高效瓜菜、特色蔬菜为主导的农民专业合作组织。截止到目前，全市有各类瓜菜专业化合作组织、蔬菜协会 80 余个，带动农户 20 万户，占菜农总数的 30%。协会发起对象主要是种植大户、基层农业技术部门、基层供销部门以及批发市场。其中规模较大、带动力较强有藁城市蔬菜产业协会、鹿泉市滹沱河无公害蔬菜协会、无极县王村无公害蔬菜协会、高邑县蔬菜产业协会等。主要服务方式为信息＋技术＋物资＋销售服务。农民合作组织的发展，对促进无公害蔬菜产业发展、保障蔬菜质量安全发挥了积极作用。

石家庄市主要蔬菜协会（或合作组织）情况见表 6-6。

表 6-6　石家庄市主要蔬菜协会（或合作组织）情况

协会（或合作组织）名称	蔬菜栽培形式/主栽蔬菜种类	产品品牌
高邑县蔬菜产业协会	日光温室/黄瓜、番茄	槐河
晋州市韭菜协会	小拱棚/韭菜	无
晋州市种苗协会	露地/萝卜	无
鹿泉市蔬菜协会	日光温室、露地/娃娃菜、樱桃番茄、苦瓜等	雪泥
鹿泉市滹沱河协会	双膜覆盖、日光温室/豆角、西葫芦、茄子、黄瓜等	落凌
鹿泉市寺家庄东良政村蔬菜协会	日光温室、露地/芹菜、番茄等	—
鹿泉市白鹿泉谷家香椿专业合作社	香椿	谷家
栾城县蔬菜协会	设施、露地/番茄、茄子、黄瓜、甜椒	—
栾城县绿色农产品协会	设施、露地/番茄、茄子、黄瓜、甜椒	绿泉
栾城县食用菌技术研究会	大棚/平菇、姬菇	—
栾城县芦笋协会	露地/芦笋一号	—
无极县王村无公害蔬菜协会	日光温室/韭菜—黄瓜	绿野
元氏县蔬菜协会	保护地、露地/番茄、黄瓜、豆角	—

续表

协会（或合作组织）名称	蔬菜栽培形式/主栽蔬菜种类	产品品牌
新乐市芦笋科技协会	露地栽培/芦笋（鲁芦一号、芦笋王子、冠军、早生地王、阿波罗）	—
新乐市马铃薯协会	地膜/土豆（津引薯八号、早大白）	—
新乐市西瓜蔬菜协会	大中小棚/西瓜、尖椒、番茄、茄子	新沙蜜
新乐市种植协会	中小棚、露地/黄瓜、番茄、白菜、萝卜	—
新乐市食用菌协会	架栽/平菇、鸡腿菇、姬菇、草菇	—
灵寿县食用菌协会	大棚袋栽/金针、白灵、杏孢	灵洁
灵寿县蔬菜协会	地膜＋拱棚/茄子、豆角、番茄等	—
深泽县蔬菜协会	塑料大棚/番茄	—
深泽县食用菌协会	日光温室/平菇	—
深泽县辣椒协会	露地/辣椒	—
深泽县冷藏协会	地膜/蒜薹	—
赵县南寺庄冬瓜协会	露地/冬瓜	赵青
赵县猛公瓜果蔬菜协会	小棚、露地/西葫芦、豆角、夏白菜	—
赵县韩村镇蔬菜协会	大棚/番茄	—
赵县高村乡食用菌合作社	中棚、温室/双孢菇、白灵菇	—
正定县新城铺惠康蔬菜协会	洋葱	惠康隆
正定县曲阳桥乡蘑菇协会	平菇、金针菇	—
藁城市蔬菜产业协会	温室中棚/青椒、番茄为主，白菜、茄子、菜花等	碧青
	温室中棚/番茄、青椒为主，油菜、菠菜、豆角等	碧青
	地膜露地/大蒜、大葱、洋葱、菜花等	金宅
	露地/豆角、番茄、白菜等	碧青
	大棚、露地/番茄、萝卜、芦笋等	碧青
辛集市蔬菜花卉协会	番茄、黄瓜、甘蓝、天鹰椒等	—

随着石家庄市蔬菜产业的快速发展，全市形成了以藁城市岗上镇为中心的设施甜椒、以无极县七汲镇、高邑县高邑镇为中心的设施黄瓜、以正定县诸福屯镇为中心的设施番茄、以灵寿县灵寿镇为中心的食用菌、以赵县王西章乡为中心的冬瓜、以新乐市邯邰镇为中心的西瓜、以辛集市旧城镇为中心的韭菜、以鹿泉市铜冶镇为中心的特菜、以栾城县柳林屯乡为中心的九大特色优势瓜菜集中产区，有六个县把蔬菜产业作为首选主导产业，种植面积在10万亩左右的有藁城市、辛集市、栾城县、赵县、鹿泉市、新乐市、无极县、正定县、高邑县、晋州市10个县（市），全市共有蔬菜专业村220个左右，主要蔬菜专业村有150个，蔬菜专业村有效地带动了全市蔬菜产业的发展。详细情况见表6-7。

表 6 – 7 　石家庄市主要蔬菜专业村数量及分布情况

县名	乡镇名、村名	蔬菜播种面积/亩	主栽蔬菜种类	栽培形式（温室、大棚、中小棚、地膜、露地）
藁城市	廉州镇系井	396	番茄	温室
	岗上镇西辛庄	1800	番茄	温室、大棚
	岗上镇故献	1200	甜椒	中棚、大棚
	常安镇里庄	3600	白菜、韭菜	露地
	增村镇东桥寨	1100	甜椒、茄子	地膜、大棚
	西关镇后西关	800	甜椒、尖椒、番茄	大棚
	九门乡只照	700	甜椒	大棚、中棚
	岗上镇庄合	2400	甜椒、番茄	中棚、大棚
	贾市庄镇落生	1300	黄瓜、番茄	大棚
	南营镇马庄	4500	大蒜、葱头、大葱	地膜
	南营镇朱家寨	3100	大蒜、葱头、大葱	地膜
	岗上镇杜村	1600	番茄、甜椒	温室、大棚
	廉州镇清流	1100	番茄	大棚、温室
	贾市庄镇贯庄	3200	黄瓜	大棚
	常安镇东辛庄	1800	白菜、韭菜	露地
	合计	28596		
高邑县	城关镇寺家庄	2800	黄瓜、大白菜、菠菜	温室、露地菜
	城关镇侯家庄	1063	番茄、豆角、白菜、菠菜、大葱	温室、中小棚、地膜、露地菜
	城关镇秦留村	1640	黄瓜、番茄、大白菜	温室、中小棚、地膜、露地菜
	城关镇连留村	2412	黄瓜、豆角、茄子、大白菜	温室、中小棚、地膜、露地菜
	大营乡后哨营	1749	黄瓜、豆角、大白菜、菠菜	温室、露地菜
	大营乡东邱村	1626	番茄、黄瓜、豆角、白菜、茄子	温室、大棚、中小棚、地膜、露地菜
	大营乡河北	1651	黄瓜、番茄、大白菜、韭菜、芹菜	温室、中小棚、地膜、露地菜
	大营乡后庄头	2112	番茄、豆角、茄子、大白菜	温室、中小棚、地膜、露地菜
	中韩乡河村	3841	黄瓜、番茄、大白菜、菠菜	温室、露地菜
	中韩乡里村	3035	番茄、黄瓜、豆角、白菜、茄子、西葫芦	温室、中小棚、地膜、露地菜

续表

县名	乡镇名、村名	蔬菜播种面积/亩	主栽蔬菜种类	栽培形式（温室、大棚、中小棚、地膜、露地）
高邑县	中韩乡马村	2165	黄瓜、番茄、大白菜、西葫芦	温室、中小棚、地膜、露地菜
	中韩乡岗头	2435	黄瓜、番茄、豆角、茄子、大白菜	温室、中小棚、地膜、露地菜
	王同庄乡西良庄	1709	黄瓜、番茄、大白菜、菠菜	温室、露地菜
	万城乡东林	1129	黄瓜、番茄、豆角、大白菜、菠菜	温室、露地菜
	富村乡西北营	640	番茄、大白菜	温室、露地菜
	合计	30007		
无极县	七汲镇王村	3200	韭菜、黄瓜	温室、大棚
	七汲镇王先	800	韭菜、黄瓜	温室、大棚
	七汲镇小吕	900	韭菜、黄瓜	温室、大棚
	七汲镇大汉	400	韭菜、黄瓜	温室
	七汲镇小汉	500	韭菜、黄瓜	温室
	大陈镇大陈	600	韭菜、黄瓜	温室
	大陈镇石家庄	600	韭菜、黄瓜	温室
	大陈镇赵户营	350	韭菜、黄瓜	温室
	大陈镇泊头	300	韭菜、黄瓜	温室
	大陈镇高陵	3000	大葱	露地
	南营镇朱家寨	3100	大蒜、葱头、大葱	地膜
	里城道乡大户村	2000	西瓜	地膜、露地
	郭庄镇王家营	400	芦笋	露地
	城关镇东罗尚	300	韭菜、黄瓜	温室
	城关镇柳见	300	甜椒、茄子	温室
	合计	16750		
新乐市	承安镇赤支	1200	黄瓜、小西瓜、番茄	温室
	大岳镇北李家庄	480	黄瓜、番茄	温室
	邯邰镇小流村	2280	西瓜、茄子、辣椒、豆角	温室、大棚
	邯邰镇南苏村	680	西瓜、辣椒、番茄、菜花	温室、大棚
	东王镇西王村	500	西瓜、菜花、白菜	大棚（中小棚）、露地
	化皮镇赵门村	1350	芦笋、白菜	露地

续表

县名	乡镇名、村名	蔬菜播种面积/亩	主栽蔬菜种类	栽培形式（温室、大棚、中小棚、地膜、露地）
新乐市	邯邰镇大流村	300	西瓜、甜（尖）椒	大棚、露地
	邯邰镇渔砥村	2200	西瓜、甜（尖）椒、茄子、豆角	大棚
	木村乡中同村	750	白菜、萝卜	露地
	合计	9740		
栾城县	柳林屯乡范台	2400	番茄	温室、大棚
	柳林屯乡辛李庄	1800	黄瓜	温室、大棚
	柳林屯乡北屯	1500	番茄、甘蓝	温室、大棚
	栾城镇聂家庄	1300	茄子	露地
	栾城镇北浪头	1575	黄瓜	温室、大棚
	冶河镇浔阳	1800	番茄	温室、大棚
	冶河镇端固庄	2025	西红市、黄瓜	温室、大棚
	郄马镇东羊市	2300	番茄	温室、大棚
	郄马镇任家庄	1350	番茄	温室、大棚
	南高乡龙化	1500	茄子	地膜、露地
	合计	17550		
辛集市	中里厢乡中里厢	1650	天鹰椒、甘蓝	中小棚、露地
	中里厢乡南郭	1000	天鹰椒、甘蓝	中小棚、露地
	和睦井乡大士庄	1000	芹菜、黄瓜	温室、露地
	辛集镇都大营	1200	番茄	温室、露地
	张古庄镇小位	1500	茄子、豆角	温室、中小棚
	新累头镇袁庄	800	茄子、豆角	温室、中小棚
	旧城镇田庄	1000	番茄、黄瓜	大中小拱棚、温室
	旧城镇雷河	1000	番茄、黄瓜	大中小拱棚、露地
	旧城镇小李	700	甘蓝	中小拱棚、露地
	中里厢乡谢村	2000	天鹰椒、甘蓝	中小棚、露地
	合计	11850		

续表

县名	乡镇名、村名	蔬菜播种面积/亩	主栽蔬菜种类	栽培形式（温室、大棚、中小棚、地膜、露地）
正定县	正定镇西关	100	番茄、黄瓜、油麦菜、生菜	中小棚、地膜、露地
	正定镇顺城关	100	油麦菜、芥蓝、菜心	中小棚、地膜、露地
	西平乐乡南化村	100	番茄、黄瓜	温室、大棚
	诸福屯镇蟠桃	200	番茄、西葫芦、黄瓜、豆角	温室、大棚
	南楼乡孔村	150	白菜、豆角、黄瓜	温室、大棚
	南楼乡北楼	1100	菜心、芥蓝	温室、大棚
	南牛乡牛庄	1000	菜心、芥蓝、菠菜	露地
	西咬村	100	勺菜、油麦菜、番茄、黄瓜	温室、大棚
	新城铺镇惠康基地	1300	洋葱、胡萝卜	露地
	北早现乡刁桥	100	番茄、洋白菜、黄瓜、菜花	温室、大棚、露地
	北早现乡平安村	50	番茄、豆角、黄瓜	露地、温室、大棚
	合计	4300		
鹿泉市	大河镇北落凌	1600	豆角、黄瓜、西葫芦	地膜＋小拱棚、温室
	大河镇中落凌	500	黄瓜、西葫芦、茄子	温室、地膜＋小拱棚
	大河镇南落凌	1000	冬瓜、西葫芦、茄子	地膜＋小拱棚
	大河镇北高庄	117	黄瓜、豆角	温室、地膜＋小拱棚
	铜冶镇永壁南街	200	番茄、特菜	温室、中棚
	李村镇前东毗	400	豆角、黄瓜、番茄	地膜＋小拱棚
	李村镇东小壁	250	番茄、黄瓜、豆角	小拱棚、露地
	合计	4067		
晋州市	马于吕家庄	980	黄瓜、番茄、西葫芦	大棚、中小棚
	东里庄乡大石家庄	75	黄瓜	温室
	总十庄乡射佛头	100	韭菜	中小棚
	周家庄乡刘靳庄	130	白菜、茄子、豆角、萝卜	地膜、露地
	周家庄乡南王庄	200	天鹰椒、白菜、白萝卜	露地
	周家庄乡北捏盘	200	天鹰椒、白菜	露地
	周家庄乡5队	105	茄子、萝卜、白菜	露地
	合计	1790		

县名	乡镇名、村名	蔬菜播种面积/亩	主栽蔬菜种类	栽培形式（温室、大棚、中小棚、地膜、露地）
深泽县	马里乡马铺	881	韭菜、黄瓜	温室、大棚、中小棚、地膜、露地
	马里乡西北马	860	番茄、黄瓜、甜瓜	温室、大棚、中小棚、地膜、露地
	马里乡大兴	880	番茄、黄瓜	温室、大棚、中小棚、地膜、露地
	白庄乡大直要	500	番茄	温室、大棚、中小棚、地膜、露地
	白庄乡冶庄头	200	番茄、黄瓜	温室、大棚、中小棚、地膜、露地
	合计	3321		
元氏县	因村镇因村	100	番茄、黄瓜	大棚、露地
	因村镇北呈	150	番茄	大棚、露地
	苏村乡孔村	200	番茄、黄瓜	温室、大棚、中小棚、地膜、露地
	北褚乡吴村	300	番茄、黄瓜、豆角、甘蓝	温室、大棚、中小棚、地膜、露地
	合计	750		
灵寿县	灵寿镇南托	65000m²	食用菌	半地下棚室袋栽
	北洼乡南洼	32000m²	食用菌	半地下棚室袋栽
	青同镇甄朱乐	33000m²	食用菌	半地下棚室袋栽
	北洼乡西孙楼	1400	豆角	地膜+拱棚
	北洼乡东孙楼	450	豆角	地膜+拱棚
	青同镇南白石	520	豆角	地膜+拱棚
	合计	2565		
行唐县	上方乡羊柴村	1500	黄瓜、豆角、白菜、甘蓝	大棚、地膜、露地
	上方乡李阳关	700	番茄、大白菜	地膜、露地
	上方乡上方村	1500	黄瓜、大白菜	地膜、露地
	上方乡赵阳关	500	大白菜	露地
	上方乡范家佐	1600	黄瓜、番茄、大白菜	大棚、露地
	翟营乡南翟营	2000	黄瓜、番茄、甘蓝	大棚、地膜
	翟营乡东寺	1600	黄瓜、甘蓝	大棚、地膜
	翟营乡北伏流	800	豆角、黄瓜	地膜、露地
	翟营乡东伏流	800	豆角、黄瓜	地膜、露地
	翟营乡岗头	1300	番茄、甘蓝	地膜、露地
	合计	12300		

续表

县名	乡镇名、村名	蔬菜播种面积/亩	主栽蔬菜种类	栽培形式（温室、大棚、中小棚、地膜、露地）
平山县	平山镇高村	500	黄瓜、番茄、豆角、叶菜	大棚、中小棚、地膜
	平山镇新安	150	芦笋	露地
	平山镇北白楼	200	芦笋、黄瓜、叶菜	大棚、露地
	平山县原种场	200	黄瓜、番茄、豆角、叶菜	大棚、地膜
	岗南镇南石殿	300	番茄、茄子、青椒	温室、中小棚
	岗南镇石家沟	100	番茄、茄子、青椒	温室、中小棚
	平山镇西庄	100	芦笋、豆角	大中小拱棚、温室
	合计	1550		
井陉县	威州镇南沟	200	番茄、黄瓜	温室、大棚、中小棚、地膜、露地
	上安镇白王庄	43.6	番茄、黄瓜	温室、地膜、露地
	秀林镇神堂寨	130	番茄	温室、大棚、中小棚、地膜、露地
	秀林镇南秀林	162	番茄、芹菜	温室、地膜、露地
	秀林镇翟家庄	80	番茄、黄瓜	温室、大棚、中小棚、地膜、露地
	合计	615.6		
矿区	横间乡天户	80	黄瓜	温室
	横间乡东岗头	100	黄瓜、叶菜	大棚
	横间乡横南	180	大白菜	露地
	贾庄镇西岗头	300	西葫芦、西红柿	温室
	凤山镇西沟	200	大白菜、萝卜	露地
	合计	860		
赵县	赵州镇西河村	500	黄瓜、青椒、番茄、圆白菜、大葱、豆角	大棚、小棚、露地
	王西章乡侯召村	300	茄子、青椒、芹菜、番茄	大棚、露地
	前大章乡安现村	300	黄瓜、青椒、番茄、豆角	大棚、露地
	王西章乡南寺庄村	3000	冬瓜	露地
	韩村镇宋城村	300	番茄、黄瓜	大棚
	北王里镇沟岸村	2000	日本南瓜	小棚加地膜
	高村乡西大章村	500	西瓜	小棚加地膜
	高村乡西江村	500	芦笋	露地
	高村乡猛公村	300	西葫芦	小棚加地膜
	合计	7700		

续表

县名	乡镇名、村名	蔬菜播种面积/亩	主栽蔬菜种类	栽培形式（温室、大棚、中小棚、地膜、露地）
新华区	西三庄	800	黄瓜、西红柿、茄子、辣椒、白菜等	温室、中、小棚、地膜
	合计	800		

二、蔬菜品牌建设现状、问题及建议

石家庄市是全国蔬菜生产大市，多年来蔬菜的人均产量和占有量在全国大中城市中位居前列，目前正处在由蔬菜产业大市向产业强市转变的关键阶段。树立品牌观念，加快品牌建设，对提高全市蔬菜质量安全水平，增强市场竞争力，建设蔬菜强市具有重大意义。全市现有藁城市"碧青"牌、鹿泉市"雪泥"牌、高邑县"哨营"牌、无极县"绿风"、灵寿县"灵洁"等蔬菜注册品牌15个，蔬菜加工企业20余家，年销售量在10万吨左右。蔬菜品牌虽然不少，但叫得响，市场占有率高的不多；知名度大的几乎没有，导致石家庄蔬菜品牌市场占有率低、"拳头"产品优势不明显。针对蔬菜品牌建设存在的问题，提出以下建议。

（一）工作重点

1. 抓好基地建设

在全市重点抓好10个蔬菜生产大县，建设5个特色明显、产品质量过硬、产业发展强劲的蔬菜强县，突出抓好2个产业发展核心县，促使蔬菜产业向优势区域集中，形成优势明显、产品特色突出的规模化生产基地，为蔬菜品牌建设提供基地支撑。

2. 做大龙头企业

按照择优扶强的原则，重点培育壮大藁城市"碧青"、石家庄市"西环"、鹿泉市"雪泥"、高邑县"天迪鑫"、正定县"惠康"等一批蔬菜加工龙头企业，政策倾斜给予支持，鼓励和扶持企业发展连锁经营和超市配送。一是设立蔬菜品牌建设专项资金，主要用于帮助蔬菜加工企业申报无公害农产品、绿色食品、有机食品、国家地理标志产品和省名牌产品认定；二是制定优惠补贴政策，重点支持鲜活蔬菜加工企业建设产品检测中心，增加冷藏设施和运输设备等，形成企业自检体系和冷藏储运系统，促进品牌建设的快速发展。

3. 培育骨干企业

一是重点在5个蔬菜生产大县，2个核心蔬菜生产县扶持一批蔬菜加工企业，充分发挥区位优势，进一步开拓京津及国内高端市场，积极打造国内优质品牌产品；二是积极帮助企业与商检等部门合作，加大出口蔬菜生产基地备案力度，逐步建立产销全程质量追溯制度；三是积极引导企业引进国外优良品种，按进口国标准和要求定向生产出口，并积极在进口国注册商标，按国际规则运作，打造一批出口骨干企业和名牌产品。

4. 强化组织建设

一是选择藁城市的岗上镇、石家庄市西环、高邑县后哨营等有一定基础的蔬菜专业合作社和行业协会，鼓励其承担技术推广和蔬菜商品化处理及品牌打造项目，以组织化推动品牌化；二是制定促进专业合作组织发展的意见，进一步明确有关税费减免、绿色通道、农资供应、用地、用电、注册登记等方面的扶持措施；三是在全市范围内开展产销合作组织的评比和表彰活动，总结成功经验，进行宣传报道，引导蔬菜合作组织规范管理和健康发展。

5. 帮助企业建设基地

一是结合无公害蔬菜标准化生产基地建设、设施农业、测土配方施肥等项目的实施，引导和支持蔬菜企业按照无公害、绿色、有机及国际标准建设高标准生产基地和出口备案基地；二是通过制定和实施蔬菜产前、产中、产后各个环节的技术要求和操作规范，规范企业基地生产过程，开展全程质量控制；三是在企业基地大力推行产地标识管理、产品条形码制度，做到质量有标准、过程有规范、销售有标志，打牢品牌发展的质量基础。

（二）保障措施

1. 加强领导

为加强蔬菜品牌建设，成立由农业局局长任组长、主管蔬菜副局长为副组长，相关单位负责同志为成员的蔬菜产业发展工作领导小组，下设蔬菜品牌建设办公室负责该项工作的具体实施。

2. 搞好宣传

把开展蔬菜品牌宣传活动作为推动本市蔬菜产业增效益、上台阶的重要措施，积极与新闻单位合作，在全市范围内，筛选一批具有先进经营和服务理念，能够引领蔬菜业发展潮流的蔬菜品牌和企业进行宣传，扩大本市蔬菜品牌的知名度和美誉度。

3. 协同工作

蔬菜品牌建设工作是一项系统工程，涉及多个部门，主动加强与相关部门之间的沟通与协调，积极争取财政、工商、税务、质检等部门的支持，充分争取和利用好各种社会力量，共同促进蔬菜品牌化发展。

三、蔬菜生产目前存在的问题

虽然石家庄市蔬菜产业发展取得了一定成效，但也存在着制约蔬菜产业发展的一些问题。

1. 标准化生产有待加强

一是全市蔬菜技术力量不足且分布不均；二是受经费制约，宣传培训落实不到位，从整体上看，部分蔬菜生产还处在比较随意的状态，一些地方缺乏真正的落实；三是无公害蔬菜标准化生产的物化措施（防虫网、粘虫板、微滴灌等）需要资金投入，在不增加投入的情况下无公害蔬菜标准化生产技术很难全部落实。

2. 蔬菜品牌建设差距很大

目前全市拥有藁城市"碧青"牌、鹿泉市"雪泥"牌、高邑县"哨营"牌、无极县"绿风"等注册品牌15个，品牌不少，但叫得响，市场占有率高的不多。知名度大的几乎没有，导致品牌市场占有率低，"拳头"产品优势不明显。

3. 龙头企业辐射带动力偏弱

虽然本市有了藁城市银河、正定县惠康等 20 多家蔬菜产业化龙头企业,但企业规模偏小,品种不多,特色品牌不突出,辐射带动能力偏弱,特别是产后分装、加工、贮藏、保鲜等环节的加工企业缺乏。而山东仅寿光市(县级市)就有 43 家市级以上农业龙头企业,带动当地蔬菜深加工,出口创汇能力和辐射带动能力强。

4. 市场信息服务滞后

蔬菜产业信息化建设机制不健全,信息化建设滞后,蔬菜产销信息收集、发布不畅,在一定程度上使蔬菜生产与市内外市场衔接不紧密,导致市场对蔬菜生产的引导、调节作用不能充分发挥。

5. 农民组织化程度较低

本市农民专业化合作组织虽然得到了快速发展,但覆盖面较小,层次较低,缺乏规范。全市初具规模的蔬菜专业合作组织有 98 个,带动农户 20 万户,占 30%。带动率低。而山东仅寿光市(县级市)农村专业化合作组织就有 120 多个,80% 以上农户以各种形式进入产业化经营体系。

6. 无公害产品效益没有充分体现

由于市场准入制度尚未完全建立,全市绝大部分批发市场、集贸市场、超市和产地市场没有设立无公害蔬菜产品、绿色食品、有机食品销售专区和专柜,混在一起经营,没有实现优质优价。

四、进一步发展本市蔬菜生产的措施及建议

(一)工作思路

实现"四个转变",即蔬菜产业发展由数量增长型向质量效益型转变;由分散经营向合作经营转变;由提供粗放产品向初、深加工产品转变;由重认证和检测向生产、认证和检测协调发展转变,而近期更应重视种植生产阶段的工作。

(二)关键环节

实施"两加强""三带动",提高蔬菜质量和效益

1. 实施"两加强",提高蔬菜质量

一是加强种植管理过程控制。合格的蔬菜产品是种出来的,推行蔬菜标准化生产和管理是提高蔬菜产品整体质量水平的前提和保证。通过狠抓生产技术规程落实和投入品监管等关键环节,实现良种、成套技术规程、生产过程和产品质量的标准化,确保蔬菜产品的质量安全。以提高质量安全水平为中心,深入开展农药减量增效控害活动,千方百计减少农药残留和化肥污染。二是加强产品提质增效。第一,要加快蔬菜品种的更新换代步伐。在新品种引进过程中要坚持面向市场需求的原则,引进精特菜品种和洋葱、番茄、胡萝卜等出口专用品种。同时要坚持良种良法相配套的原则,注重配套栽配技术研究、示范与推广,要充分利用蔬菜种类多、品种丰富、栽培特性复杂、种植方式灵活的特点,进行优化组合,组装配套,适应市场需求,提高种植效益。第二,要切实加强设施优化改造和工厂化育苗建设,扩大生产规模,促进产业发展,增加蔬菜效益。第三,帮助蔬菜生产加工企业申报无公害农产品、绿色食品、有机食品、国家地理标志产

品和省名牌产品认定，通过品牌效应增加效益。

2. 实施"三带动"，提升种植效益

一是市场带动。蔬菜作为商品，只有卖得出去才能实现其效益，为此要下大力开拓市场，强化蔬菜营销工作。首先强化、规范蔬菜批发市场建设，重点规划和完善桥西区、高邑县、无极县王村等大中型蔬菜批发市场，提高其分级包装、信息发布能力，仓储冷藏能力，使之成为设施先进、功能完善、运行规范、物流通畅的一流蔬菜批发市场。其次大力发展农民合作经济组织，市场中介组织、经纪人队伍建设，培育市场主体。不断探索新型营销方式，推行无公害蔬菜在大中城市的配送、直销和连锁销售。积极探索"公司＋合作组织（协会）＋基地＋农户"等产业化质量控制模式，以质量赢得市场，以市场推动质量的提高，鼓励有基础的蔬菜专业合作社和行业协会承担技术推广和蔬菜商品化处理及品牌打造项目，以组织化推动品牌化；同时明确有关税费减免、绿色通道、农资供应、用地、用电、注册登记等方面的扶持措施。二是企业带动。要重点扶持有条件的蔬菜加工企业在蔬菜优势产区建设蔬菜产品生产、加工、出口基地，加强基地与农户、基地与企业之间的联系与合作。利用龙头企业开拓市场能力强、信息灵敏的优势，把市场信息、适用技术、管理经验及时传送给农户。按照择优扶强的原则，重点培育壮大藁城市银河、新华区西环、高邑县天迪鑫、正定县惠康等一批蔬菜加工龙头企业，政策倾斜给予支持，鼓励和扶持企业发展连锁经营和超市配送。制定优惠补贴政策，重点支持鲜活蔬菜加工企业建设产品检测中心，增加冷藏设施和运输设备等，形成企业自检体系和冷藏储运系统。三是品牌带动。借助本市已有的藁城市双庙甜椒、新乐市新沙蜜牌西瓜、无极县高陵贡牌大葱、辛集市军齐韭菜、灵寿县孟托食用菌、赵县芦笋等品牌产品的影响力和技术优势，进一步扩大其生产规模，不断提档升级，增强市场竞争力，提高其知名度和市场占有率。

（三）工作措施

实施"五加强"，提高蔬菜产业发展水平。

一是加强组织领导。各级政府成立由主要领导为组长，有关单位负责人为成员的蔬菜质量安全领导小组。在全市形成政府主导、部门配合、上下联动、分工负责、齐抓共管的工作机制。同时实行各县市、乡镇、村一把手负责制。二是加强资金扶持。将蔬菜质量安全管理工作纳入本级国民经济和社会发展规划，并安排蔬菜质量安全经费。在保证蔬菜产地环评、质量安全检测的基础上重点加强标准化生产基地建设的资金投入。主要用于新品种的引进试验补助、新型设施改造补助、新技术（防虫网、杀虫灯、生物防治）补助、无公害肥料农药补助和村级监督员补助。三是加强科技示范。样板示范、典型引路、用事实说话，是引导菜农采用新技术的有效途径。各级农业部门要从"抓多数"向"抓少数"转变，在抓整体推动的同时，要更加注重抓增效增收典型。培育一批农民看的见、学的会、学的起的示范园、示范场、示范户、示范棚，发挥其培训、示范和引导作用，带动农民自我调整、自我发展。四是加强产业培训。抓好培训是实现农民科技水平提高的关键环节，蔬菜产业培训以对各无公害蔬菜生产基地所属县、乡农业部门负责人和专业技术骨干、种植大户、经纪人、合作组织、加工企业为主，目的是培训一批懂市场、懂技术、懂政策的师资队伍、一批经纪人队伍、一批合作组织、一批加工龙头企业。最终通过大规模的培训，达到蔬菜产业从业者的经营理念、质量理念、技术水平大幅提升。五是加强信息服务。要加大科技信息服务力度，拓宽服务领域，转变服务方式，充分发挥农技电波入户、热线电话、农业信息网、专家面对面视频等现代化传媒形式的方便、快捷作用，全方位地开展服务，将农业"快易通"建成本市为民服务的精品工程。特别要发展蔬菜交易电子商务化，创建蔬菜网上交易市场。鼓励县级农业信息网站开辟蔬菜产地价格信息发布专栏，定期及时搜集发布更换蔬菜供求信息，提高蔬菜供求信息服务水平，促进产销衔接。

第七章 中低产田类型及改良利用

第一节 中低产田的区域特点

一、中低产田分布及土壤形成关系

石家庄市中低产田分布规律（见表7-1）。

表7-1 石家庄市土壤耕地地力综合评价

耕地地力	主要土类或亚类
极高产地	潮褐土、潮土
高产地	湿潮土、褐土、潜育型、潴育型水稻土
中产地	石灰性褐土、褐土性土、盐化潮土、沼泽土、草甸沼泽土
低产地	淋溶褐土、草甸盐土
极低产地	棕壤、石质土、粗骨土、新积土、半固定风沙土、山地草甸土

石家庄市土壤垂直分布规律：低山至中山为石灰性褐土—褐土—淋溶褐土—棕壤—山地草甸土。其海拔高度是：石灰性褐土约600m以下，褐土为500~800m，淋溶褐土为700~1200m，棕壤1000~1200m，山地草甸土为1900~2281m。

其土壤垂直带谱的基带为褐土带和棕壤带。

由于山体的坡向不同造成水热条件和植被的差异。因此，土壤垂直带谱在南北坡向的分布高低也有差异。以平山县南坨土壤垂直带谱为例，南北坡向带距差100~200m，如南坡的棕壤要比北坡的棕壤出现部位高100~200m。

石家庄市的潮土、沼泽土、水稻土、盐土、风沙土、新积土、粗骨土、石质土、山地草甸土等土壤类型均为区域性土壤。

潮土、沼泽土的成土条件中，水分是土壤形成的主导因素，即土壤由于地下水埋深很浅或地表长期积水，土壤物质处于氧化还原状态过程中形成的土壤。凡符合这些成土条件的均可形成该土壤类型，其在山区的褐土区有分布，在平原的潮土区也有分布。

水稻土则是由于人类长期种植水稻，进行周期性的耕作、灌排、人为控制土壤中的物质的氧化还原过程，成为区别于其他旱作土壤的人为土壤类型。因此，在石家庄市它的分布都在有灌排条件的山区沟谷和山麓平原上部有泉涌或河滩等地方。

盐土是以水文和地形为主导的成土因素作用下形成的土壤类型。其分布规律是在地下水位较高，且矿化度较高，地形为洼地中微凸起的部位上。由于地下水径流不畅，其所含有的可溶盐随土壤毛管水聚积地表而形成的土壤类型。

而石质土和粗骨土，则是由于山体陡峭，土壤受降水的冲刷，黏粒和其他物质被冲失，仅留下大量的砾石和植物着生的少量薄层土壤。其发育过程经常被打断，故无发育层次，整个土层呈粗骨状。其分布规律也均在低山、水土流失严重的地区。

新积土和风沙土的分布规律则是在河漫滩和故河道上，由于成土时间短暂而无剖面发育的一类土壤类型。

二、中低产田与土壤质地的关系

（一）土壤质地区域分布特点

土壤的物理性状是影响耕地地力的重要因素，土壤质地是反映土壤物理性状的重要指标，土壤物理性质是协调土壤水、肥、气、热的重要因素，同时对土壤养分转化、释放和供应起着重要作用。

石家庄市土壤母质主要有山区的花岗岩类、石灰岩类、基性岩类等的风化残积坡积母质，山麓平原的洪冲积物，以及河流冲积物和黄土性沉积物。这些特有的成土母质，形成了全的典型土壤质地，总的来说，质地偏轻，多为沙壤、轻壤。平原地区由西北向东南，由轻变重的趋势。据分析测定，沙质、沙壤和轻壤合计占全市土壤面积的98.31%。它决定了本市的土壤质地普遍偏轻的特性。

在平原各县中，由于受大沙河、老滋河、木刀沟以及滹沱河的冲积、摆动的影响，造成沿河各县的土壤质地较轻。沙质、沙壤质土壤比重大，如新乐市、正定县、无极县、晋州市等县（市），沙质、沙壤面积占各县土壤面积的12%～47%。尤其是新乐县，由于木刀沟、大沙河两条河流横贯全县，土壤质地最轻，沙质、沙壤占全区的46.69%。

山区丘陵地带，发育在残坡积上的土壤质地也较轻。据赞皇县、平山县、灵寿县、行唐县四县的统计，残坡积物土壤面积共509.9万亩，其中沙质、沙壤质面积为282.4万亩，占残坡积土壤面积的55.4%。黄土性沉积物和黄土性冲积物母质发育的土壤，质地均一，多为轻壤。主要分布在山区及丘陵地区的沟谷、盆地之中。发育在广大洪冲积扇上的土壤，如高邑县、元氏县、栾城县、藁城市、正定县等县的土壤，质地绝大部分为轻壤，占土壤面积的81.0%～98.2%。而中壤、黏土面积较小，大部分零散分布于冲积扇下游的赵县、辛集市、晋县、深泽县等地。这几个县的中、黏质土壤占平原十县中、黏质土壤总面积的84%。详细分析见表7-2。

表7-2 石家庄市土地耕层质地状况（亩）

县	总面积	沙土		沙壤		轻壤		中壤		黏土	
		面积	比例	面积	比例	面积	比例	面积	比例	面积	比例
鹿泉市	1315270	47632	3.62	173713	13.21	964399	73.32	123171	9.37	6355	0.48
晋县	881189	15045	1.71	91819	10.42	744640	84.50	29685	3.37	—	—
深泽县	416684	1478	0.35	17546	4.21	395130	94.83	2530	0.61	—	—
无极县	767593	43449	5.66	53854	7.02	669188	87.18	1102	0.14	—	—
藁城市	1199039	20557	1.72	85757	7.15	1085121	90.50	7604	0.63	—	—
赵县	997491	24	—	25026	2.51	937298	93.97	35143	3.52	—	—
栾城县	554160	—	—	—	—	526688	95.04	27472	4.96	—	—
正定县	863628	110927	12.84	49707	5.76	699359	80.98	3635	0.42	—	—
新乐市	762771	138818	18.20	217343	28.49	406610	53.31	—	—	—	—
高邑县	313107	5522	1.76	5063	1.62	300954	96.12	1568	0.5	—	—
元氏县	976658	1524	0.16	12645	1.29	958951	98.19	3538	0.36	—	—
赞皇县	1240318	928	0.08	590320	47.59	632462	50.99	16608	1.34	—	—
平山县	3523558	16009	0.45	1451454	41.19	2035122	57.76	19248	0.55	1725	0.05
灵寿县	1497333	24995	1.67	495009	33.06	974185	65.06	3144	0.21	—	—
行唐县	1392306	28749	2.06	472810	33.96	890501	63.96	246	0.02	—	—
合计	16701105	455657	2.73	3742066	22.41	12220608	73.17	274694	1.64	8080	0.05

（二）土壤质地对耕地地力的影响

土壤质地是影响耕地地力的重要因素，它调节着土壤水肥气热，影响土壤蓄水、导水、保肥、供肥、导温和耕性性状等。

1. 沙质、沙壤土

全市耕地中沙质、沙壤土41.98万亩，占其耕地面积的25.14%。主要分布区域木刀沟、滹沱河影响的新乐市、正定县、藁城市等县市。

该质地土壤蓄水力弱，养分含量低，保肥力差，土温变化较快，通气性和透水性良好，易于耕作但保水肥能力差，不耐旱，养分也容易流失。施肥需少量多次。种植的作物产量较低，成本较高。

提高沙壤土耕地地力的措施：

①保证水源及时灌溉，尽可能用秸秆覆盖地面，以防止蒸发。

② 增施有机肥提高土壤肥力，进来的施用鸡粪、猪粪等黏性较强的有机肥，改善土壤物理结构。

③ 施用化肥要少量多次，防止肥料流失和作物早衰，提高经济效益。

④ 因土种植，选用耐旱耐瘠品种。

2. 轻壤土

轻壤土是石家庄市主要土壤质地类型。耕地土壤中，轻壤土1222.07万亩，占耕地面积的73.17%。全区轻壤土的特点是，小于0.01mm的黏粒含量少，一般在20% ~ 27%，熟化程度高，有机质含量较高。轻壤土有机质含量15.0g/kg左右。轻壤土体本身物理性状好，通透性、保肥保水力强，空隙适宜，松紧适中，是石家庄市高产区。

3. 中壤及黏质土

石家庄市耕地土壤中中壤及黏质土较少，总面积只有28.28万多亩，占耕地的1.69%。其中主要是中壤质土。俗称"二性子土"，具有"干时硬，湿时泞"的特点。该质地土壤保水力和保肥力较强，养分含量较高，土温比较稳定。但通气透水性差，且耕作比较困难。改良此类土壤的主要措施是秸秆还田、增施有机肥，以逐步改善土壤物理性质。

三、土体构型对耕地地力的影响

土体构型是指土壤剖面中沙、壤、黏质的不同土层相互重叠的关系。土壤各级土粒（包括单粒和复粒等）因不同的原因相互团聚形成大小、形状和性质不同的土团、土块或土片，称为土壤结构体。常见的有屑粒、微团粒、团粒、块状、核状、柱状、棱柱状以及片状等结构体。土壤结构是影响土壤水肥气热协调性主要因素，是反映耕地地力的重要指标。

土体构型对于土壤水分、养分的运行，关系极为密切。按照土壤发育层次，保肥供肥、保水供水性能以及通透性和耕种性，可将全市耕地土壤分为如下6个主要土体构型。

1. 中薄土层

此种土壤土层较薄，厚度在30 ~ 60cm，主要是发育在山区残坡积母质上的土壤，也有一部分是人工堆垫、灌淤形成的土壤，面积大约为24万多亩。中薄层型土壤的共同特点是：土层浅薄，质地粗糙，多含有数量不等的砾石；保水保肥能力较差，容易变旱；由于土体薄，影响作物根系深扎，作物产量普遍较低；分布在山区、丘陵区各县市。

2. 漏沙型

此种土壤面积为45万多亩，主要是河流冲积以及洪冲积形成的土壤。分布在平原各县。它的特点是：上层多为轻壤，少部分为中壤，而在20mm或50cm以下出现30mm或60cm以上的沙土层，漏水漏肥，易受旱和脱水早衰。

3. 蒙金型

此种土壤是由于河流及复冲积、覆盖而形成的土壤。面积51万多亩，零散分布于平原各县。蒙金土的特点是：表层有20 ~ 50cm的轻壤，少部分为砂壤，下面有一层30cm或60cm以上的黏质土壤做底。这种土壤上轻下重，表土为轻壤，疏松多孔耕性好，水肥气热协调。心土底土有黏土间层，保肥托水，又防地下水上升地表，使盐分不能上升到耕层，具有良好的排盐蓄水特性，既发小苗又发老苗的高产稳产土壤。

4. 均质型

此种土壤面积为676万多亩，它主要发育在黄土状洪冲积母质上，是本区分布最广的土型，其土斑也比较大。均质型土壤的特征，是通体轻壤或心土底土夹有沙壤或中壤不超过1级质地的土层，质地比较均一、土体深厚、土质不沙不黏，通透性好，保水保肥，水肥气热协调，适宜各种作物生长。

5. 松散型

松散型是指土体沙质或沙壤质，土质松散的土壤类型。主要是河流冲积的河漫滩、河故道、沙丘和风沙土形成的土壤，面积63万多亩。它的特征上整个土体松散、透水性强、漏水漏肥，肥力较低，作物易早衰，是养小不养老的土型。

6. 紧实型

此种土壤面积为19万多亩，多分布在深泽县、辛集市、赵县、晋州市、栾城县等河流冲积物上的河间洼地、坡地、凹岸以及黄土状洪冲积母质上。紧实型土壤的特征是：土质较重，通体为中壤和黏土；或表土为中壤，土体有夹层或底黏。通气透水差，保肥保水力强，排水困难，土性冷。有机质分解慢，自然肥力较高，而有效性较低，前劲小、后劲足。湿时泥泞干时硬，耕性差、不耐涝。经过培肥改良土壤性态，可以建成高产田。

此外，荒地土壤的土体构型主要有3种，①属于均质型的一部分棕壤、山地草甸土、淋溶褐土等土壤。土层虽然较厚，但海拔较高不能耕种。②属于中薄层型的含砾较多的土壤。③属于疏松型的河流故道及河漫滩上通体沙质的土壤。

第二节　中低产田类型及改良利用措施

一、沙土改良型

（一）面积及分布

全市沙土改良型中低产田面积12.75万亩。沙土改良型分布于滹沱河古道区域，包括新乐市、正定县、无极县等县（市）。

（二）主要障碍因素及存在问题

①此型多沙丘、沙岗、地势起伏不平；②表层质地偏轻，多为沙或沙壤，部分为轻壤。一米土体内多沙层，保水保肥能力差；③养分含量比较低；④风蚀严重。

（三）改良利用措施

此区域存在部分耕层含沙量太高及土体下部含沙太高，使土壤的保肥保水能力很低，影响作物的生长。因此改变土壤固体部分矿物颗粒的泥沙比例，增厚活土层，创造良好的土体构造，这是客土改土的实际内容，通过调剂土壤的物质状态，即在增加土壤矿物质的同时，又改善了土壤孔隙度，有利于调整土壤水、气、热状况，进而提高土壤养分的有效化，增强土壤保水、保肥，供水、供肥性能，促使土壤水、肥、气、热协调，提高土壤肥力，从而使土壤发小苗又发老苗。对于耕层含砂量太高的土壤采取四泥六砂的土质比例进行改造，在耕层掺加好土进行合理改造。对于土体下部含砂太高的漏肥漏水耕地改造，采取对土壤下部进行沙土替换，用好土替换下部的沙土，替换厚度一般在 50cm 为宜，从而提高土壤的保肥保水能力，提高土壤的生产能力。另外要采取增施有机肥、测土配方施肥、合理轮作等。

（1）客土改造。对耕层含砂量太高的土壤，采取四泥六沙的土质比例进行改造；对土体下部含沙量太高的漏水漏肥耕地，可采取用好土替换下部沙土的办法进行改造，替换厚度一般 50cm 为宜。

（2）增施有机肥。通过增施有机肥改善土壤结构，增强土壤的保水保肥能力，提高土壤肥力。

（3）推广测土配方施肥技术。通过测土配方施肥技术的推广应用，补充土壤中的养分供应，实现土壤的养分平衡。

（四）合理轮作

通过合理的作物轮作，达到调整土壤的养分供应力，实现作物高产。

二、瘠薄培肥型

（一）面积及分布

全市瘠薄培肥型中低产田面积 99.45 万亩。主要分布于石家庄市北部的行唐县、灵寿县、平山县、元氏县、赞皇县等县的低山和丘陵区。

（二）主要障碍因素及存在问题

该土壤的主要问题是水土流失严重、土壤粗骨、土层薄、养分含量低、保水保肥性差。

（三）改良利用措施

①加强土地平整，增加土壤涵水能力；②修筑梯田，加固堤堰，防止冲刷；③开发水源，节约用水，扩大水浇地面积；④增施有机肥，扩种绿肥，培肥地力；⑤调整农作物布局，发展旱作农业；⑥搞好多种经营，发展烟草、中药生产。

三、干旱灌溉型

（一）面积与分布

该类型中低产田面积 183.63 万亩。大部分集中在西部低山丘陵区淋溶褐土、褐土性土、粗骨土等。涉及县（市）有井陉县、平山县、行唐县、赞皇县、元氏县等山区县。

（二）主要障碍因素及存在问题

1. 土壤高程高、灌溉条件差

灌溉改良型中低产田，土壤质地多为轻壤、通透性好，但多高程高、土层薄，水资源条件较差，难以打井和灌溉。

2. 春旱严重

由于石家庄市雨水 80% 在 7～8 月份，而春天播种期出现"掐脖旱"，低山丘陵区地下水位较低，靠近河流的区域可借助河水灌溉播种，而西部山区只能进行"雨养"农业，种植抗旱性强的豆科杂粮。

（三）改良利用措施

①对于已具备一定灌溉条件的地块，发展节水灌溉工程，充分利用有限的水资源，努力提高灌溉水平，提高农田灌水的保证率；②没有灌溉条件的地块，大力发展集水设施或引水灌溉，充分利用地上水资源；③因地制宜，增施有机肥，培肥土壤，采取深耕深松技术提高土壤保水保肥能力；④推广旱作农业技术，冬前翻耕、镇压保墒，选用抗旱良种、种植豆科杂粮；⑤高程较高难于耕种的区域建议发展果树等经济林。

第三节　提升土壤有机质对策

一、影响耕地土壤有机质含量主要因素

（一）农作物秸秆还田面积不断增加

第二次土壤普查时，石家庄耕地土壤有机质含量普遍较低，原因主要是家庭联产承包责任制刚刚实行，作物秸秆多被用作燃料，遗留在土壤中的生物量很小，土壤有机质得不到基本补偿；其次是畜牧业非常薄弱，不能产生更多牲畜粪便补充土壤有机质。20世纪80年代后期至今，随着农业机械化水平的不断提高，石家庄地区大力推广实施秸秆还田技术，秸秆（主要成分是纤维素和半纤维素）经土壤微生物分解后形成较多的有机质，从而提高了土壤有机质含量。

（二）农业生产管理水平不断提高

石家庄大田种植作物主要是小麦和玉米。随着农民收入的增加，对土地的投入逐渐增加，由于新品种和新技术的大面积推广应用以及化肥施用量的增加，使得农作物产量大幅度提高，同时副产品量（秸秆产量）也在增长，大量秸秆还田对提高土壤有机质含量起到至关重要的作用，这也是石家庄平原区粮食主产县（市、区）有机质含量普遍较高的主要原因。

（三）蔬菜种植面积不断扩大

随着市场经济的发展，农业种植结构得到调整，蔬菜种植面积不断增大，由1982年的61.5万亩增加到1990年的78.0万亩，2009年石家庄地区蔬菜种植面积迅速发展到了235.5万亩。农民们为了提高蔬菜品质和增加收入，加大了蔬菜地有机肥的投入，使土壤有机质含量提高，这也是市区、高邑县、栾城县、藁城市等蔬菜种植大县（市、区）土壤有机质含量增长速度较快的原因之一。

（四）畜牧产业不断壮大

随着农村联产承包责任制的落实，一家一户的经营模式逐步形成，以家庭为单元的畜牧产业迅速发展，牛存栏量由1982年的5.70万头增加到2009年的151.14万头，羊存栏量由1982年的46.18万只增加到2009年的242.51万只，猪存栏量由1982年的161.46万头增加到2009年的522.89万头。饲养牲畜将消耗大量的农作物秸秆，秸秆过腹后产生的粪便以及家禽产生的粪便都是优质有机肥的重要来源，饲养量增加产生的大量粪便对提高耕地土壤有机质含量起了很大作用。

二、石家庄市耕地土壤有机质含量提升的对策

（一）发展农业机械，大力推广秸秆直接还田

随着秸秆还田年限的增加，土壤有机质含量提高，年均递增 0.3g/kg，同时有效改善土壤的理化性状，提高耕地质量水平。石家庄多为小麦—玉米一年两熟种植模式，常年种植小麦 540 万亩、玉米 480 万亩，年秸秆还田量约为 15t/hm²，按照秸秆有机质含量 15% 计算，耕地有机质年增加 2250kg/hm²，秸秆还田后对提升耕地有机质含量具有十分重要的作用。

（二）发展饲养业，增加优质有机肥肥源量

饲养大牲畜，增加存栏量，是秸秆过腹还田的主要途径。广辟肥源，增施有机肥是提高耕地有机质含量最直接的措施。1 头牛每年产生粪便约 12400kg，1 头猪每年产生粪便约 1934kg，百只家禽每年产生粪便约 4500kg，这些粪便将是优质的有机肥原料，是提高土壤有机质不可缺少的组成部分。

（三）发展沼汽业，拓宽有机肥肥源渠道

沼液是有机物经沼气池制取沼气后的液体残留物，不仅含有作物生长所必需的氮、磷、钾、微量元素和氨基酸等多种营养物质，而且含有丁酸和维生素 B_{12} 等活性、抗性物质、微生物，有促进作物生长和控制病害发生的双重作用，是一种高效优质的有机肥。据石家庄土肥站试验表明，冬小麦喷施沼液后产量较对照增加 10% 左右。

（四）发展商品有机肥，提升有机肥肥源质量

商品有机肥是将畜禽粪便、作物秸秆、有机生活垃圾等经过粉碎、发酵、脱水、造粒等工艺程序，工厂化生产而成的优质有机肥，具有有效成分含量高、施用方便、无害等优点。据石家庄晋州市有机质提升项目调查数据显示，增施商品有机肥能明显改善耕地的物理性状，提高作物产量，取得了显著的生态效益和经济效益。石家庄现有有机肥生产企业近百家，充分利用这些商品有机肥资源，提高耕地有机肥投入的质量水平，对全面提升耕地质量和实现农业可持续发展具有十分重要的意义。

第八章 耕地资源合理配置与种植业布局

第一节 耕地资源合理配置

一、耕地数量与人口发展趋势分析预测

(一) 耕地与人口变化及原因分析

新中国成立以来，随着经济社会的全面发展，全市耕地数量和人口数量呈现出持续反向变化，一是经济建设对土地的需求持续不断的增长，导致耕地数量的不断减少；二是人口的急剧增加，人均占有耕地数量日益缩减，导致人地矛盾突出。

1. 人均耕地资源贫乏

截止到2010年年底，耕地总面积为808.6万亩，人均耕地0.87亩，低于全国和全省平均水平。在耕地资源贫乏的同时，人口由1952年的33.45万人增加到2010年的1017.5万人，增长30多倍，人口数量在持续增长，耕地总量仍不断减少。由于后备资源短缺，且受到人口与经济发展的双重压力，耕地利用处于难承其重、严重的超负荷状态。

2. 城镇建设外延扩展占用耕地

石家庄市城镇建设近期呈现出快速发展的强劲势头。每年新增占地中一半以上占用的是耕地，且主要是城镇周围和交通沿线的地势平坦、水源充足、耕地质量高、长期投入积累多的肥沃农田，加上工矿、交通、水利设施三项建设大量地占用耕地，影响了农村经济的持续发展。

3. 农民建房占用耕地

改革开放以来，由于生活水平的提高，人居条件的改善，本市乡村住宅建设大幅度增长，乡村建房用地比改革开放前扩大了近一倍。大量农田被占用，使人均占有耕地面积大量减少。

(二) 土地资源及耕地动态变化分析

新中国成立初期全市耕地面积1024.2亩，人均耕地2.88亩，1989年人均耕地达到1.23亩，截止到2010年年底，全市耕地面积为808.6万亩，占市域总面积的34.1%，人均耕地面积仅为0.87亩，远低于全省平均水平；60多年间，人均耕地面积减少了70%。人均耕地面积已低于国际粮农组织规定的0.8hm^2警戒线。基本农田保护面积为745万亩，有效灌溉面积720万亩；中低产田比重较大，升级改造任务重；未利用地面积小，耕地后备资源少。

（三）耕地数量与人口变化趋势预测

随着经济建设和社会事业的发展，针对目前严峻的人地矛盾形势，石家庄市政府高度重视，根据石家庄市土地利用现状和发展规划，确定了未来土地利用的基本原则：以中央有关土地保护的指示精神为指针，贯彻落实"十分珍惜、合理利用每一寸土地，切实保护耕地"的基本国策；开发与节约并举，加大复垦开发整理力度，提高土地利用率；协调耕地占补关系，合理安排各业占用耕地，确保耕地总量动态平衡和土地利用可持续发展两大主体战略，把"一要吃饭，二要建设"的土地利用基本方针落实到实处，坚持土地利用和经济、社会、生态效益的统一。为国民经济持续、稳定、协调发展提供良好的土地条件。

从未来人口变化趋势来看，2010年，石家庄市常住人口为1017.5万人，根据第五次、六次全国人口普查数据计算，近10年间年平均增长率为0.84%，而石家庄市2010年的人口增长率为0.67%。预期人口增长率将处于平稳略有下降趋势，按到2015年石家庄市人口增长为0.8%计算，全市人口将达到1059万人；2015～2020年人口增长率为0.7%计算，2020年全市人口将达到1096万。因此，今后全市人均耕地数量将逐步趋向稳定，耕地总量实现动态平衡。全市建设占用耕地将得到严格控制，保证耕地总量平衡有余。

二、耕地地力与粮食生产能力分析

耕地是由自然土壤发育而成的，但并非任何土壤都可以发育成为耕地。能够形成耕地的土地需要具备可供农作物生长、发育、成熟的自然环境。具备一定的自然条件：①必须有平坦的地形；②必须有相当深厚的土壤，以满足储藏水分、养分，供作物根系生长发育之需；③必须有适宜的温度和水分，以保证农作物生长发育成熟对热量和水量的要求；④必须有一定的抗拒自然灾害的能力；⑤必须达到在选择种植最佳农作物后，所获得的劳动产品收益，能够大于劳动投入，取得一定的经济效益。凡具备上述条件的土地经过人们的劳动可以发展成为耕地。这类土地称为耕地资源。

（一）石家庄市耕地利用现状

2010年年底，石家庄市耕地808.6万亩，占区域总土地面积的34%；其中水浇地720.4万亩，占全市耕地总面积的89.1%。

（二）耕地地力与粮食生产能力分析

不同时期粮食作物产量与施肥量变化情况如表8-1所示。从表8-1中可以看出，1980～2010年30年间，本市施肥量和产量都有很大提高，随着施肥量的增加，耕地地力不断提高，粮食生产能力也不断提高。

表 8 - 1　不同时期粮食作物产量与施肥量变化情况　　　　　单位：kg/亩

年份	产量		施肥量				
	冬小麦	夏玉米	总计	氮肥	磷肥	钾肥	复合肥
1981	306.0	333.0	16.49	15.00	1.00	0	0.49
1986	289.8	334.4	18.92	12.40	4.23	0.15	2.14
1998	440.0	466.1	51.57	30.8	8.86	2.56	9.35
2000	441.5	481.7	53.85	32.11	9.06	2.67	10.02
2010	413.0	485.9	59.80	33.14	10.07	3.34	13.25

三、耕地资源合理配置意见

石家庄位于河北省中南部，辖 24 个县（市、区）总土地面积 15848km²。全区地形复杂，地貌类型繁多。地形西北高东南低。地貌类型自西向东依次为中山、低山、丘陵、山麓平原等几种类型。由于地貌类型的繁多，导致地表物质和能量在分配的复杂性，产生众多土壤类型。全区共划分为棕壤、褐土、石质土、潮土、粗骨土、新积土、新积土、风沙土、沼泽土、沼泽土、山地草甸土、水稻土、盐土 11 个土类，22 个亚类，81 个土属。根据不同的土壤，不同的肥力，不同的环境条件，适合不同的作物种植。按照因地制宜、趋利避害、扬长避短的原则，合理调整种植结构和作物布局，对合理利用资源，提高经济效益，增加农民收入，保护生态环境有着重要意义。因此，我们依据耕地的实际情况，提出了本市耕地资源合理配置建议。2010 年，本市基本农田、粮食保护区面积及 2015 年粮食总产和 2020 年粮食总产预测的具体情况如表 8 - 2所示。

表 8 - 2　石家庄市粮食保护区面积及产量预测

县（市）区	耕地面积/万亩	基本农田/万亩	粮食保护区面积/万亩	2015 年粮食总产/万吨	2020 年粮食总产/万吨
合计	790.64	741.7	500	500	550
正定县	44.886	31.2	25	26	29
栾城县	34.6575	29.7	24	25	28
藁城市	79.812	68.4	52	54	58
鹿泉市	35.0325	32.5	20	18.8	22
矿区	2.7555	2.0	1	0.8	1
井陉县	34.3215	30.7	13	11	12
行唐县	53.75	57.7	28	26	29
灵寿县	33.174	37.3	18	16	19

县（市）区	耕地面积 /万亩	基本农田/万亩	粮食保护区 面积/万亩	2015 年粮食 总产/万吨	2020 年粮食 总产/万吨
高邑县	23.7885	21.0	16	16	19
深泽县	28.2495	24.9	15	16	18
赞皇县	30.912	25.4	12	10	11
无极县	52.8	46.1	36	37	40
平山县	45.1875	53.1	30	26.4	28
元氏县	52.584	48.8	32	33	36
赵县	72.325	64.2	54	56	60
辛集市	83.655	74.8	56	58	63
晋州市	41.475	54.2	38	39	42
新乐市	41.285	39.7	30	31	35

第二节　种植业合理布局

一、种植业布局现状

新中国成立 60 多年来，石家庄市农业生产发生了巨大的变化，特别是 20 世纪 80 年代初，实行以家庭联产承包为主要内容的农村双层经营体制以来，随着农业科学技术的发展，优良品种的应用，农业技术的推广，农民对化肥增产作用的认识提高，农产品价格的变化以及农业种植结构的调整，农产品的种植结构和布局发生了巨大的变化。1980～2000 年全市粮食总产量是明显逐年增加的时期，到 2000 年粮食总产超过 800 万吨。进入 21 世纪后，随着农业种植结构的调整，绿色小杂粮、无公害蔬菜生产表现出了强劲发展势头，截止到 2010 年全市总播种面积 1516.68 万亩，其中粮食面积 1080.50 万亩（其中：小麦 570.63 万亩，玉米 509.87 万亩），蔬菜 245.49 万亩，经济作物 99.88 万亩。（其中：棉花 17.95 万亩，花生 81.93 万亩）

二、种植业布局面临的问题

虽然全市农作物布局结构逐步趋于优化，取得了比较明显的成效，但由于受体制机制、经济利益、市场变化、政策支持力度等诸多因素的影响，仍然存在区域布局不尽合理，基础设施脆弱，社会化服务相对滞后、产业化组织化水平低等问题。

（一）区域布局仍待进一步优化

主要问题是种植业的规模优势发挥不够，原有区域种植业功能定位和发展目标已不完全适应新时期农业发展的需要。农产品市场竞争力不够强，优势农产品之间竞争，水土资源的矛盾逐步显现，增加了主要农产品结构平衡的压力。

（二）农业基础设施脆弱，抗御防御自然灾害能力弱

农田水利设施虽然有了较大改善，但仍有 88.2 万亩的耕地无灌溉条件，不能满足现代农业的需求，多处万亩灌区农田节水灌溉还有巨大潜力可挖，农产品交易、仓储、物流等基础设施建设不配套，滞后于农业生产发展。

（三）农业社会化服务体系相对滞后

公益性服务体系运行举步艰难，基层农技推广服务体系改革不到位。农业技术推广手段落后单一，且单项技术多，集成配套技术少，成果转化为生产力的效率低，经营性服务组织发育程度低、服务能力有限。特别是专业合作营销组织不发达，产销衔接不紧密，品牌多乱杂，优势主要产品品牌不突出，运销服务、质量标准、标识包装等方面与发达国家存在较大差距。

（四）产业化、组织化水平不高

产业化企业规模小、带动能力弱，与农民资本连接、服务支持、利益共享等一体化关系不完善，带动农户增收能力有限。农民专业合作组织和行业协会数量少、规模小、不稳定的发展格局仍未根本改变，在政策传递、科技服务、信息沟通、产品流通等方面的作用尚未充分发挥。农业小生产与大市场依然突出，抵御市场风险的能力仍然较弱。

（五）、产业化、组织化水平不高扶持政策尚不完善

现有支农资金总量仍然不足，难以满足发展需要。优势产业发展的政策性金融支持力度不够，合作金融、民间金融发展滞后，农村金融体系功能不健全、服务不到位；农业政策性保险制度还不完善，农业风险分担机制尚未完全建立。政府引导、农民主体、多方参与的优势农产品产业带建设长效机制尚未形成。

三、农业布局分区建议

1. 划分原则

（1）统筹规划，协调发展。依据各县（市）、区自然资源状况、经济社会发展水平和粮食生产基础条件，确定不同类型地区的建设重点，进一步优化粮食生产布局。加快粮食生产核心区建设，构建优势明显、集中连片、高产稳产的小麦、玉米、优质杂粮等产业带。优先选择自然条件优越、农业基础好的平原地区，其次考虑中西部山前平原以及河谷地区，同时结合石家庄市 13 个县（市）入选国家"新增千亿斤粮食生产能力规划"建设项目以及石家庄市农业综合开发土地治理"十二五"规划项目，划定基本粮食生产保护区。

（2）突出重点，高产优先。充分考虑区域间的比较优势，依据不同县（市）区的粮食生产能力制定规划，突出单产优势，突显粮食主产区功能。适应现代农业发展的要求，强化农业科技支撑力量，充分挖掘增产潜力，以高产粮食产区为主，打造以优质小麦、玉米、杂粮等产业集群，形成各地分工明确、特色突出的种植业发展格局。

（3）集中连片，带动周边。充分考虑粮食主产区现有生产条件、基础设施、科技推广等因素，选取集中连片区域，便于统一供种、实施测土配方施肥及病虫害防治等，

以增强辐射带动作用，实现持续增产。

（4）承袭传统，抓好瓜菜生产。充分考虑全市各县（市）区的种植传统，因地制宜发展蔬菜和瓜果生产，逐步形成有特色优势瓜菜集中产区。

2. 布局与范围

粮食保护区规划充分考虑石家庄市现有农田分布、农村和城市居民生活需求、农业基础设施建设状况以及社会经济条件等，采取点、线、面相结合的方式进行布局，形成以自给为主的西部山前平地粮田保护带，以满足石家庄市民需求为主的都市农业粮田保护圈和以满足国家商品粮需求的东部平原粮田保护带。

（1）以自给为主的西部山前平地粮田保护带。石家庄市西部以山地为主，由于该区域资源承载能力有限，属于生态环境脆弱地区和重要生态功能保护区，关系到华北地区的生态安全，粮食生产主要以满足当地居民生活需求为主。井陉县（含矿区）、平山县、灵寿县粮食保护区主要分布于小面积的山前平地以及部分山坳，粮食保护区占总面积的比例相对较小。行唐县、鹿泉市、元氏县、赞皇县西部也以山地为主，农田土壤侵蚀比平原地区大，另外有部分地区缺少灌溉条件。因此，行唐县、鹿泉市、元氏县、赞皇县四县（市）的粮食保护区多集中分布在东侧地势较低的地区，另有少部分位于西部河谷地区，主要用于特色杂粮生产。

（2）以满足市民需求为主的中部都市农业粮田保护圈。以新乐市、正定县、栾城县、高邑县为代表的中部地区，位于京广铁路沿线，属太行山山前平原，处于省会核心经济圈，农业发展基础较好。其中四组团县（市）栾城县、藁城市、鹿泉市、正定县靠近石家庄市的区域，以蔬菜、花卉、园艺等服务城市的都市型农业为主，远郊地区则以粮食生产为主，充分发挥现有农业基础设施的作用，建立大面积优质高产粮食主产区。位于北部的新乐市和南部的高邑县，灌溉条件相对较好，地势起伏不大，适宜建成优质小麦、玉米等粮食保护区。

（3）以满足国家商品粮需求的东部平原粮田保护带。东部的辛集市、藁城市、晋州市、赵县、无极县、深泽县6县（市）以平原为主，资源环境承载能力强，经济和人口聚集条件好，农业基础设施完备，属于粮食保护区建设的重点区域。东部6县（市）粮食保护区面积占整个石家庄市粮食保护区面积的一半，其中藁城市、赵县、辛集市均超过50万亩，与另外三县（市）共同打造石家庄市东部地区优质、高产小麦、玉米主产区。

（4）蔬菜布局逐步优化。全市将形成以藁城市为代表的设施甜椒、以无极县、高邑县为代表的设施黄瓜、以藁城市、正定县为代表的设施番茄、以灵寿县为代表的食用菌、以新乐市为代表的西瓜、以辛集市、无极县为代表的韭菜、以藁城市、深泽县为代表的大蒜等九大特色优势瓜菜集中产区，有6个县把蔬菜产业作为首选主导产业，种植面积在10万亩左右的县（市）有11个，有效地带动了全市蔬菜产业的发展，区域化蔬菜生产格局基本形成。

第九章　耕地地力与配方施肥

第一节　耕地养分缺素状况

各县（市、区）土壤养分状况如表 9 - 1 所示。

表 9 - 1　各县（市、区）土壤养分状况

县（市、区）	项目	pH 值	有机质	全氮	碱解氮	有效磷	速效钾	缓效钾
高邑县	平均	8.08	21.20	—	122.26	24.53	153.75	1143.47
	偏差	0.23	7.85	—	31.13	22.11	72.25	200.81
	CV	2.80	37.02	—	25.47	90.16	46.99	17.56
	n	5658	5658	—	5647	5631	5658	2889
	项目	有效铁	有效锰	有效铜	有效锌	水溶态硼	有效硫	—
	平均	4.05	10.05	0.70	2.85	0.39	32.14	—
	偏差	2.04	4.13	2.90	1.73	0.14	9.83	—
	CV	50.45	41.05	416.19	60.64	36.87	30.58	—
	n	2887	2885	2886	2886	2889	2888	—
藁城市	项目	pH 值	有机质	全氮	碱解氮	有效磷	速效钾	缓效钾
	平均	8.11	19.70	1.21	—	37.15	120.31	802.37
	偏差	0.15	0.52	0.30	—	20.96	34.81	234.58
	CV	1.90	26.67	24.70	—	56.42	28.93	29.24
	n	1298	1298	1296	—	1296	1298	1298
	项目	有效铁	有效锰	有效铜	有效锌	水溶态硼	有效硫	—
	平均	11.64	7.11	1.73	1.90	0.42	47.10	—
	偏差	5.18	3.58	2.10	1.21	0.16	23.07	—
	CV	44.47	50.34	121.30	63.43	36.74	48.98	—
	最小	0.50	1.38	0.26	0.04	0.03	0.48	—
	n	487	487	487	486	1293	1293	—

续表

县(市、区)	项目	pH 值	有机质	全氮	碱解氮	有效磷	速效钾	缓效钾
栾城县	平均	7.88	21.14	1.43	121.00	18.54	159.96	956.64
	偏差	0.19	4.65	0.36	31.70	12.54	74.30	244.21
	CV	2.39	21.98	25.21	26.20	67.68	46.45	25.53
	n	6157	6157	1378	6157	6157	6157	6156
	项目	有效铁	有效锰	有效铜	有效锌	水溶态硼	有效硫	—
	平均	9.36	15.84	1.33	3.42	0.36	33.60	—
	偏差	2.39	6.49	0.75	1.69	0.23	17.12	—
	CV	25.58	40.98	56.47	49.45	64.18	50.96	—
	n	6157	6157	6156	6157	6156	6155	—
深泽县	项目	pH 值	有机质	全氮	碱解氮	有效磷	速效钾	缓效钾
	平均	8.39	16.19	—	87.21	21.43	106.35	783.45
	偏差	0.24	5.46	—	27.54	15.68	50.29	188.23
	CV	2.83	33.72	—	31.58	73.16	47.29	24.03
	n	3040	3040	—	3040	3040	3040	3040
	项目	有效铁	有效锰	有效铜	有效锌	水溶态硼	有效硫	—
	平均	4.76	8.48	1.81	1.18	0.66	30.89	—
	偏差	3.11	3.49	1.70	1.00	0.25	26.13	—
	CV	65.20	41.17	94.00	84.80	37.15	84.61	—
	n	3040	3038	3032	3032	3037	3040	—
无极县	项目	pH 值	有机质	全氮	碱解氮	有效磷	速效钾	缓效钾
	平均	8.05	17.98	1.18	100.44	27.68	98.38	825.16
	偏差	0.22	4.64	0.30	32.68	19.02	40.63	202.67
	CV	2.70	25.80	25.31	32.54	68.72	41.30	24.56
	n	8096	8071	8076	8084	8077	8073	8087
	项目	有效铁	有效锰	有效铜	有效锌	水溶态硼	有效硫	—
	平均	12.28	14.18	1.43	1.64	0.41	71.74	—
	偏差	7.89	9.60	0.91	1.20	0.07	21.93	—
	CV	64.20	67.70	63.64	73.29	17.11	30.57	—
	n	8093	8091	8093	8093	8089	8096	—

续表

县（市、区）	项目	pH 值	有机质	全氮	碱解氮	有效磷	速效钾	缓效钾
平山县	平均	7.88	16.44	1.16	122.11	27.37	68.82	1608.15
	偏差	0.35	6.88	1.02	42.18	26.98	47.25	377.08
	CV	4.41	41.88	87.63	34.54	98.55	68.65	23.45
	n	7642	7642	7457	7448	7642	7642	7642
	项目	有效铁	有效锰	有效铜	有效锌	水溶态硼	有效硫	—
	平均	14.69	6.92	3.56	4.63	0.46	41.05	—
	偏差	14.73	10.23	1.99	2.24	0.35	35.51	—
	CV	100.23	147.78	55.74	48.42	76.16	86.51	—
	n	7473	7465	7473	7464	4726	2135	—
行唐县	项目	pH 值	有机质	全氮	碱解氮	有效磷	速效钾	缓效钾
	平均	7.68	19.70	1.03	98.01	31.49	82.16	809.72
	偏差	0.39	5.55	0.18	36.31	17.08	22.35	120.41
	CV	5.10	28.18	17.31	37.05	54.25	27.20	14.87
	n	2789	2791	986	2790	2792	2792	773
	项目	有效铁	有效锰	有效铜	有效锌	水溶态硼	有效硫	—
	平均	7.20	15.68	0.39	1.97	0.80	10.56	—
	偏差	4.82	5.68	1.09	1.35	0.55	6.71	—
	CV	66.91	36.23	278.50	68.58	68.87	63.52	—
	n	2791	2791	2790	2775	974	2785	—
晋州市	项目	pH 值	有机质	全氮	碱解氮	有效磷	速效钾	缓效钾
	平均	8.10	14.18	1.01	77.26	39.59	112.60	849.41
	偏差	0.26	4.75	0.29	25.69	26.72	68.58	137.21
	CV	3.17	33.51	28.23	33.25	67.48	60.90	16.15
	n	4184	4184	4184	4184	4184	4184	4184
	项目	有效铁	有效锰	有效铜	有效锌	水溶态硼	有效硫	—
	平均	6.05	12.53	2.45	1.53	0.65	52.60	—
	偏差	2.36	3.87	2.96	1.07	0.29	102.62	—
	CV	39.04	30.85	120.83	70.00	44.67	195.09	—
	n	4184	4184	4184	4184	4045	3935	—

续表

县(市、区)	项目	pH 值	有机质	全氮	碱解氮	有效磷	速效钾	缓效钾
灵寿县	平均	8.04	17.85	1.13	91.31	25.46	105.50	853.23
	偏差	0.53	4.99	0.32	29.98	17.15	43.74	308.21
	CV	6.58	27.96	28.44	32.83	67.35	41.46	36.12
	n	4628	4629	4006	4266	4629	4627	824
	项目	有效铁	有效锰	有效铜	有效锌	水溶态硼	有效硫	—
	平均	24.08	26.27	1.78	1.99	0.64	43.89	—
	偏差	12.05	5.68	0.87	1.20	0.14	44.85	—
	CV	50.06	21.63	48.62	60.16	22.43	102.20	—
	n	383	381	383	383	402	404	—
辛集市	项目	pH 值	有机质	全氮	碱解氮	有效磷	速效钾	缓效钾
	平均	8.35	13.96	0.95	78.88	30.93	131.14	896.49
	偏差	0.27	4.29	0.29	22.64	27.13	66.13	127.03
	CV	3.22	30.72	30.31	28.71	87.74	50.43	14.17
	n	7875	7877	7859	7164	7877	7877	6918
	项目	有效铁	有效锰	有效铜	有效锌	水溶态硼	有效硫	—
	平均	4.88	5.83	1.38	1.08	0.65	73.11	—
	偏差	3.49	3.11	1.79	1.07	0.29	48.46	—
	CV	71.66	53.36	129.58	98.86	43.61	66.28	—
	n	7859	7860	7861	7860	1351	5835	—
元氏县	项目	pH 值	有机质	全氮	碱解氮	有效磷	速效钾	缓效钾
	平均	7.58	17.99	1.04	71.70	26.62	92.88	803.06
	偏差	0.46	8.56	0.19	17.71	13.26	28.01	182.32
	CV	6.12	57.07	18.26	24.70	49.79	30.16	22.70
	n	2607	2604	2224	2605	2607	2606	522
	项目	有效铁	有效锰	有效铜	有效锌	水溶态硼	有效硫	—
	平均	5.19	5.01	1.22	1.02	0.96	51.13	—
	偏差	1.76	2.19	0.99	0.53	0.34	18.33	—
	CV	33.81	43.67	80.92	52.54	35.09	35.86	—
	n	1702	1702	1702	1702	726	2605	—

续表

县(市、区)	项目	pH 值	有机质	全氮	碱解氮	有效磷	速效钾	缓效钾
正定县	平均	7.64	19.56	16.82	94.75	33.86	120.32	—
	偏差	0.49	5.65	43.18	31.75	32.69	83.69	—
	CV	6.42	28.87	256.78	33.51	96.55	69.56	—
	n	461	1480	112	1120	1769	1803	—
	项目	有效铁	有效锰	有效铜	有效锌	水溶态硼	有效硫	—
	平均	15.69	15.81	1.34	3.95	1.19	30.30	—
	偏差	9.19	7.63	2.48	2.92	5.70	12.90	—
	CV	58.57	48.25	185.18	73.98	477.82	42.58	—
	n	1155	1151	1151	1140	1123	466	—
鹿泉市	项目	pH 值	有机质	全氮	碱解氮	有效磷	速效钾	缓效钾
	平均	7.70	20.59	1.05	94.86	31.25	119.97	712.97
	偏差	0.30	5.73	0.27	30.82	29.48	57.70	144.27
	CV	3.92	27.85	25.63	32.49	94.34	48.09	20.24
	n	7509	7666	5308	7645	7666	7666	7161
	项目	有效铁	有效锰	有效铜	有效锌	水溶态硼	有效硫	—
	平均	12.28	20.86	2.15	2.97	0.59	33.11	—
	偏差	5.61	12.17	3.11	2.71	0.41	34.00	—
	CV	45.67	58.32	144.72	91.29	70.20	102.69	—
	n	7114	7115	7118	7117	1400	1436	—
赵县	项目	pH 值	有机质	全氮	碱解氮	有效磷	速效钾	缓效钾
	平均	7.80	20.64	1.14	106.84	23.73	130.54	—
	偏差	0.22	3.03	0.31	24.58	20.12	42.88	—
	CV	2.82	14.68	27.19	23.01	84.79	32.85	—
	n	2746	2747	2747	2746	2747	2746	—
	项目	有效铁	有效锰	有效铜	有效锌	—	—	—
	平均	3.12	5.44	0.94	2.04	—	—	—
	偏差	2.44	1.13	0.55	0.83	—	—	—
	CV	78.21	20.77	58.51	40.69	—	—	—
	n	111	111	111	111	—	—	—

续表

县(市、区)	项目	pH 值	有机质	全氮	碱解氮	有效磷	速效钾	缓效钾
井陉县	平均	8.10	21.12	1.04	84.24	35.23	121.94	895.94
	偏差	0.24	0.68	0.24	26.42	15.58	55.73	211.91
	CV	2.96	3.22	23.08	31.36	44.22	45.70	23.65
	n	7982	7982	2400	7972	7982	7982	5940
	项目	有效铁	有效锰	有效铜	有效锌	水溶态硼	有效硫	—
	平均	9.24	18.02	1.54	1.93	1.04	20.49	—
	偏差	4.93	6.33	0.91	0.92	0.40	14.84	—
	CV	53.35	35.13	59.0	47.7	38.3	72.43	—
	n	5954	5957	5929	5951	1376	3941	
赞皇县	项目	pH 值	有机质	全氮	碱解氮	有效磷	速效钾	缓效钾
	平均	8.18	17.64	0.75	96.29	18.58	115.18	—
	偏差	0.38	5.46	0.30	59.07	16.58	34.70	—
	CV	4.70	30.97	39.91	61.35	89.20	30.13	—
	n	1601	1602	218	1600	1601	1602	—
	项目	有效铁	有效锰	有效铜	有效锌	—	—	—
	平均	12.32	1.27	18.90	2.74	—	—	—
	偏差	5.88	0.65	7.50	2.01	—	—	—
	CV	47.72	50.97	39.69	73.53	—	—	—
	n	1314	1368	1338	1303	—	—	—
新乐市	项目	pH 值	有机质	全氮	碱解氮	有效磷	速效钾	缓效钾
	平均	7.91	18.44	1.33	91.92	27.53	78.54	860.81
	偏差	0.49	6.63	0.42	28.78	23.42	29.63	134.62
	CV	6.19	35.95	31.58	31.31	85.07	37.73	15.64
	n	430	430	45	430	430	430	430
	项目	有效铁	有效锰	有效铜	有效锌	水溶态硼	有效硫	—
	平均	16.76	14.14	2.05	2.64	0.51	19.72	—
	偏差	7.47	6.72	1.33	1.31	0.48	11.14	—
	CV	44.57	47.52	64.88	49.5	94.11	56.49	—
	n	430	430	430	430	430	430	430

县（市、区）	项目	pH 值	有机质	全氮	碱解氮	有效磷	速效钾	缓效钾
市区	平均	8.10	23.23	1.24	110.04	28.18	149.33	834.11
	偏差	0.23	7.14	0.32	34.62	29.53	71.72	224.74
	CV	2.83	30.74	25.81	31.46	104.79	48.03	26.94
	n	3396	3346	3349	3393	3389	3386	3395
	项目	有效铁	有效锰	有效铜	有效锌	有效硫	—	—
	平均	12.10	15.52	2.01	3.92	31.34	—	—
	偏差	5.71	8.82	2.69	2.43	25.94	—	—
	CV	47.19	56.82	133.83	61.99	82.77	—	—
	n	3372	3214	3372	3357	2442	—	—
平均	项目	pH 值	有机质	全氮	碱解氮	有效磷	速效钾	缓效钾
	平均	8.01	16.34	1.14	98.62	28.53	117.04	957.00
	偏差	0.29	5.03	0.49	30.82	21.72	54.93	210.72
	CV	3.62	30.78	42.98	31.25	76.13	46.93	22.01
	n	78099	79204	51645	76291	79516	79569	59259
	项目	有效铁	有效锰	有效铜	有效锌	水溶态硼	有效硫	—
	平均	9.74	12.72	2.12	2.52	0.54	45.22	
	偏差	5.67	6.88	1.92	1.62	0.43	30.31	
	CV	58.21	54.09	90.57	64.29	79.63	67.03	
	n	64506	64387	64496	64431	38017	47886	

注：pH 无单位，有机质、全氮单位为 g/kg，其他指标单位为 mg/kg。

1. 石家庄地区耕地土壤有机质含量及空间分布特征状况

1982～2012 年石家庄地区耕地土壤有机质含量总体呈上升趋势。2012 年石家庄地区耕地土壤有机质含量平均为 16.34g/kg，较 1982 年（11.5g/kg）和 1990 年（14.0g/kg）明显提高，其中 90% 以上的耕地有机质含量为 10～30g/kg（见表 9－1）。但各县（市、区）之间耕地土壤有机质含量差异明显，其中石家庄市区（含矿区）最高（21.56g/kg），辛集市最低（13.96g/kg），最高含量是最低含量的 1.66 倍。

2012 年石家庄市耕地土壤有机质含量空间分布差异较大。①从地貌上看，表现为中前部高、末端低、两侧居中。石家庄地貌类型为山麓平原，其中山麓平原中前部（石家庄市区、高邑县、藁城市、栾城县等）耕地土壤有机质含量平均 > 19.00g/kg，山麓平原末端（辛集市、晋州市、深泽县）耕地土壤有机质平均含量 < 17.00g/kg，山麓平原两侧（赞皇县、元氏县、灵寿县、新乐市、无极县）耕地土壤有机质平均含量为 17.00～19.00g/kg（见图 9－1）。②从土类上看，表现为褐土高、潮土低。石家庄耕地土壤类型主要是褐土和潮土，1982 年第二次土壤普查时两类土壤有机质含量差异不

大，到 2012 年褐土与潮土类土壤有机质含量差异非常明显，其中潮土区耕地土壤有机质含量增长速度缓慢，年递增率低于石家庄市平均水平。

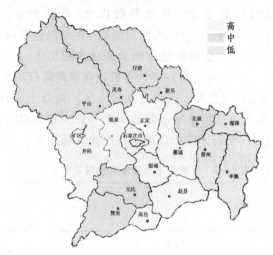

图 9 – 1　石家庄耕地土壤有机质含量空间分布

2. 石家庄市耕地土壤有机质含量时空变异特征

将 3 个时期的耕地土壤有机质含量进行纵向比较（见表 9 – 2），结果发现，1982 ~ 2012 年石家庄市耕地有机质含量总体上一直呈上升趋势，在时空分布上变化较大。

（1）20 世纪 80 年代初耕地有机质含量普遍偏低，县域区间差异较小　1982 年石家庄市耕地有机质含量普遍偏低，变化区间为 4.36 ~ 31.4g/kg，平均含量为 11.5g/kg，其中市内七区含量最高（平均为 16.1g/kg），灵寿县含量最低（平均为 8.6g/kg）。95% 的耕地有机质等级为四 5 级（其中 4 级耕地占 70%，5 级耕地占 25%），3 级以上耕地仅占 0.356%，全市耕地有机质含量贫乏，属中下等水平。

县域间的耕地有机质含量差异相对较小，其中市内七区、平山县和井陉县含量较高（13.00 ~ 16.00g/kg），新乐市和灵寿县含量较低（< 10.00g/kg），其他县（市、区）有机质含量为 10.00 ~ 12.00g/kg。

（2）20 世纪 90 年代初耕地土壤有机质含量普遍增长，县域间增长速度不均衡　1990 年石家庄耕地土壤有机质含量平均为 13.80g/kg，其中，市区、井陉县和正定县含量较高（均 > 16.00g/kg），行唐县和新乐市较低（≤ 11.00g/kg）。与 1982 年相比，全市 90% 以上的耕地有机质含量相对增加，平均增加量 2.30g/kg，年平均递增 0.28g/kg。但大部分县市（无极县、赵县除外）有机质含量最低值较 1982 年有所降低，这与当时农民有机肥积造积极性降低，焚烧秸秆现象普遍有必然的联系。

县域的耕地有机质含量较 1982 年土壤普查数据有了较大差异。其中，山麓平原中部县（如藁城市、赵县、高邑县、无极县）耕地土壤有机质含量提升较快；山麓平原下部潮土类的辛集市和晋州市耕地土壤有机质含量增速缓慢。

（3）耕地土壤有机质含量增长明显，县域间增长幅度差异较大，2012 年全市耕地有机质平均含量为 18.10g/kg，较 1990 年耕地土壤有机质平均含量提高 4.30g/kg，提升31.1%；较1982年土壤普查时耕地土壤有机质平均含量提高6.60g/kg，提升幅度达57.4%，呈明显的上升趋势，年均增幅0.24g/kg（见表9-3）。同时，全市耕地有机质含量等级也有了较为明显的变化，耕地等级以3、4级为主，占90.5%（3级占32.5%，4级占58.0%）；1级、2级地大面积涌现，5级地逐年减少（见图9-1）。与前2次耕地调查相比，2012年全市耕地有机质变化区间加大（0.40~76.00g/kg），最高值是最低值的190倍。所有县（市）耕地有机质含量最高值均高于其1982年和1990年；有机质含量最低值除赞皇县外，其他县（市、区）均低于其1982年和1990年，延续1990年以来耕地有机质最低值逐年走低的变化趋势。究其原因，有机质含量最高值多出现在菜地（保护地），与石家庄市当前蔬菜产业发展加快，有机肥投入加大有关。

表9-2　石家庄市主要土类土壤有机质变化　　　　单位：g/kg

县	区域	土类	1982年		1990年		2012年	
			变幅	平均	变幅	平均	变幅	平均
辛集市	山麓平原下部	潮土	8.3~16.0	10.6	6.9~16.2	11.7	3.2~31.3	13.9
晋州市	山麓平原下部	潮土	10.1~15.2	11.6	3.4~17.1	12.4	1.0~43.2	14.8
深泽县	山麓平原下部	潮土	9.0~12.3	10.4	8.2~19.4	13.6	1.7~36.2	16.2
新乐市	山麓平原中部	褐土	6.2~11.9	9.9	1.8~16.4	11.0	0.4~48.5	17.6
灵寿县	山地+丘陵	褐土	5.3~16.8	8.6	3.1~25.4	11.4	1.9~46.7	17.9
元氏县	丘陵+平原	褐土	9.2~13.4	11.7	3.3~18.2	12.8	6.4~32.0	18.0
无极县	山麓平原中下部	褐土	8.9~12.9	11.4	9.9~15.9	13.6	2.4~45.8	18.0
平山县	山地+丘陵	褐土	8.4~32.8	13.8	7.1~23.0	15.7	8.1~46.4	18.1
赞皇县	山地+丘陵	褐土	7.0~23.9	11.5	6.3~29.7	13.2	8.5~56.3	18.7
正定县	山麓平原中部	褐土	9.5~15.0	12.4	—	16.6	7.6~38.5	19.2
赵县	山麓平原中部	褐土	9.9~13.2	11.4	10.1~22.0	13.4	2.0~33.8	19.3
鹿泉市	丘陵	褐土	4.36~24.3	12.2		14.4	2.1~46.8	19.5
藁城市	山麓平原中部	褐土	8.3~11.8	10.5	6.3~21.1	14.7	2.5~38.5	19.6
井陉县	山地+丘陵	褐土	9.5~15.0	13.1	—	16.7	2.0~76.0	20.7
栾城县	山麓平原中部	褐土	7.8~13.3	11.6	—	15.0	2.1~46.8	20.7
高邑县	山麓平原中部	褐土	10.7~13.0	11.8	9.3~20.1	14.1	6.2~56.0	21.1
市区	山麓平原中部	褐土	6.45~31.4	16.1	—	19.7	0.9~70.2	24.1
行唐县	丘陵+平原	褐土	8.7~13.0	11.8	4.6~17.1	10.8	0.9~45.1	18.7
平均	—	—	—	11.5	—	13.8	—	18.1

表 9-3 石家庄市各县（市）的有机质含量平均年递增量　　　单位：g/kg

县域	1982~1990	1990~2012	1982~2012	县域	1982~1990	1990~2012	1982~2012
辛集市	0.14	0.11	0.12	赵县	0.25	0.31	0.29
晋州市	0.10	0.13	0.12	鹿泉市	0.28	0.27	0.27
深泽县	0.40	0.13	0.21	藁城市	0.53	0.26	0.34
新乐市	0.14	0.35	0.29	井陉县	0.45	0.21	0.28
灵寿县	0.35	0.34	0.34	栾城县	0.43	0.30	0.34
元氏县	0.14	0.27	0.23	高邑县	0.29	0.37	0.34
无极县	0.28	0.23	0.24	市内7区	0.45	0.23	0.30
平山县	0.24	0.13	0.16	行唐县	-0.13	—	0.24
赞皇县	0.21	0.29	0.27	全市平均	0.28	0.24	0.26
正定县	0.53	0.14	0.25				

（4）不同土类耕地土壤有机质含量增长速度差异明显，2005~2009年测土配方施肥土样化验数据结果显示，以藁城市、赵县、高邑县、栾城县为代表的褐土类土壤耕地有机质含量提升速度较快；而辛集市、晋州市和深泽县潮土类土壤耕地有机质含量提升速度较为缓慢，低于全市有机质提升平均速度。究其原因，可能与潮土区地下水下降快，土壤有机质矿化率高，不易积累有一定关系。

第二节　施肥状况分析

一、习惯施肥存在的问题

（一）农户施肥现状分析

项目调查5000户冬小麦、5000户夏玉米施肥量，统计结果如表9-4所示。结果表明：一般小麦亩底施三元素复合肥35~50kg（条施），追施尿素20~25kg（撒施）。氮、磷、钾平均用量15.5kg/亩、5.9kg/亩、6.0kg/亩。

夏玉米亩底施复合肥35~50kg、条施，追施尿素20~30kg。氮、磷、钾平均用量15.5kg/亩、6.0kg/亩、6.0kg/亩。

表 9-4 石家庄市主要作物施肥情况调查表　　　单位：kg/亩

项目	冬小麦				夏玉米			
	平均产量	N用量	P_2O_5用量	K_2O用量	平均产量	N用量	P_2O_5用量	K_2O用量
平均	378.7	15.5	5.9	6.0	479.9	15.5	6.0	6.0
偏差	54.9	2.0	0.6	0.8	77.3	2.4	0.8	0.8

项目	冬小麦				夏玉米			
	平均产量	N 用量	P_2O_5 用量	K_2O 用量	平均产量	N 用量	P_2O_5 用量	K_2O 用量
CV（%）	14.5	13.2	10.6	13.7	16.1	15.8	12.6	13.8
最大	600.0	30.5	8.7	16.4	850.0	30.5	10.5	16.4
最小	200.0	4.5	0.0	0.0	250.0	3.0	0.0	0.0
样本量	1933	1933	1933	1933	1905	1905	1905	1905

（二）存在的问题

一是比例失调，利用率低。首先有机、无机施用结构不合理，有机肥施用量少，不仅影响无机肥作用的发挥，而且导致耕地质量和农产品品质的下降。其次，无机肥使用结构不合理。主要表现在大量元素之间以及大量元素与微量元素之间的配比不合理，一些农户只重视氮肥施用，过量施用氮肥而忽视了其他大量元素和微量元素的施用。由于施肥结构不合理，造成肥料利用率低，资源浪费。

二是肥料使用方法不正确。小麦春季追施尿素，大水漫灌，肥料流失严重。玉米追肥撒施尿素，大量氮素挥发、流失，不仅降低肥效，增加成本，而且污染环境。钾肥底施应改为2/3底施，1/3追施，因钾肥底施易淋溶，影响后期供肥。

二、不合理施肥造成的后果

1. 化肥浪费严重

化肥利用率低、浪费严重，生产成本增加，单位肥料增产效果降低，增产不增收。

2. 作物营养不平衡

由于施肥养分配比不合理，导致了农作物营养不平衡，病害增多，影响产量。

3. 破坏土壤结构

长期的偏施氮磷肥的习惯，造成了土壤养分不平衡，供肥能力降低，导致土壤板结，结构变差，综合地力下降，影响农业可持续发展。

4. 造成环境污染

化肥的大量使用，引起地下水、地表水富营养化，污染了生态环境。

5. 导致农产品品质下降

长期大量的施用化肥，使农产品品质下降，影响了农产品的市场竞争力。

三、对农户施肥现状评价

从以上分析结果与施肥指标体系对比看，本市主要作物与传统施肥配比存在不合理现象。

小麦：全市氮、磷、钾肥平均用量分别为15.5kg/亩、5.9kg/亩、6.0kg/亩。根据土壤地力与施肥指标体系看，氮肥可以减少3kg/亩、磷肥可以减少2～3kg/亩、钾肥增施2～3kg/亩。

玉米：全市氮、磷、钾肥平均用量分别为 15.5kg/亩、6.0kg/亩、6.0kg/亩。根据土壤地力与施肥指标体系看，氮肥可以减少 3~4kg/亩、磷肥可以减少 3~5kg/亩。

第三节　氮、磷、钾在作物上的产量效应

一、"3414" 试验供试材料与方法

（一）"3414" 试验方案

2009~2011 年，依据产量水平、土壤肥力等因素确定试验地点。综合分析本市小麦、玉米产量，划出高、中、低三个产量水平，在不同产量水平的耕地上选择有代表性的 10 个点（GPS 定位），安排田间试验，其中高肥力水平 4 个点、中肥力水平 4 个点、低肥力水平 2 个点，土壤类型为褐土。

（二）供试作物和肥料

供试作物：冬小麦、夏玉米。

供试肥料：氮肥（尿素，N46%）；磷肥（过磷酸钙，P_2O_5 16%）；钾肥（氯化钾，K_2O60%）。试验设计如表 9-5 所示。

依据作物的产量水平确定玉米的最高、最低施肥量。

小区形状为长方形，面积为 40 m^2。每个处理不设置重复，小区随机排列，高肥区与无肥区不能相邻。小区之间的间隔为 50cm，留有保护行，观察道宽 1m。

施肥方法：磷、钾肥一次全部底施翻入土内，防止烧苗，氮肥底追比例为 1:2，1/3 的氮肥作底肥，2/3 的氮肥作追肥，追肥在大喇叭口期。本试验除处理 15 外一律不施有机肥，也不进行秸秆还田。

表 9-5　"3414" 试验方案

试验编号	处理	N	P_2O_5	K_2O
1	$N_0P_0K_0$	0	0	0
2	$N_0P_2K_2$	0	2	2
3	$N_1P_2K_2$	1	2	2
4	$N_2P_0K_2$	2	0	2
5	$N_2P_1K_2$	2	1	2
6	$N_2P_2K_2$	2	2	2
7	$N_2P_3K_2$	2	3	2
8	$N_2P_2K_0$	2	2	0
9	$N_2P_2K_1$	2	2	1
10	$N_2P_2K_3$	2	2	3
11	$N_3P_2K_2$	3	2	2

试验编号	处理	N	P_2O_5	K_2O
12	$N_1P_1K_2$	1	1	2
13	$N_1P_2K_1$	1	2	1
14	$N_2P_1K_1$	2	1	1
15	有机肥			

注：表中0、1、2、3分别代表施肥水平。0为不施肥，2当地习惯（或认为最佳施肥量），1为2水平×0.5，3为2水平×1.5（该水平为过量施肥水平）。

田间管理及调查：调查记载前茬作物品种、产量、病虫害发生情况、试验地土壤类型、质地、前茬作物产量、施肥量、灌水次数、灌水时期等。

生育期及重要性状调查：调查内容包括品种、播期、播量、出苗期、孕穗期、成熟期、群体、株高、亩穗数、穗粒重、百粒重、小区产量、倒伏情况、灌水时期、灌水次数等。

管理措施：田间管理所有农艺措施要在一天内一次完成。

作物收获时，全区收获，每小区收获后测全部鲜重，再从中取50kg风干脱粒称重，换算亩产量。

二、肥料产量效应与推荐施肥量

（一）氮、磷、钾肥在小麦上的产量效应

各县冬小麦"3414"试验结果分析如表9-6所示。

表9-6　石家庄市各县（市）冬小麦"3414"试验结果　　单位：kg/亩

县（市）(n)	处理	$N_0P_0K_0$	$N_0P_2K_2$	$N_1P_2K_2$	$N_2P_0K_2$	$N_2P_1K_2$	$N_2P_2K_2$	$N_2P_3K_2$
高邑县 (30)	平均	375.5	421.0	446.7	430.0	473.4	487.0	494.5
	偏差	74.5	76.1	54.3	45.0	60.0	70.8	74.5
	CV（%）	19.8	18.1	12.2	10.5	12.7	14.5	15.1
	处理	$N_2P_2K_0$	$N_2P_2K_1$	$N_2P_2K_3$	$N_3P_2K_2$	$N_1P_1K_2$	$N_1P_2K_1$	$N_2P_1K_1$
	平均	467.0	488.1	490.0	504.0	457.7	455.2	458.6
	偏差	48.9	54.5	49.6	57.4	50.1	48.8	51.4
	CV（%）	10.5	11.2	10.1	11.4	10.9	10.7	11.2

续表

县（市）(n)	处理	$N_0P_0K_0$	$N_0P_2K_2$	$N_1P_2K_2$	$N_2P_0K_2$	$N_2P_1K_2$	$N_2P_2K_2$	$N_2P_3K_2$
藁城市 (30)	平均	367.8	368.7	432.0	440.2	436.2	433.5	435.4
	偏差	113.0	93.5	55.2	59.0	54.4	75.5	58.9
	CV（%）	30.7	25.4	12.8	13.4	12.5	17.4	13.5
	处理	$N_2P_2K_0$	$N_2P_2K_1$	$N_2P_2K_3$	$N_3P_2K_2$	$N_1P_1K_2$	$N_1P_2K_1$	$N_2P_1K_1$
	平均	432.0	437.1	433.1	429.3	415.1	419.0	400.7
	偏差	77.4	73.5	78.4	80.2	77.9	83.4	81.9
	CV（%）	17.9	16.8	18.1	18.7	18.8	19.9	20.4
栾城县 (10)	处理	$N_0P_0K_0$	$N_0P_2K_2$	$N_1P_2K_2$	$N_2P_0K_2$	$N_2P_1K_2$	$N_2P_2K_2$	$N_2P_3K_2$
	平均	298.9	348.9	436.3	423.5	449.5	471.9	461.0
	偏差	58.9	62.8	59.4	72.5	72.1	73.0	85.6
	CV（%）	19.7	18.0	13.6	17.1	16.0	15.5	18.6
	处理	$N_2P_2K_0$	$N_2P_2K_1$	$N_2P_2K_3$	$N_3P_2K_2$	$N_1P_1K_2$	$N_1P_2K_1$	$N_2P_1K_1$
	平均	429.5	449.9	464.9	448.5	421.1	423.4	433.0
	偏差	64.5	64.5	74.8	93.9	72.0	72.6	64.1
	CV（%）	15.0	14.3	16.1	20.9	17.1	17.1	14.8
深泽县 (30)	处理	$N_0P_0K_0$	$N_0P_2K_2$	$N_1P_2K_2$	$N_2P_0K_2$	$N_2P_1K_2$	$N_2P_2K_2$	$N_2P_3K_2$
	平均	311.3	389.3	399.9	367.2	406.5	453.6	423.2
	偏差	79.9	105.6	77.0	103.4	86.8	64.2	77.3
	CV（%）	25.7	27.1	19.2	28.1	21.4	14.2	18.3
	处理	$N_2P_2K_0$	$N_2P_2K_1$	$N_2P_2K_3$	$N_3P_2K_2$	$N_1P_1K_2$	$N_1P_2K_1$	$N_2P_1K_1$
	平均	431.8	437.4	413.2	424.9	400.0	391.2	382.6
	偏差	74.9	70.2	68.1	61.6	82.1	64.4	83.7
	CV（%）	17.3	16.1	16.5	14.5	20.5	16.5	21.9
无极县 (30)	处理	$N_0P_0K_0$	$N_0P_2K_2$	$N_1P_2K_2$	$N_2P_0K_2$	$N_2P_1K_2$	$N_2P_2K_2$	$N_2P_3K_2$
	平均	318.2	377.4	423.9	409.6	426.3	461.4	441.3
	偏差	50.8	54.2	40.1	47.5	44.9	48.2	31.9
	CV（%）	16.0	14.4	9.5	11.6	10.5	10.5	7.2
	处理	$N_2P_2K_0$	$N_2P_2K_1$	$N_2P_2K_3$	$N_3P_2K_2$	$N_1P_1K_2$	$N_1P_2K_1$	$N_2P_1K_1$
	平均	422.5	436.6	451.5	435.9	423.0	426.5	425.5
	偏差	43.8	38.9	52.4	44.3	47.7	44.3	38.1
	CV（%）	10.4	8.9	11.6	10.2	11.3	10.4	9.0

续表

县（市）（n）	处理	$N_0P_0K_0$	$N_0P_2K_2$	$N_1P_2K_2$	$N_2P_0K_2$	$N_2P_1K_2$	$N_2P_2K_2$	$N_2P_3K_2$
行唐县（30）	平均	374.7	420.8	451.6	448.6	447.6	457.2	457.4
	偏差	96.2	104.6	95.2	86.1	76.2	87.2	94.6
	CV（%）	25.7	24.9	21.1	19.2	17.0	19.1	20.7
	处理	$N_2P_2K_0$	$N_2P_2K_1$	$N_2P_2K_3$	$N_3P_2K_2$	$N_1P_1K_2$	$N_1P_2K_1$	$N_2P_1K_1$
	平均	456.0	467.6	455.7	470.0	447.1	452.8	453.1
	偏差	92.9	93.8	77.6	75.0	85.9	99.4	83.2
	CV（%）	20.4	20.1	17.0	16.0	19.2	22.0	18.4
晋州市（10）	处理	$N_0P_0K_0$	$N_0P_2K_2$	$N_1P_2K_2$	$N_2P_0K_2$	$N_2P_1K_2$	$N_2P_2K_2$	$N_2P_3K_2$
	平均	243.2	262.4	403.6	431.0	458.6	476.6	480.2
	偏差	6.1	12.0	10.7	4.1	9.8	8.7	1.2
	CV（%）	2.5	4.6	2.7	0.9	2.1	1.8	0.3
	处理	$N_2P_2K_0$	$N_2P_2K_1$	$N_2P_2K_3$	$N_3P_2K_2$	$N_1P_1K_2$	$N_1P_2K_1$	$N_2P_1K_1$
	平均	454.5	477.3	488.7	497.7	436.2	427.2	432.3
	偏差	4.5	8.5	16.0	12.7	8.3	20.1	20.6
	CV（%）	1.0	1.8	3.3	2.6	1.9	4.7	4.8
灵寿县（20）	处理	$N_0P_0K_0$	$N_0P_2K_2$	$N_1P_2K_2$	$N_2P_0K_2$	$N_2P_1K_2$	$N_2P_2K_2$	$N_2P_3K_2$
	平均	312.5	386.5	423.6	435.5	484.5	485.3	478.9
	偏差	40.8	59.7	59.6	64.7	53.6	45.2	41.5
	CV（%）	13.0	15.4	14.1	14.9	11.1	9.3	8.7
	处理	$N_2P_2K_0$	$N_2P_2K_1$	$N_2P_2K_3$	$N_3P_2K_2$	$N_1P_1K_2$	$N_1P_2K_1$	$N_2P_1K_1$
	平均	441.0	451.7	474.0	459.8	439.2	456.0	460.3
	偏差	49.3	35.8	39.6	40.6	56.8	68.7	52.7
	CV（%）	11.2	7.9	8.4	8.8	12.9	15.1	11.4
辛集市（20）	处理	$N_0P_0K_0$	$N_0P_2K_2$	$N_1P_2K_2$	$N_2P_0K_2$	$N_2P_1K_2$	$N_2P_2K_2$	$N_2P_3K_2$
	平均	344.8	382.7	423.8	430.9	446.5	454.5	461.0
	偏差	101.5	118.3	66.2	64.9	54.3	55.5	56.9
	CV（%）	29.4	30.9	15.6	15.1	12.2	12.2	12.3
	处理	$N_2P_2K_0$	$N_2P_2K_1$	$N_2P_2K_3$	$N_3P_2K_2$	$N_1P_1K_2$	$N_1P_2K_1$	$N_2P_1K_1$
	平均	458.7	466.0	458.2	445.8	445.7	440.5	432.3
	偏差	53.1	46.1	57.3	51.0	58.3	60.9	63.8
	CV（%）	11.6	9.9	12.5	11.4	13.1	13.8	14.8

县（市）(n)	处理	$N_0P_0K_0$	$N_0P_2K_2$	$N_1P_2K_2$	$N_2P_0K_2$	$N_2P_1K_2$	$N_2P_2K_2$	$N_2P_3K_2$
元氏县 (20)	平均	347.3	366.4	392.5	388.1	392.2	417.2	414.9
	偏差	45.1	37.7	45.6	57.2	83.1	92.0	89.0
	CV（%）	13.0	10.3	11.6	14.7	21.2	22.1	21.5
	处理	$N_2P_2K_0$	$N_2P_2K_1$	$N_2P_2K_3$	$N_3P_2K_2$	$N_1P_1K_2$	$N_1P_2K_1$	$N_2P_1K_1$
	平均	399.7	408.2	380.3	378.1	341.6	336.6	410.3
	偏差	78.1	84.1	117.9	100.2	68.1	64.1	35.4
	CV（%）	19.5	20.6	31.0	26.5	19.9	19.0	8.6
正定县 (20)	处理	$N_0P_0K_0$	$N_0P_2K_2$	$N_1P_2K_2$	$N_2P_0K_2$	$N_2P_1K_2$	$N_2P_2K_2$	$N_2P_3K_2$
	平均	378.9	411.8	432.2	407.2	440.6	466.3	465.1
	偏差	37.9	44.1	44.1	45.6	40.7	25.4	34.1
	CV（%）	10.0	10.7	10.2	11.2	9.2	5.4	7.3
	处理	$N_2P_2K_0$	$N_2P_2K_1$	$N_2P_2K_3$	$N_3P_2K_2$	$N_1P_1K_2$	$N_1P_2K_1$	$N_2P_1K_1$
	平均	435.0	450.0	467.2	467.9	432.5	426.4	447.7
	偏差	34.7	35.8	26.8	26.8	37.8	19.2	29.9
	CV（%）	8.0	8.0	5.7	5.7	8.7	4.5	6.7
鹿泉市 (20)	处理	$N_0P_0K_0$	$N_0P_2K_2$	$N_1P_2K_2$	$N_2P_0K_2$	$N_2P_1K_2$	$N_2P_2K_2$	$N_2P_3K_2$
	平均	270.5	317.5	372.7	342.6	364.0	382.1	387.3
	偏差	79.8	79.6	90.8	70.9	78.3	83.3	82.1
	CV（%）	29.5	25.1	24.4	20.7	21.5	21.8	21.2
	处理	$N_2P_2K_0$	$N_2P_2K_1$	$N_2P_2K_3$	$N_3P_2K_2$	$N_1P_1K_2$	$N_1P_2K_1$	$N_2P_1K_1$
	平均	366.4	390.3	369.3	384.1	345.4	355.4	368.1
	偏差	77.4	69.3	78.3	91.1	83.1	66.9	84.1
	CV（%）	21.1	17.8	21.2	23.7	24.1	18.8	22.8
新乐市 (30)	处理	$N_0P_0K_0$	$N_0P_2K_2$	$N_1P_2K_2$	$N_2P_0K_2$	$N_2P_1K_2$	$N_2P_2K_2$	$N_2P_3K_2$
	平均	340.6	416	447.4	438.7	456.4	464.6	470.2
	偏差	62.3	70.3	80.1	83.4	83.7	79.8	88.1
	CV（%）	18.3	16.9	17.9	19.0	18.3	17.2	18.7
	处理	$N_2P_2K_0$	$N_2P_2K_1$	$N_2P_2K_3$	$N_3P_2K_2$	$N_1P_1K_2$	$N_1P_2K_1$	$N_2P_1K_1$
	平均	438.7	459.5	464.7	474.8	448.3	441.4	447.6
	偏差	85.3	94	78	87.3	86.1	81.5	83.5
	CV（%）	19.4	20.5	16.8	18.4	19.2	18.5	18.7

续表

县（市）(n)	处理	$N_0P_0K_0$	$N_0P_2K_2$	$N_1P_2K_2$	$N_2P_0K_2$	$N_2P_1K_2$	$N_2P_2K_2$	$N_2P_3K_2$
赞皇县 (40)	平均	319.0	351.9	366.9	386.5	372.7	392.0	426.8
	偏差	73.0	87.4	76.3	58.6	53.9	76.5	79.3
	CV（%）	22.9	24.8	20.8	15.2	14.5	19.5	18.6
	处理	$N_2P_2K_0$	$N_2P_2K_1$	$N_2P_2K_3$	$N_3P_2K_2$	$N_1P_1K_2$	$N_1P_2K_1$	$N_2P_1K_1$
	平均	412.0	415.0	414.7	405.6	392.4	387.8	379.6
	偏差	60.7	86.0	71.1	71.7	63.2	52.2	73.9
	CV（%）	14.7	20.7	17.2	17.7	16.1	13.5	19.5
平山县 (30)	处理	$N_0P_0K_0$	$N_0P_2K_2$	$N_1P_2K_2$	$N_2P_0K_2$	$N_2P_1K_2$	$N_2P_2K_2$	$N_2P_3K_2$
	平均	319.8	410.2	408.7	406.7	403.9	426.8	429.8
	偏差	55.1	48.2	39.9	42.7	32.5	35.3	34.6
	CV（%）	17.2	11.7	9.8	10.5	8.1	8.3	8.0
	处理	$N_2P_2K_0$	$N_2P_2K_1$	$N_2P_2K_3$	$N_3P_2K_2$	$N_1P_1K_2$	$N_1P_2K_1$	$N_2P_1K_1$
	平均	416.1	410.8	430.6	425.8	412.7	415.5	415.4
	偏差	44.0	38.6	46.3	45.5	54.6	42.8	41.4
	CV（%）	10.6	9.4	10.8	10.7	13.2	10.3	10.0
市区 (30)	处理	$N_0P_0K_0$	$N_0P_2K_2$	$N_1P_2K_2$	$N_2P_0K_2$	$N_2P_1K_2$	$N_2P_2K_2$	$N_2P_3K_2$
	平均	355.8	376.9	413.6	400.5	440.0	448.9	444.5
	偏差	27.4	33.3	44.7	37.1	44.5	38.8	35.8
	CV（%）	7.7	8.8	10.8	9.3	10.1	8.6	8.0
	处理	$N_2P_2K_0$	$N_2P_2K_1$	$N_2P_2K_3$	$N_3P_2K_2$	$N_1P_1K_2$	$N_1P_2K_1$	$N_2P_1K_1$
	平均	421.4	427.6	440.1	444.4	421.0	429.6	414.9
	偏差	44.8	45.0	29.8	32.7	24.6	50.5	66.9
	CV（%）	10.6	10.5	6.8	7.4	5.8	11.8	16.1
全市平均 (400)	处理	$N_0P_0K_0$	$N_0P_2K_2$	$N_1P_2K_2$	$N_2P_0K_2$	$N_2P_1K_2$	$N_2P_2K_2$	$N_2P_3K_2$
	平均	332.0	380.5	415.7	409.1	428.3	447.5	444.6
	偏差	75.7	78.5	64.8	69.5	66.8	68.7	67.5
	CV（%）	22.8	20.6	15.6	17.0	15.6	15.4	15.2
	处理	$N_2P_2K_0$	$N_2P_2K_1$	$N_2P_2K_3$	$N_3P_2K_2$	$N_1P_1K_2$	$N_1P_2K_1$	$N_2P_1K_1$
	平均	428.6	439.5	441.7	439.4	417.3	418.0	421.5
	偏差	64.5	65.2	71.2	70.2	69.7	68.5	66.6
	CV（%）	15.0	14.8	16.1	16.0	16.7	16.4	15.8

通过上述结果计算出氮、磷、钾在冬小麦上的产量效应函数如表 9 - 7 所示。

表 9 - 7　石家庄各市冬小麦肥料效应方程

县（市）（n）	肥料种类	效应方程	最高产量用量 /（kg/亩）	供肥能力（%）
高邑县（30）	氮肥	$y = -0.0477x^2 + 5.248x + 419.14$ $R^2 = 0.9833$	55.0	85.7
	磷肥	$y = -0.3589x^2 + 9.5247x + 431.16$ $R^2 = 0.9888$	13.3	88.2
	钾肥	$y = -0.2232x^2 + 4.5235x + 468.28$ $R^2 = 0.9006$	10.1	95.8
藁城市（30）	氮肥	$y = -0.4054x^2 + 10.688x + 371.52$ $R^2 = 0.9472$	13.2	85.7
	磷肥	$y = 0.059x^2 - 1.231x + 440.39$ $R^2 = 0.9799$	—	101.6
	钾肥	$y = -0.0754x^2 + 0.9693x + 432.55$ $R^2 = 0.5194$	6.4	99.8
栾城县（10）	氮肥	$y = -0.6083x^2 + 17.273x + 348.49$ $R^2 = 0.9997$	14.2	73.8
	磷肥	$y = -0.3681x^2 + 8.2181x + 422.05$ $R^2 = 0.9654$	11.2	89.4
	钾肥	$y = -0.428x^2 + 8.3464x + 427.93$ $R^2 = 0.9556$	9.8	90.7
深泽县（30）	氮肥	$y = -0.1897x^2 + 6.3257x + 383$ $R^2 = 0.6802$	16.7	84.4
	磷肥	$y = -0.6967x^2 + 14.752x + 362.93$ $R^2 = 0.9066$	10.6	80.0
	钾肥	$y = -0.4982x^2 + 6.346x + 428.48$ $R^2 = 0.7286$	6.4	94.5
无极县（30）	氮肥	$y = -0.5547x^2 + 13.223x + 374.66$ $R^2 = 0.9611$	11.9	81.2
	磷肥	$y = -0.3676x^2 + 8.1138x + 405.96$ $R^2 = 0.8137$	11.0	88.0
	钾肥	$y = -0.7657x^2 + 10.432x + 420.2$ $R^2 = 0.8834$	6.8	91.1
行唐县（30）	氮肥	$y = -0.0985x^2 + 4.2645x + 422.38$ $R^2 = 0.96$	21.7	92.4
	磷肥	$y = 0.0135x^2 + 0.5494x + 447.62$ $R^2 = 0.7651$	—	98.0
	钾肥	$y = -0.1872x^2 + 2.0664x + 457.59$ $R^2 = 0.509$	5.5	100.0

续表

县（市） （n）	肥料种类	效应方程	最高产量用量 /（kg/亩）	供肥能力 （%）
晋州市（10）	氮肥	$y = -0.7107x^2 + 25.84x + 263.21$ $R^2 = 0.9996$	18.2	55.2
	磷肥	$y = -0.2403x^2 + 6.915x + 430.76$ $R^2 = 0.9992$	14.4	90.4
	钾肥	$y = -0.142x^2 + 4.1969x + 456.35$ $R^2 = 0.892$	14.8	95.8
灵寿县（20）	氮肥	$y = -0.7674x^2 + 16.636x + 380.89$ $R^2 = 0.8878$	10.8	78.5
	磷肥	$y = -0.5278x^2 + 10.674x + 437.5$ $R^2 = 0.9514$	10.1	90.2
	钾肥	$y = -0.3125x^2 + 7.0958x + 437.58$ $R^2 = 0.8126$	11.4	90.2
辛集市（20）	氮肥	$y = -0.2451x^2 + 8.3288x + 381.25$ $R^2 = 0.9862$	17.0	83.9
	磷肥	$y = -0.1445x^2 + 4.1906x + 431.19$ $R^2 = 0.9963$	14.5	94.9
	钾肥	$y = -0.1038x^2 + 0.5019x + 460.36$ $R^2 = 0.1708$	2.4	101.2
正定县（20）	氮肥	$y = -0.1077x^2 + 5.2005x + 409.48$ $R^2 = 0.9523$	24.1	87.8
	磷肥	$y = -0.346x^2 + 9.1792x + 406.25$ $R^2 = 0.9922$	13.3	87.1
	钾肥	$y = -0.1807x^2 + 4.9512x + 434.2$ $R^2 = 0.9799$	13.7	93.1
鹿泉市（20）	氮肥	$y = -0.2601x^2 + 8.5029x + 319.45$ $R^2 = 0.9752$	16.4	83.6
	磷肥	$y = -0.5762x^2 + 10.318x + 342.14$ $R^2 = 0.9961$	9.0	89.5
	钾肥	$y = -1.4686x^2 + 11.031x + 367.77$ $R^2 = 0.8997$	3.8	96.2
新乐市（30）	氮肥	$y = -0.1272x^2 + 5.462x + 416.36$ $R^2 = 0.9987$	21.5	89.6
	磷肥	$y = -0.2633x^2 + 7.3403x + 419.05$ $R^2 = 0.7234$	13.9	90.2
	钾肥	$y = -0.3525x^2 + 6.2205x + 439.24$ $R^2 = 0.9875$	8.8	94.6

县（市）（n）	肥料种类	效应方程	最高产量用量/（kg/亩）	供肥能力（%）
元氏县（20）	氮肥	$y = -0.3907x^2 + 8.491x + 363.29$ $R^2 = 0.8641$	10.9	87.1
	磷肥	$y = -0.6722x^2 + 15.194x + 333.93$ $R^2 = 0.9877$	11.3	80.0
	钾肥	$y = -0.7731x^2 + 7.5982x + 397.4$ $R^2 = 0.8564$		95.3
赞皇县（40）	氮肥	$y = -0.007x^2 + 2.8038x + 350.86$ $R^2 = 0.9868$	—	89.5
	磷肥	$y = 0.4861x^2 - 4.487x + 385.58$ $R^2 = 0.9903$	—	98.4
	钾肥	$y = 0.1973x^2 - 3.2609x + 415.58$ $R^2 = 0.2972$	—	106.0
平山县（30）	氮肥	$y = 0.0026x^2 + 0.931x + 408.23$ $R^2 = 0.7387$	—	95.6
	磷肥	$y = 0.0632x^2 + 1.0206x + 404.42$ $R^2 = 0.8079$	—	94.8
	钾肥	$y = 0.1469x^2 - 0.2244x + 414.43$ $R^2 = 0.7785$	—	97.1
市区（30）	氮肥	$y = -0.2437x^2 + 8.4139x + 374.97$ $R^2 = 0.9778$	17.3	83.5
	磷肥	$y = -0.4397x^2 + 9.4139x + 401.34$ $R^2 = 0.99$	10.7	89.4
	钾肥	$y = -0.1987x^2 + 4.3701x + 419.17$ $R^2 = 0.7756$	11.0	93.3
平均（400）	氮肥	$y = -0.2482x^2 + 8.0736x + 378.69$ $R^2 = 0.9753$	16.3	84.6
	磷肥	$y = -0.2411x^2 + 6.0934x + 407.96$ $R^2 = 0.9738$	12.6	91.2
	钾肥	$y = -0.2685x^2 + 4.3702x + 428.09$ $R^2 = 0.9669$	8.1	95.7

（二）氮、磷、钾肥在玉米上的产量效应

不同地力土壤上氮磷钾肥的产量效应如表 9-8 所示。

表 9 – 8 石家庄市各县夏玉米 "3414" 试验结果

单位：kg/亩

县（市）（n）	处理	$N_0P_0K_0$	$N_0P_2K_2$	$N_1P_2K_2$	$N_2P_0K_2$	$N_2P_1K_2$	$N_2P_2K_2$	$N_2P_3K_2$
高邑县（30）	平均	415.0	454.4	493.8	492.8	508.0	523.9	536.5
	偏差	59.5	56.6	44.7	61.5	56.5	59.1	63.2
	CV（%）	14.3	12.5	9.1	12.5	11.1	11.3	11.8
	最大	566.6	599.9	574.7	646.6	600.0	613.2	646.0
	最小	314.0	366.0	374.0	350.3	362.3	374.4	400.0
	处理	$N_2P_2K_0$	$N_2P_2K_1$	$N_2P_2K_3$	$N_3P_2K_2$	$N_1P_1K_2$	$N_1P_2K_1$	$N_2P_1K_1$
	平均	504.0	529.5	532.5	551.8	488.9	484.4	511.5
	偏差	55.2	64.2	78.5	75.4	44.4	59.0	64.7
	CV（%）	10.9	12.1	14.7	13.7	9.1	12.2	12.7
	最大	599.0	686.6	666.7	687.2	595.5	662.2	666.6
	最小	362.3	362.0	374.4	326.1	417.7	338.2	404.0
藁城市（30）	处理	$N_0P_0K_0$	$N_0P_2K_2$	$N_1P_2K_2$	$N_2P_0K_2$	$N_2P_1K_2$	$N_2P_2K_2$	$N_2P_3K_2$
	平均	444.8	502.7	541.0	547.8	551.8	543.7	556.7
	偏差	95.3	78.5	57.0	53.9	54.6	68.5	62.4
	CV（%）	21.4	15.6	10.5	9.8	9.9	12.6	11.2
	最大	748.3	727.3	692.1	662.6	694.1	680.6	689.2
	最小	287.2	347.4	452.2	430.0	459.4	421.5	455.3
	处理	$N_2P_2K_0$	$N_2P_2K_1$	$N_2P_2K_3$	$N_3P_2K_2$	$N_1P_1K_2$	$N_1P_2K_1$	$N_2P_1K_1$
	平均	531.9	548.5	769.2	561.4	539.5	535.5	538.4
	偏差	71.7	81.2	998.7	57.8	75.7	74.2	59.8
	CV（%）	13.5	14.8	129.8	10.3	14.0	13.9	11.1
	最大	695.2	747.4	5447.0	715.8	743.9	694.8	673.5
	最小	385.1	433.1	432.3	454.6	436.4	393.0	445.9

续表

县（市）（n）	处理	$N_0P_0K_0$	$N_0P_2K_2$	$N_1P_2K_2$	$N_2P_0K_2$	$N_2P_1K_2$	$N_2P_2K_2$	$N_2P_3K_2$
栾城县（30）	平均	394.7	447.7	539.0	523.0	550.8	582.2	570.4
	偏差	55.8	43.8	44.1	66.3	66.4	54.6	55.6
	CV（%）	14.1	9.8	8.2	12.7	12.1	9.4	9.8
	最大	487.6	507.4	585.9	617.5	628.9	651.2	622.6
	最小	332.0	405.2	481.1	450.0	468.8	499.6	497.2
	处理	$N_2P_2K_0$	$N_2P_2K_1$	$N_2P_2K_3$	$N_3P_2K_2$	$N_1P_1K_2$	$N_1P_2K_1$	$N_2P_1K_1$
	平均	546.4	560.2	568.9	570.1	543.8	551.6	563.0
	偏差	69.4	63.5	49.2	49.1	60.2	70.2	67.2
	CV（%）	12.7	11.3	8.7	8.6	11.1	12.7	11.9
	最大	615.0	636.6	621.8	624.6	623.5	618.4	627.5
	最小	452.2	478.4	491.4	498.8	463.2	468.2	475.8
深泽县（20）	处理	$N_0P_0K_0$	$N_0P_2K_2$	$N_1P_2K_2$	$N_2P_0K_2$	$N_2P_1K_2$	$N_2P_2K_2$	$N_2P_3K_2$
	平均	439.1	474.6	499.7	501.6	472.0	498.2	512.4
	偏差	56.3	49.4	60.2	79.6	59.8	47.3	53.6
	CV（%）	12.8	10.4	12.1	15.9	12.7	9.5	10.5
	最大	535.5	592.6	644.6	690.5	587.9	578.5	603.6
	最小	314.2	398.3	414.5	352.6	334.7	411.0	430.0
	处理	$N_2P_2K_0$	$N_2P_2K_1$	$N_2P_2K_3$	$N_3P_2K_2$	$N_1P_1K_2$	$N_1P_2K_1$	$N_2P_1K_1$
	平均	519.2	515.4	511.6	499.8	491.8	501.4	501.0
	偏差	72.9	46.5	49.8	67.4	53.5	66.6	40.4
	CV（%）	14.0	9.0	9.7	13.5	10.9	13.3	8.1
	最大	621.4	590.0	634.6	610.0	590.0	608.6	590.0
	最小	394.5	411.7	414.3	362.9	400.0	362.1	435.2

续表

县（市）(n)	处理	$N_0P_0K_0$	$N_0P_2K_2$	$N_1P_2K_2$	$N_2P_0K_2$	$N_2P_1K_2$	$N_2P_2K_2$	$N_2P_3K_2$
无极县(30)	平均	402.4	458.8	502.7	485.6	529.0	548.4	541.8
	偏差	48.1	54.6	64.4	54.5	56.2	50.2	49.9
	CV（%）	11.9	11.9	12.8	11.2	10.6	9.2	9.2
	最大	472.0	560.0	626.0	608.0	620.0	640.0	650.0
	最小	280.0	315.0	350.0	354.0	405.0	421.0	420.0
	处理	$N_2P_2K_0$	$N_2P_2K_1$	$N_2P_2K_3$	$N_3P_2K_2$	$N_1P_1K_2$	$N_1P_2K_1$	$N_2P_1K_1$
	平均	511.7	522.9	547.8	535.5	510.4	502.6	518.5
	偏差	55.0	55.8	63.7	58.3	66.7	68.6	49.9
	CV（%）	10.7	10.7	11.6	10.9	13.1	13.6	9.6
	最大	630.0	625.0	650.0	635.0	630.0	604.0	588.0
	最小	392.0	416.0	350.0	385.0	315.0	349.0	385.0
行唐县(30)	处理	$N_0P_0K_0$	$N_0P_2K_2$	$N_1P_2K_2$	$N_2P_0K_2$	$N_2P_1K_2$	$N_2P_2K_2$	$N_2P_3K_2$
	平均	419.0	468.1	477.1	468.7	474.8	475.6	486.4
	偏差	79.6	71.7	64.3	68.4	87.1	80.3	80.8
	CV（%）	19.0	15.3	13.5	14.6	18.4	16.9	16.6
	最大	600.7	590.7	586.8	656.6	634.6	602.6	626.6
	最小	273.1	267.4	381.2	345.8	256.1	303.6	353.9
	处理	$N_2P_2K_0$	$N_2P_2K_1$	$N_2P_2K_3$	$N_3P_2K_2$	$N_1P_1K_2$	$N_1P_2K_1$	$N_2P_1K_1$
	平均	455.2	492.0	490.0	469.5	483.1	474.2	472.7
	偏差	70.4	89.4	87.3	94.9	81.1	80.8	65.2
	CV（%）	15.5	18.2	17.8	20.2	16.8	17.0	13.8
	最大	590.2	630.9	634.6	660.5	672.7	663.8	582.7
	最小	329.1	225.7	301.5	249.8	358.8	337.4	338.9

续表

县（市）（n）	处理	$N_0P_0K_0$	$N_0P_2K_2$	$N_1P_2K_2$	$N_2P_0K_2$	$N_2P_1K_2$	$N_2P_2K_2$	$N_2P_3K_2$
晋州市（10）	平均	361.6	382.7	547.2	558.6	563.0	587.7	602.0
	偏差	162.1	162.9	158.3	162.6	160.4	162.4	166.8
	CV（%）	44.8	42.6	28.9	29.1	28.5	27.6	27.7
	最大	371.4	419.0	567.9	579.1	589.9	607.7	618.0
	最小	356.4	358.2	526.6	526.1	510.9	559.6	575.3
	处理	$N_2P_2K_0$	$N_2P_2K_1$	$N_2P_2K_3$	$N_3P_2K_2$	$N_1P_1K_2$	$N_1P_2K_1$	$N_2P_1K_1$
	平均	570.6	595.5	601.3	600.2	565.3	560.0	567.0
	偏差	160.2	165.5	1415.2	164.9	161.6	162.0	157.6
	CV（%）	28.1	27.8	235.3	27.5	28.6	28.9	27.8
	最大	584.3	608.5	610.0	609.4	593.0	590.8	581.4
	最小	543.5	579.0	587.4	584.6	538.0	543.6	547.6
辛集市（20）	处理	$N_0P_0K_0$	$N_0P_2K_2$	$N_1P_2K_2$	$N_2P_0K_2$	$N_2P_1K_2$	$N_2P_2K_2$	$N_2P_3K_2$
	平均	434.2	500.3	558.6	576.3	569.4	591.4	580.8
	偏差	85.7	86.5	89.9	76.2	87.0	84.8	80.9
	CV（%）	19.7	17.3	16.1	13.2	15.3	14.3	13.9
	最大	583.5	682.0	730.2	684.7	728.9	726.1	723.7
	最小	290.2	313.5	400.2	386.9	393.5	393.5	433.6
	处理	$N_2P_2K_0$	$N_2P_2K_1$	$N_2P_2K_3$	$N_3P_2K_2$	$N_1P_1K_2$	$N_1P_2K_1$	$N_2P_1K_1$
	平均	586.5	583.0	580.4	585.9	551.1	550.1	564.9
	偏差	80.2	69.9	81.9	90.6	81.1	87.2	91.8
	CV（%）	13.7	12.0	14.1	15.5	14.7	15.9	16.3
	最大	745.4	701.7	745.3	736.2	658.3	700.2	702.5
	最小	420.2	446.9	426.9	366.9	406.9	386.9	306.8

县（市）(n)	处理	$N_0P_0K_0$	$N_0P_2K_2$	$N_1P_2K_2$	$N_2P_0K_2$	$N_2P_1K_2$	$N_2P_2K_2$	$N_2P_3K_2$
元氏县(20)	平均	424.7	435.0	470.9	472.2	473.9	494.7	481.8
	偏差	25.3	20.5	18.3	21.4	21.7	17.1	24.1
	CV（%）	6.0	4.7	3.9	4.5	4.6	3.5	5.0
	最大	458.0	465.0	497.0	500.0	498.0	520.0	515.0
	最小	355.0	406.0	440.0	440.0	439.0	470.0	435.0
	处理	$N_2P_2K_0$	$N_2P_2K_1$	$N_2P_2K_3$	$N_3P_2K_2$	$N_1P_1K_2$	$N_1P_2K_1$	$N_2P_1K_1$
	平均	469.7	473.9	481.8	464.2	469.2	467.2	467.9
	偏差	21.0	21.2	24.7	34.2	20.5	22.7	23.2
	CV（%）	4.5	4.5	5.1	7.4	4.4	4.9	5.0
	最大	498.0	503.0	514.0	510.0	493.0	497.0	491.0
	最小	430.0	445.0	440.0	415.0	437.0	430.0	430.0
正定县(10)	处理	$N_0P_0K_0$	$N_0P_2K_2$	$N_1P_2K_2$	$N_2P_0K_2$	$N_2P_1K_2$	$N_2P_2K_2$	$N_2P_3K_2$
	平均	413.4	452.5	507.0	463.1	503.8	545.5	521.3
	偏差	55.2	42.7	43.8	47.0	44.6	55.7	47.5
	CV（%）	13.4	9.4	8.6	10.2	8.9	10.2	9.1
	最大	476.3	500.7	555.3	512.3	550.7	623.7	572.5
	最小	329.7	382.2	442.2	388.7	440.3	479.2	440.3
	处理	$N_2P_2K_0$	$N_2P_2K_1$	$N_2P_2K_3$	$N_3P_2K_2$	$N_1P_1K_2$	$N_1P_2K_1$	$N_2P_1K_1$
	平均	482.0	494.8	515.1	521.8	489.3	491.7	497.0
	偏差	45.3	49.4	46.4	46.8	49.2	49.4	51.8
	CV（%）	9.4	10.0	9.0	9.0	10.1	10.1	10.4
	最大	546.3	560.1	566.7	580.9	546.6	555.8	567.1
	最小	414.8	421.3	443.9	440.3	416.6	420.3	425.4

县（市）（n）	处理	$N_0P_0K_0$	$N_0P_2K_2$	$N_1P_2K_2$	$N_2P_0K_2$	$N_2P_1K_2$	$N_2P_2K_2$	$N_2P_3K_2$
鹿泉市（30）	平均	340.7	375.6	414.6	402.3	430.1	461.0	434.6
	偏差	49.0	51.2	51.5	65.2	68.9	60.9	59.5
	CV（%）	14.4	13.6	12.4	16.2	16.0	13.2	13.7
	最大	445.0	474.4	539.8	580.5	596.8	594.3	556.0
	最小	256.0	267.4	343.8	315.0	256.1	303.6	345.0
	处理	$N_2P_2K_0$	$N_2P_2K_1$	$N_2P_2K_3$	$N_3P_2K_2$	$N_1P_1K_2$	$N_1P_2K_1$	$N_2P_1K_1$
	平均	391.3	410.8	433.0	425.7	411.6	411.0	398.8
	偏差	63.2	59.4	54.7	65.2	68.3	55.8	49.5
	CV（%）	16.1	14.5	12.6	15.3	16.6	13.6	12.4
	最大	518.9	548.0	580.1	618.0	590.8	517.9	489.0
	最小	307.0	225.7	301.5	249.8	321.0	323.0	310.0
新乐市（30）	处理	$N_0P_0K_0$	$N_0P_2K_2$	$N_1P_2K_2$	$N_2P_0K_2$	$N_2P_1K_2$	$N_2P_2K_2$	$N_2P_3K_2$
	平均	462.8	544.0	557.6	556.3	573.0	592.5	593.8
	偏差	44.5	55.5	51.5	58.9	58.8	58.3	55.3
	CV（%）	9.6	10.2	9.2	10.6	10.3	9.8	9.3
	最大	527.2	669.8	652.5	686.4	695.1	691.9	692.9
	最小	384.5	457.6	422.8	454.7	468.2	488.2	476.6
	处理	$N_2P_2K_0$	$N_2P_2K_1$	$N_2P_2K_3$	$N_3P_2K_2$	$N_1P_1K_2$	$N_1P_2K_1$	$N_2P_1K_1$
	平均	557.0	576.6	593.7	545.7	514.3	516.5	526.4
	偏差	57.0	58.8	56.3	106.5	109.7	114.7	114.4
	CV（%）	10.2	10.2	9.5	19.5	21.3	22.2	21.7
	最大	670.4	681.4	693.3	671.2	642.1	677.0	668.6
	最小	435.4	462.3	491.7	329.4	307.5	301.2	311.7

续表

县（市）（n）	处理	$N_0P_0K_0$	$N_0P_2K_2$	$N_1P_2K_2$	$N_2P_0K_2$	$N_2P_1K_2$	$N_2P_2K_2$	$N_2P_3K_2$
平山县（40）	平均	333.4	463.5	485.2	494.7	502.6	525.3	523.1
	偏差	45.2	64.4	75.1	57.7	55.1	60.2	54.5
	CV（%）	13.6	13.9	15.5	11.7	11.0	11.5	10.4
	最大	403.7	575.1	616.2	608.2	619.7	645.5	620.1
	最小	246.7	365.9	377.3	397.5	410.7	426.6	432.5
	处理	$N_2P_2K_0$	$N_2P_2K_1$	$N_2P_2K_3$	$N_3P_2K_2$	$N_1P_1K_2$	$N_1P_2K_1$	$N_2P_1K_1$
	平均	497.9	511.9	525.6	536.0	493.9	497.4	503.0
	偏差	55.6	56.9	54.4	58.6	53.4	55.5	53.5
	CV（%）	11.2	11.1	10.3	10.9	10.8	11.2	10.6
	最大	601.5	602.4	616.8	655.4	578.8	612.3	602.2
	最小	404.4	412.1	425.4	433.7	396.5	401.4	413.2
赞皇县（30）	处理	$N_0P_0K_0$	$N_0P_2K_2$	$N_1P_2K_2$	$N_2P_0K_2$	$N_2P_1K_2$	$N_2P_2K_2$	$N_2P_3K_2$
	平均	403.7	427.8	470.7	465.7	488.6	507.7	507.3
	偏差	50.3	52.2	62.7	59.1	66.1	69.2	67.3
	CV（%）	12.5	12.2	13.3	12.7	13.5	13.6	13.3
	最大	463.9	494.2	549.2	560.2	589.3	597.2	612.2
	最小	325.1	324.7	351.2	364.5	379.0	381.8	408.7
	处理	$N_2P_2K_0$	$N_2P_2K_1$	$N_2P_2K_3$	$N_3P_2K_2$	$N_1P_1K_2$	$N_1P_2K_1$	$N_2P_1K_1$
	平均	482.9	476.0	484.5	489.8	476.8	471.7	469.2
	偏差	67.1	64.8	72.2	69.8	59.0	63.4	66.5
	CV（%）	13.9	13.6	14.9	14.3	12.4	13.4	14.2
	最大	612.0	545.8	582.2	567.0	558.6	566.3	554.4
	最小	398.1	372.8	365.5	371.1	385.9	379.9	360.8

续表

县（市） （n）	处理	$N_0P_0K_0$	$N_0P_2K_2$	$N_1P_2K_2$	$N_2P_0K_2$	$N_2P_1K_2$	$N_2P_2K_2$	$N_2P_3K_2$
市区 （30）	平均	402.9	430.9	488.8	474.0	491.9	524.9	500.2
	偏差	71.9	74.6	91.2	82.4	89.7	91.6	78.4
	CV（%）	17.9	17.3	18.7	17.4	18.2	17.4	15.7
	最大	463.9	494.2	598.2	595.1	618.3	651.4	609.7
	最小	236.0	248.0	282.0	328.0	330.0	356.0	360.0
	处理	$N_2P_2K_0$	$N_2P_2K_1$	$N_2P_2K_3$	$N_3P_2K_2$	$N_1P_1K_2$	$N_1P_2K_1$	$N_2P_1K_1$
	平均	476.9	502.9	509.0	509.5	473.7	471.4	490.2
	偏差	89.1	79.8	88.3	61.2	85.9	86.5	93.0
	CV（%）	18.7	15.9	17.4	12.0	18.1	18.3	19.0
	最大	594.3	614.7	655.3	572.4	590.2	587.4	611.4
	最小	320.0	372.0	366.0	377.0	295.0	301.0	327.0
全市平均 （390）	处理	$N_0P_0K_0$	$N_0P_2K_2$	$N_1P_2K_2$	$N_2P_0K_2$	$N_2P_1K_2$	$N_2P_2K_2$	$N_2P_3K_2$
	平均	391.1	446.3	494.1	493.6	508.7	524.8	525.2
	偏差	78.4	76.7	73.5	77.5	76.9	74.3	75.7
	CV（%）	20.0	17.2	14.9	15.7	15.1	14.2	14.4
	最大	748.3	727.3	730.2	690.5	728.9	726.1	723.7
	最小	202.7	220.7	282.0	308.1	256.1	303.6	345.0
	处理	$N_2P_2K_0$	$N_2P_2K_1$	$N_2P_2K_3$	$N_3P_2K_2$	$N_1P_1K_2$	$N_1P_2K_1$	$N_2P_1K_1$
	平均	500.3	515.3	539.5	524.6	495.2	493.7	503.2
	偏差	81.0	81.6	276.5	84.7	72.9	75.0	79.0
	CV（%）	16.2	15.8	51.2	16.1	14.7	15.2	15.7
	最大	745.4	747.4	5447.0	736.2	743.9	700.2	702.5
	最小	307.0	133.3	301.5	249.8	295.0	301.0	267.3

通过"3414"试验计算出氮、磷、钾在夏玉米上的产量效应函数如表 9-9 所示。

表 9-9 石家庄各市夏玉米肥料效应方程

县（市）（n）	肥料种类	效应方程	最高产量用量/（kg/亩）	供肥能力（%）
高邑县（30）	氮肥	$y = -0.0699x^2 + 6.3763x + 454.71$ $R^2 = 0.9995$	45.6	86.8
	磷肥	$y = -0.1628x^2 + 8.2913x + 492.6$ $R^2 = 0.9993$	25.5	94.0
	钾肥	$y = -0.2774x^2 + 5.3021x + 506.21$ $R^2 = 0.794$	9.6	96.7
藁城市（30）	氮肥	$y = -0.1197x^2 + 5.0826x + 505.23$ $R^2 = 0.9297$	21.2	92.9
	磷肥	$y = 0.5611x^2 - 2.4341x + 549.43$ $R^2 = 0.4064$	—	101.0
	钾肥	$y = 2.7278x^2 - 19.639x + 544.48$ $R^2 = 0.9188$	—	100.1
栾城县（30）	氮肥	$y = -0.5671x^2 + 17.566x + 447.32$ $R^2 = 0.9998$	15.5	76.8
	磷肥	$y = -2.4749x^2 + 23.53x + 520.63$ $R^2 = 0.9458$	4.8	89.4
	钾肥	$y = -0.3332x^2 + 6.4865x + 544.27$ $R^2 = 0.8614$	9.7	93.5
深泽县（20）	氮肥	$y = -0.1183x^2 + 3.5535x + 476.04$ $R^2 = 0.903$	15.0	95.6
	磷肥	$y = 2.7338x^2 - 13.476x + 498.18$ $R^2 = 0.7396$	—	100
	钾肥	$y = 0.1957x^2 - 3.6093x + 521.4$ $R^2 = 0.614$	—	86.0
无极县（30）	氮肥	$y = -0.3201x^2 + 10.541x + 455.74$ $R^2 = 0.962$	16.5	78.0
	磷肥	$y = -1.6862x^2 + 20.685x + 485.47$ $R^2 = 0.9999$	6.1	83.1
	钾肥	$y = -0.383x^2 + 8x + 509.7$ $R^2 = 0.9191$	10.4	87.2
行唐县（30）	氮肥	$y = -0.0971x^2 + 1.8619x + 468.4$ $R^2 = 0.9694$	9.6	98.5
	磷肥	$y = 0.2945x^2 + 0.9306x + 469.46$ $R^2 = 0.9273$	1.6	98.7
	钾肥	$y = -0.3217x^2 + 6.1368x + 459.39$ $R^2 = 0.5926$	9.5	96.6

续表

县（市）（n）	肥料种类	效应方程	最高产量用量/（kg/亩）	供肥能力（%）
晋州市（10）	氮肥	$y = -1.0558x^2 + 30.556x + 387.47$ $R^2 = 0.9848$	14.5	65.9
	磷肥	$y = 0.6208x^2 + 4.025x + 557.07$ $R^2 = 0.9631$	3.2	94.8
	钾肥	$y = -0.1755x^2 + 4.2171x + 573.3$ $R^2 = 0.7266$	12.0	97.6
辛集市（20）	氮肥	$y = -0.422x^2 + 12.493x + 499.68$ $R^2 = 0.9984$	14.8	84.5
	磷肥	$y = -0.2359x^2 + 3.1889x + 573.21$ $R^2 = 0.2588$	6.8	96.9
	钾肥	$y = -0.1106x^2 + 1.1227x + 584.94$ $R^2 = 0.2723$	5.1	98.9
正定县（10）	氮肥	$y = -0.4754x^2 + 12.99x + 450.14$ $R^2 = 0.9772$	13.7	82.5
	磷肥	$y = -4.0038x^2 + 34.921x + 459.74$ $R^2 = 0.9382$	4.4	84.2
	钾肥	$y = -0.7071x^2 + 12.129x + 476.04$ $R^2 = 0.6931$	8.6	87.3
鹿泉市（30）	氮肥	$y = -0.4701x^2 + 11.993x + 371.12$ $R^2 = 0.8928$	12.8	80.5
	磷肥	$y = -6.9747x^2 + 38.329x + 399.28$ $R^2 = 0.8951$	2.8	86.7
	钾肥	$y = -1.8455x^2 + 20.958x + 385.82$ $R^2 = 0.7802$	5.7	83.7
新乐市（30）	氮肥	$y = -0.3673x^2 + 7.6887x + 538.85$ $R^2 = 0.6516$	10.5	90.9
	磷肥	$y = -0.9499x^2 + 12.294x + 555.25$ $R^2 = 0.9769$	6.5	93.7
	钾肥	$y = -0.3014x^2 + 6.7582x + 556.45$ $R^2 = 0.9932$	11.2	93.9
元氏县（20）	氮肥	$y = -0.4038x^2 + 9.5032x + 432.87$ $R^2 = 0.9512$	11.8	87.5
	磷肥	$y = -0.8953x^2 + 7.8654x + 469.59$ $R^2 = 0.5577$	4.4	94.9
	钾肥	$y = -0.2785x^2 + 4.7243x + 467.22$ $R^2 = 0.6514$	8.5	94.4

续表

县（市）（n）	肥料种类	效应方程	最高产量用量 /（kg/亩）	供肥能力（%）
平山县（40）	氮肥	$y = -0.0669x^2 + 5.2969x + 461.12$ $R^2 = 0.967$	—	87.8
	磷肥	$y = -0.6098x^2 + 9.0263x + 492.71$ $R^2 = 0.8845$	—	93.4
	钾肥	$y = -0.2363x^2 + 5.2287x + 497.3$ $R^2 = 0.9848$	11.1	94.7
赞皇县（30）	氮肥	$y = -0.4225x^2 + 11.32x + 425.35$ $R^2 = 0.9659$	26.5	83.8
	磷肥	$y = -1.4549x^2 + 15.916x + 464.96$ $R^2 = 0.9896$	5.5	91.6
	钾肥	$y = -0.2559x^2 + 3.9819x + 478.21$ $R^2 = 0.2341$	7.8	94.2
市区（30）	氮肥	$y = -0.5089x^2 + 13.696x + 429.38$ $R^2 = 0.9913$	13.5	81.8
	磷肥	$y = -2.6632x^2 + 21.565x + 470.36$ $R^2 = 0.803$	4.0	89.6
	钾肥	$y = -0.655x^2 + 10.813x + 475.25$ $R^2 = 0.9517$	8.3	90.5
平均（360）	氮肥	$y = -0.2811x^2 + 8.5442x + 453.66$ $R^2 = 0.9954$	15.2	87.4
	磷肥	$y = -0.8837x^2 + 10.268x + 488.34$ $R^2 = 0.9401$	5.8	94.0
	钾肥	$y = 0.0756x^2 + 2.9536x + 493.95$ $R^2 = 0.9895$	19.5	95.1

第四节　施肥指标体系

　　通过汇总分析田间试验结果，建立小麦、玉米肥料效应方程，综合高中低不同肥力水平，提出石家庄市冬小麦的施肥原则为：以氮肥、磷肥为主，钾肥以维持为主。其中氮肥的平均施肥量约为15kg/亩，磷肥6kg/亩，钾肥4kg/亩。根据具体情况，对于高产粮田，可以适当增加氮肥的施用量，以不超过16kg/亩为适宜；磷肥施用量以不超过8kg/亩（P_2O_5）为适宜；钾肥施用量以不超过6kg/亩（K_2O）为适宜。石家庄市夏玉米的平均适宜施肥量为：N：18kg/亩，P_2O_5：2kg/亩，K_2O：3kg/亩，见表9-10、表9-11。

表 9－10　石家庄市冬小麦测土配方施肥指标查对表

有机质/（g/kg）			≥25	15～20	10～20	≤10
亩施 N /kg	目标产量 /（kg/亩）	>550	14	15	16	—
		500～550	13	14	15	16
		450～500	12	13	14	15
		<450	11	12	13	14
土壤有效磷含量/（mg/kg）			≥50	30～50	10～30	≤10
亩施 P_2O_5 /kg	目标产量 /（kg/亩）	>550	6	7	8	—
		500～550	5	6	7	8
		450～500	4	5	6	7
		<450	3	4	5	6
土壤速效钾含量/（mg/kg）			≥150	120～150	90～120	≤90
亩施 K_2O /kg	目标产量 /（kg/亩）	>550	—	3	5	7
		500～550	—	2	4	6
		450～500	—	1	3	5
		<450	—	—	—	—

表 9－11　石家庄市夏玉米测土配方施肥指标查对表

土壤有机质/（g/kg）			≥25	15～20	10～20	≤10
亩施 N /kg	目标产量 /（kg/亩）	>650	18	20	21	—
		600～650	17	18	19	20
		550～600	16	17	18	19
		<550	15	16	17	18
土壤速效磷含量/（mg/kg）			≥50	30～50	10～30	≤10
亩施 P_2O_5 /kg	目标产量 /（kg/亩）	>650	—	2	3	4
		600～650	—	—	2	3
		550～600	—	—	—	2
		<550	—	—	—	2
土壤速效钾含量/（mg/kg）			≥150	120～150	90～120	≤90
亩施 K_2O /kg	目标产量 /（kg/亩）	>650	—	3	4	5
		600～650	—	2	3	4
		550～600	—	1	2	3
		<550	—	—	—	—

小麦配方：15 – 14 – 10、16 – 14 – 8

玉米配方：28 – 4 – 8、30 – 0 – 10、30 – 0 – 5

第五节　建设测土配方施肥技术服务体系

自 2005 年承担农业部"测土配方施肥"项目以来，已对全市 221 个乡镇区的 57000 个农户进行了一次全面系统的施肥情况调查，基本摸清了粮食、棉花、蔬菜地的施肥现状，现将这次调查情况报告如下。

示范方建设：石家庄市在藁城市、栾城县、赵县等县（市）建立了万亩测土配方施肥技术示范方，并插牌立标，扩大影响，发挥了示范方区的示范引路作用。

服务网络建设：市土肥站根据测土配方施肥项目要求，在建立 182 个科技配肥服务站的同时，加大对科技配肥服务站技术人员的培训和技术指导，将配肥服务站辖区内测土数据公示上墙，并有专家出具施肥配方，既完善了服务网络，又建立了测土配方施肥技术推广体系。

"建议卡"上墙：做到一村一个"测土配方施肥技术"信息公示栏；一户一张测土配方施肥技术明白纸；一块地一张施肥建议卡，把测土配方施肥技术和成果送进千家万户。

配方肥推广：根据项目区内实际情况，遵循科学引导、农民自愿的原则，鼓励农民按照施肥建议卡标注的配肥方案，在科技人员的指导下，自主配肥，合理使用。同时加强肥料监督管理，利用多种形式向农民推荐优质肥料产品，确保测土配方施肥实施成果。

实施评价：一是摸清全市耕地土壤类型及耕地利用现状。按全国第二次土壤普查分类系统，石家庄市土壤分为 11 个土类、22 个亚类、81 个土属。褐土面积最大，约占 74.2%。全市 808.6 万亩耕地，常年种植粮田 633 万亩。二是优化改善施肥现状。随着测土配方施肥技术的深入推进，全市的粮食产量进一步提高，农民的施肥习惯发生了改变，施肥品种和施肥数量也发生了一定变化。从肥料结构来看，由原来的施用单元素肥转向施用复合（混）肥。从元素品种来看，氮、磷肥的投入大大增加；钾元素作用也引起了人们的注意，对敏感作物有所投入；有机肥、中微量元素的实施面积及投入有所增加，实现了农民由盲目施肥到因土壤、因作物、按肥料品种精准施肥的转变，为农作物高产、稳产、优质、安全提供了保证。据测土施肥效果跟踪调查，项目实施基本实现了减少施肥成本投入、增加产量、增加效益的"二增一减"目标。

第十章 耕地资源合理利用的对策与建议

第一节 耕地资源数量与质量变化的趋势分析

一、耕地资源数量变化趋势

（一）耕地绝对数量呈缓慢减少趋势

随着社会经济的发展和城镇化进程的加快，石家庄市耕地数量呈逐年减少趋势，且年递减率呈逐年加大趋势。按照当今社会发展形势，今后很长一段时期将是石家庄市经济与城镇化发展较快的时期，一些国家项目建设、集体建设和农民自建将占用一定面积耕地，而耕地补充数量远远低于占用数量，从而造成耕地数量绝对值呈递减态势。其在空间上的变化规律为，距离市区越近的地区，城镇化进程较快、耕地面积减少迅速；距离市区远的地区，城镇化进程较慢，耕地面积则减少速率相对较慢。

同时，国家实行的最严格的耕地保护和占补平衡政策。按照耕地占用统计情况来看，国家建设用地占 51.42%，乡村集体建设用地占 27.33%，农民建房用地占 21.25%，耕地占补政策仅在国家建设用地方面落实较好，也就是有 50% 的占用耕地得到补充。但是，石家庄市耕地后备资源空间分布不均，与占地空间分配不匹配。即平原区耕地后备资源不足，但占用较多；山区耕地后备资源较充足，但占用较少，土地整理新增加的耕地数量无法弥补非农用占地的数量。因此，耕地数量仍呈缓慢减少趋势。

（二）耕地资源人均占有率呈明显下降趋势

从耕地与人口变化统计资料可以看出石家庄市耕地面积持续减少，而人口数量则持续增加，二者变化趋势刚好相反。1949 年全市耕地面积 1024.2 万亩，人均耕地 2.88 亩；1982 年全市耕地面积 985.2 万亩，人均耕地 1.68 亩；到 2010 年末全市耕地面积 808.6 万亩，人均耕地 0.87 亩，列河北省各地市最末一位，在联合国粮农组织所规定的人均耕地 1.20 亩的警戒线之下。

二、耕地质量变化趋势

据各县市区调查结果来看，石家庄市耕地土层深厚，土地肥沃，立地条件较好，配套设施完善，旱涝保收耕地面积占总耕地面积的 87%，耕地质量整体较好，呈缓慢提升的趋势。

从粮食单产来看，1982 年全市小麦单产 297kg/亩，玉米单产 331.5kg/亩；1990 年小麦单产为 348kg，玉米单产 370kg/亩；2011 年全市小麦单产 455kg/亩，玉米单产

511kg/亩。2011 年与 1982 年相比，小麦单产增加 158kg/亩，增加 53.20%，玉米单产增加 179.5kg/亩，增加 54.15%；小麦单产年均递增 1.83%，玉米单产年均递增 1.87%。粮食产量增加的背后是耕地质量的全面提升。

从肥料投入来看，1982 年全市肥料投入以有机肥投入为主，化肥投入较少，化肥投入中以氮磷肥为主，每亩耕地投入化肥 59.4kg（实物量）；至 20 世纪 90 年代初，全市秸秆多被焚烧，造成耕地有机肥投入不足，而化肥投入较 1982 年有所增加，每亩耕地化肥投入 62.72kg（实物量），由于有机肥投入不足，因而造成部分县市耕地有机质出现了小幅度下降，耕地质量呈短暂下降趋势；到 2011 年历经几年测土配方施肥项目推广实施，"有机无机搭配，氮磷钾配比，中微量元素配合"的科学施肥理念被农民普遍接受，年秸秆还田面积千万亩左右，氮磷钾科学配比，中微量元素合理搭配施肥技术在全市普及应用，种养有机结合，耕地质量逐年提升。

近年来，石家庄市还以中低产田改造为重点，按照"田地平整肥沃，水利设施配套，田间道路畅通，林网建设适宜，科技先进适用，优质高产高效"的总体目标，采取农田水利建设、土地平整、提升土壤肥力、农技推广等综合措施建设高产、高效型农田，打造粮食生产核心区。

三、耕地养分变化趋势

耕地养分含量的高低，对农作物产量起着决定性的作用。从 1982 年至今 30 多年间，石家庄耕地养分有了较为明显的变化，各养分含量呈较为明显的上升趋势，耕地地力等级也有了一个明显的提升。

1. 有机质变化趋势

2011 年石家庄市耕地有机质含量平均 18.75g/kg，较 1982 年全市有机质平均含量 11.5g/kg 提高 7.25g/kg，较 1990 年耕地有机质平均含量 13.8g/kg 提高 4.95g/kg。全市有机质含量等级也有了较为明显的提高，耕地等级以 3 级、4 级为主，占 98.09%；1 级、2 级地大面积涌现，5 级地面积逐年减少，全市耕地有机质含量呈整体上升趋势。

2. 全氮变化趋势

2011 年石家庄市耕地全氮平均含量为 1.18g/kg，较 1982 年全市耕地全氮含量 0.72g/kg 提高 0.36g/kg，较 1990 年 0.91g/kg 提高 0.47g/kg，全市全氮含量呈逐年提升态势，以 20 世纪 80 年代递增较快，年均递增 0.02g/kg；90 年代前期耕地全氮含量增速放缓，与当时农民焚烧秸秆，有机肥投入不足有一定关系。20 世纪 90 年代末，随着秸秆还田、测土配方施肥技术等实施，全市耕地全氮含量增加明显，地力等级普遍提高，与全市耕地有机质含量变化有相关性。

3. 有效磷变化趋势

2011 年石家庄市耕地有效磷含量平均为 28.54mg/kg，较 1982 年耕地有效磷含量 7.22mg/kg 提高 21.32mg/kg；较 1990 年耕地有效磷含量平均 13.32mg/kg 提高 15.22mg/kg，年均递增 0.72mg/kg，2 级、3 级地面积比重增大，占 85.94%；4 级、5 级地面积比重下降，全市有效磷含量提升明显，与本市农业磷肥投入增加，施肥科学合理有关。

4. 速效钾变化趋势

与全氮、有效磷等养分相比，本市耕地速效钾变化不大。1982 年全市耕地速效钾含量为 110.3mg/kg，为富钾区，农业上钾肥的应用多用于蔬菜，大田作物应用较少。至 1990 年，全区耕地速效钾含量平均为 96.7mg/kg，较 1982 年下降 13.6mg/kg，速效钾含量呈下降趋势，与钾肥长期投入不足，农业掠夺式生产方式有直接关系。90 年代末，随着秸秆还田、增钾技术及配方施肥技术的普及实施，本市耕地速效钾含量开始逐年上升。到 2011 年，全市速效钾含量为 110.29mg/kg，较 1990 年提高 13.59mg/kg。全市耕地速效钾等级提升明显，2 级地开始涌现，3 级地面积占 48.0% 左右，以中南部县（市）含量较高，西北部山区县含量较低。

总体来看，石家庄市当前耕地土壤质地适中，土体结构良好，地势平坦，土壤肥沃。但是，随着气候、生产条件、耕作方式的演变和农作物产量的提高以及农业投入品数量、品种的增加，土壤养分也会随之发生变化。科学施肥，合理耕作，使土壤养分含量变化处于人为可控范围内，最大限度发挥其增产增收作用。

第二节　耕地资源利用面临的问题

一、耕地资源利用现状

（一）耕地数量和质量

土地面积：截至 2010 年年底，石家庄市总土地面积 1.58 万平方公里。

耕地数量：截至 2010 年年底，耕地面积 808.6 万亩，人均耕地 0.87 亩。

耕地质量：在所有耕地中，高产田（产量在 600kg/亩/年以上）面积 558.41 万亩，占总耕地面积的 69.06%；中产田（产量在 500~600kg/亩/年）面积 199.42 万亩，占耕地总面积的 24.66%；低产田（产量在 500kg/亩/年以下）面积为 50.81 万亩，占总耕地面积的 6.28%。

（二）耕地利用情况

2010 年农作物总播种面积 1516.68 万亩。

粮食作物播种面积 1080.50 万亩，其中小麦播种面积 570.63 万亩，玉米播种面积 509.87 万亩，杂粮类作物播种面积 33.92 万亩，薯类作物播种面积 35.13 万亩。

蔬菜瓜果播种面积 245.49 万亩，其中蔬菜播种面积 215.00 万亩，瓜果播种面积 30.49 万亩。

经济作物播种面积 99.88 万亩，其中棉花播种面积 17.95 万亩，花生播种面积 81.93 万亩。

二、耕地资源利用面临的问题

（一）耕地资源总量和人均耕地占有量不足

石家庄市地处华北平原带，市域跨太行山地和华北大平原两大地貌单元，地貌类型复杂多样，中山、低山、丘陵、盆地、平原兼备，由井陉县西南边缘中山、低山向东下降为丘陵，而后由一系列山麓坡积裙和洪积扇共同组成山麓坡积洪积平原，自此以后，逐渐过渡为洪积冲积扇平原。山地与平原面积比大体各占一半（51∶49）。

2010 年年底石家庄耕地总面积为 808.6 万亩，人均耕地面积 0.87 亩。石家庄市人均耕地占有量居河北省排名最后，低于联合国粮农组织制定的 1.2 亩/人的警戒线。随着社会经济发展，人口的持续增加，耕地资源总量减少趋势不可逆转，且年递减率逐年加大。因此，加大耕地资源保护，是当前经济发展任务之首。

（二）耕地资源区域分布不均衡

石家庄市耕地分布呈现明显的地域差异，耕地资源主要集中在本市东部、南部平原地区。平原区地势平坦、水热充足、土壤肥沃，耕地质量最高，配套设施完善，占石家庄耕地总面积的 60.9%；太行山丘陵地占全市总耕地面积的 39.1%，丘陵区地势起伏较大，宜耕性较差，机械化程度低，如 2011 年平原县藁城市粮食亩产为 533kg，山区县井陉县粮食亩产仅为 299kg。同时耕地资源分布还与县域经济发展和城镇化进程速度有直接关系，经济发展快，城镇化程度高，耕地资源占用多，且后备资源不足，补充少；反之，则耕地占用较少，尤其是山区县（市），耕地后备资源较为充足，补充较好。

（三）耕地利用重用轻养，土壤养分失调，制约耕地质量的提升

20 世纪以前，石家庄大田作物种植普遍存在重施氮肥，轻施磷钾、有机肥；重施大量元素，轻施微量元素；单质肥料施用普遍，复合肥料比例较低。同时随着蔬菜种植迅猛发展，大量、过量施肥现象严重，尤其是氮肥过量施入，造成部分菜地盐渍化，还对地下水产生潜在污染风险，降低了耕地土壤的可持续生产能力，造成全市耕地质量发展不平衡，整体质量不高。当前，随着测土配方施肥技术的实施，科学配比，合理施肥理念得到全面普及，也对本市耕地资源进行了科学评价，为本市耕地质量建设提供了科学依据。但也应看到，当前农业集约化程度低，一家一户分散耕种，以及种田者文化程度低、年龄大、积极性低等不利因素，制约着耕地质量的提升和可持续发展。

（四）耕地后备资源严重不足，且新增（补充复垦）耕地质量低

随着社会发展，耕地资源呈逐年下降趋势，且与经济发展速度、城镇化进程等因素呈正相关。土地不可再生，占用耕地后的补充、复垦土地资源越来越少，平原区严重不足，山区县复垦资源较充足，但复垦难度大，培育改良时间长。即便开垦农用，由于自身质量差、开垦后极易引起风蚀、沙化、水土流失和次生盐渍化等问题，肥力低下，产量明显低于正常用地，难以弥补由于耕地减少导致的粮食减产的亏缺。

第三节　耕地资源合理利用的对策与建议

耕地是不可再生资源，"十分珍惜和合理利用每寸土地，切实保护耕地"是我国土地利用的一项基本国策，保护耕地就是保护我们的生命线。当今世界，可持续发展已成为我国经济和社会发展的基本战略，农业可持续发展是实现经济可持续发展的基础，而

耕地资源的可持续利用又是农业和整个国民经济实现持续发展的关键。针对石家庄市耕地资源面临的问题，提出耕地资源合理利用以提高全市耕地资源利用率，农民增收、农业增产、社会增益为目标，以调整农业产业结构，合理使用化肥、农药为手段，通过种养结合，科学培肥，有效监管，提高耕地的综合生产能力，实现耕地资源的有效配置，维护并改善农业环境，实现农业可持续发展。

提高认识，加大耕地资源保护的宣传力度。"十分珍惜和合理利用每寸土地，切实保护耕地"是我国土地利用的一项基本国策，应通过电视、广播、报纸、网络等大众媒体，加大保护耕地资源的宣传力度，增强公民的土地忧患意识，树立耕地资源的生态保护观念，提高耕地质量建设和可持续发展利用的认识。通过对《土地管理法》《土地管理法实施条例》《基本农田保护条例》等法律政策的宣传和落实，提高地方企业和公民的法律意识和法制观念，推进各项土地管理政策法规的普及教育。

开源节流，保持耕地数量动态平衡。严格控制非农建设占用耕地的数量和审批程序，应坚持耕地优先保护的原则，加强对非农建设占用耕地控制和引导，尽量不占或少占耕地，确需占用的应尽量占用低等级耕地，并在此基础上保证占用耕地和开发复垦相结合，做到占多少补多少，严禁"以质抵量"或"以量抵质"，确保耕地占补平衡。强化基本农田保护监管制度，通过建立基本农田警戒线来保护耕地资源，基本农田要逐级分解到市、县、乡，建立一条永远不可逾越的红线。适量开发土地后备资源，补充耕地资源，确保耕地的保有量。同时，耕地的开发利用还要与整治保护相结合，不断改善耕地的生态环境，以保证新开发耕地的可持续发展利用。

保护耕地生态环境，防治耕地质量退化。石家庄市人均耕地面积少，耕地质量建设区间不平衡，部分地区生态环境脆弱，土壤受自然、人为因素影响，侵蚀、水土流失及污染等不利耕地质量建设的潜在风险因素较多，因此生产上应科学使用农药，避免使用剧毒或高残留农药，推广病虫草害的综合防治技术，化肥施用应根据作物需肥特性、土壤肥力以及目标产量进行科学施肥，推广测土平衡施肥技术，避免盲目超量施肥，提高肥料利用率。对于排放"三废"的污染企业，应进行合理布局，集中整治，对于设备工艺落后、生产效率低下、排污超标的企业严格进行取缔，严禁固体废弃物的乱堆、乱放，严禁使用污水灌溉。

培肥地力，加强中低产田改造。在当前人口数量不断增长，人均耕地面积不断减少的形式下，增加粮食单产是保障粮食安全的重要措施，而提高土壤的供肥能力是提高粮食单产的重要前提。推广农作物秸秆还田技术，广辟有机肥肥源，提高土壤有机质含量，改善土壤的物理性状；合理施用化肥，增加磷、钾用量，调整氮、磷、钾施用比例，推广测土配方施肥技术，增加复合肥施用比例，加快肥料控释技术研究与应用，科学补充适量微量元素。加强中低产田改造，建设旱涝保收高标准农田。加快大中型灌区、排灌泵站配套改造，新建一批灌区，大力开展小型农田水利建设，增加农田有效灌溉面积。加强新增千亿斤粮食生产能力规划的田间工程建设，开展农田整治，完善机耕道、农田防护林等设施加大农业水利工程建设，提高水浇地面积。大力发展节水灌溉农业，推广节水抗旱品种，减少地下水开采量；围绕设施农业，发展节水灌溉配套设施，积极推广管灌、滴灌、微灌、喷灌等先进节水技术；推广"水肥一体化"，提高水肥利用效率；实施蓄水工程，提高地表水的调蓄能力。改造污染农田，针对毒源进行相应的工程或生物修复，使土壤重金属或有毒物质降至许可范围之内，保证作物优质、高产。

优化农业产业结构，提高耕地资源利用效率。因势利导，综合地域、经济、耕地资源等因素，积极推进农业结构调整，发展优势产业。在稳定全市粮食种植面积的同时，积极发展优质粮食和高效经济作物；大力发展特色农业和生态循环农业，积极推进集约化农业技术发展。建设粮食主产区，加强农田水利和高标准农田建设；建设城郊观光农业区，充分利用耕地资源，做到最大效益产出；建设特色种植区，利用区域农业特色栽培优势，有新乐市花生、西瓜、甜瓜，行唐县大枣、杂粮，藁城市蔬菜等特色栽培优势，实现农业增效、农民增收，加快农业产业化进程，提高农业产业化经营水平。

增强林果业综合实力。重点发展生态林业工程，重点完善绿化工程和农田林网建设水平，搞好农林复合经营工程，提高森林覆盖率，增加蓄积量，增强固碳能力。以生态保护为主导，加大水源涵养、地下水补给、地表水保护、水土保持、自然地质结构保护和生物多样性保护，加快发展无公害果品标准化生产技术，扩大种植规模，积极发展林果、蔬菜等生态观光农业。

附　　图

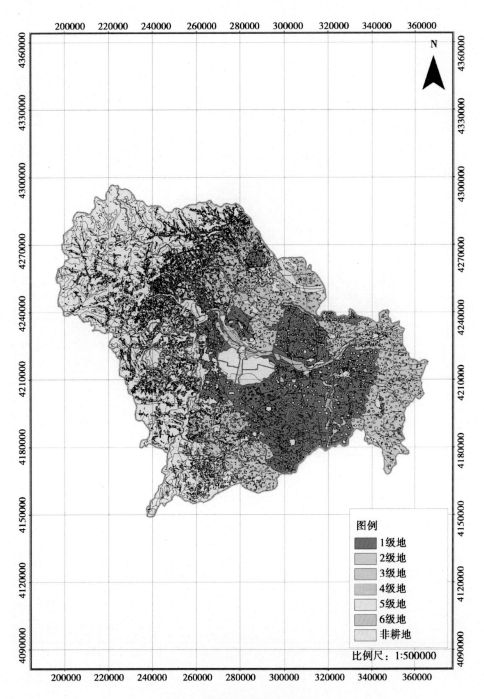

图一　石家庄市耕地地力评价

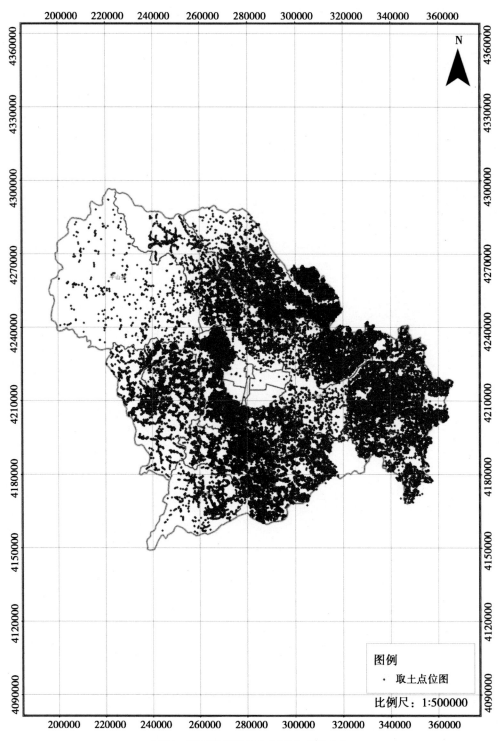

图二　石家庄市耕层土壤取土点位分布

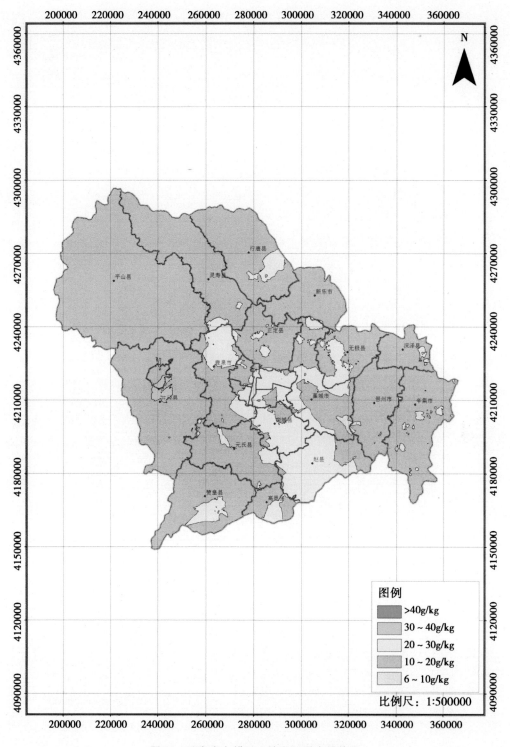

图三　石家庄市耕层土壤有机质含量等级

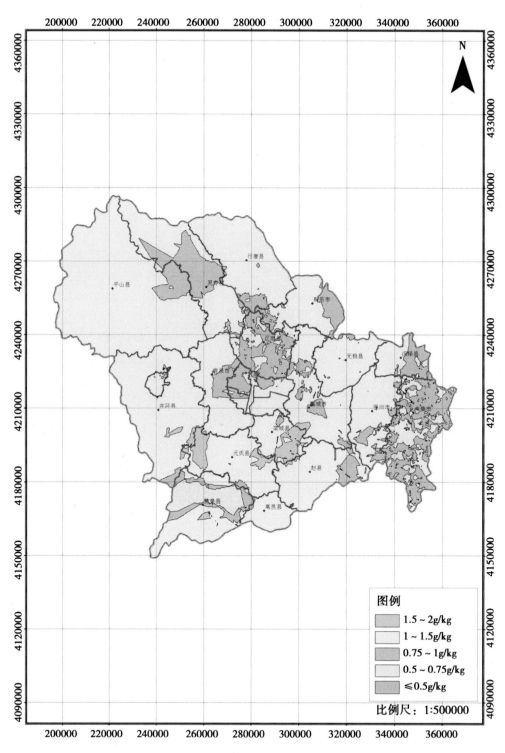

图四　石家庄市耕层土壤全氮含量等级

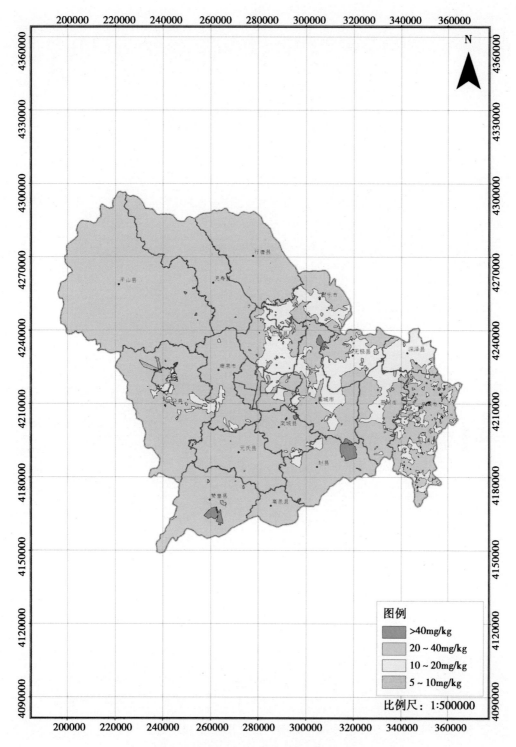

图五　石家庄市耕层土壤有效磷含量等级

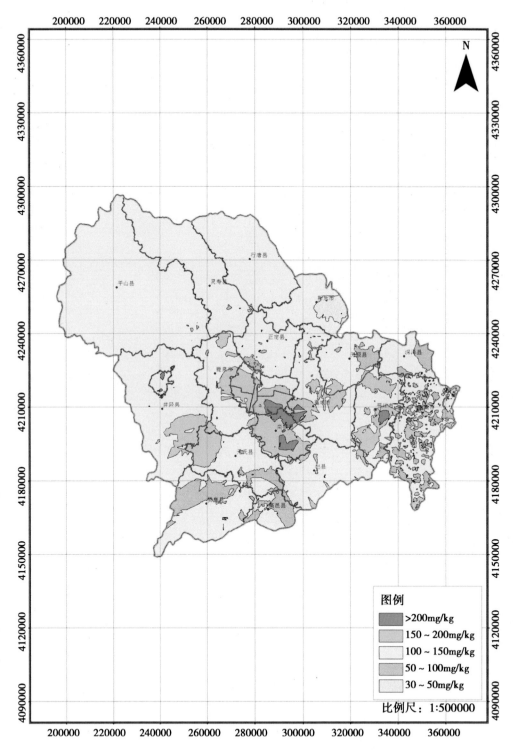

图六　石家庄市耕层土壤速效钾含量等级

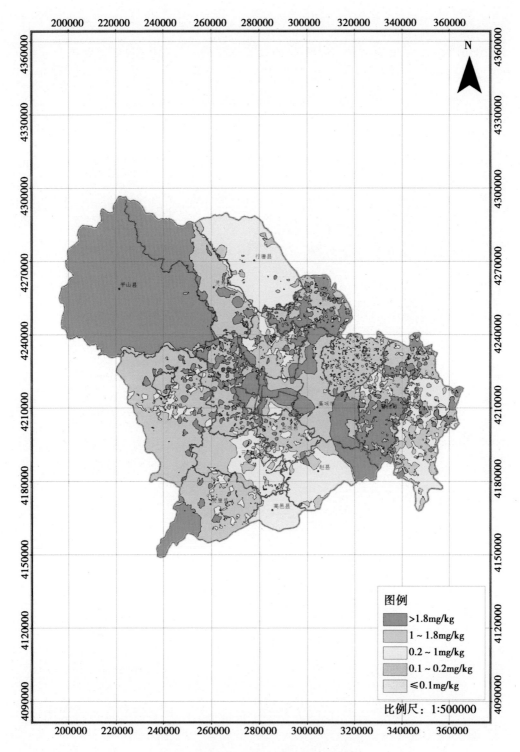

图七　石家庄市耕层土壤有效铜含量等级

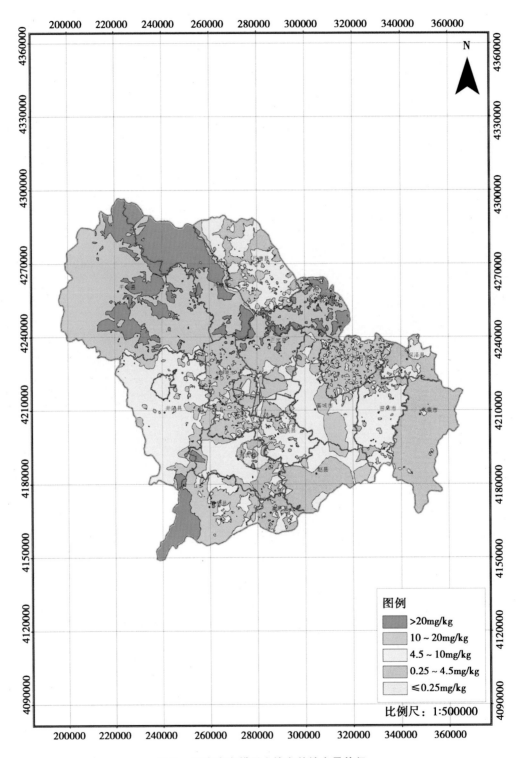

图八　石家庄市耕层土壤有效铁含量等级

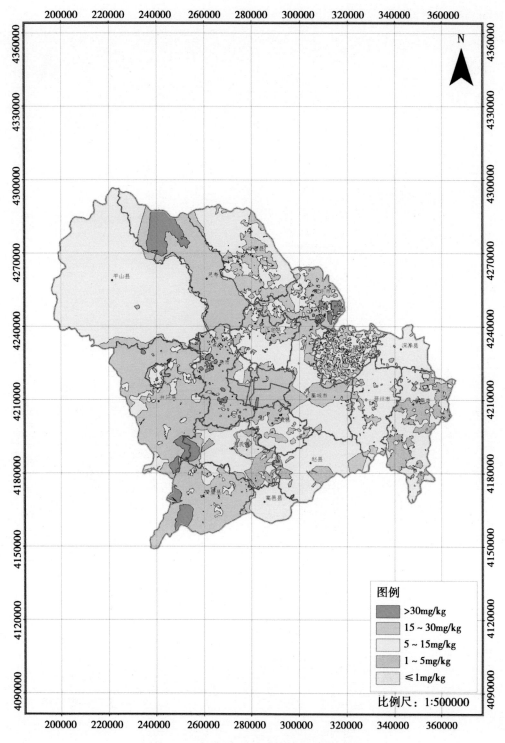

图九　石家庄市耕层土壤有效锰含量等级

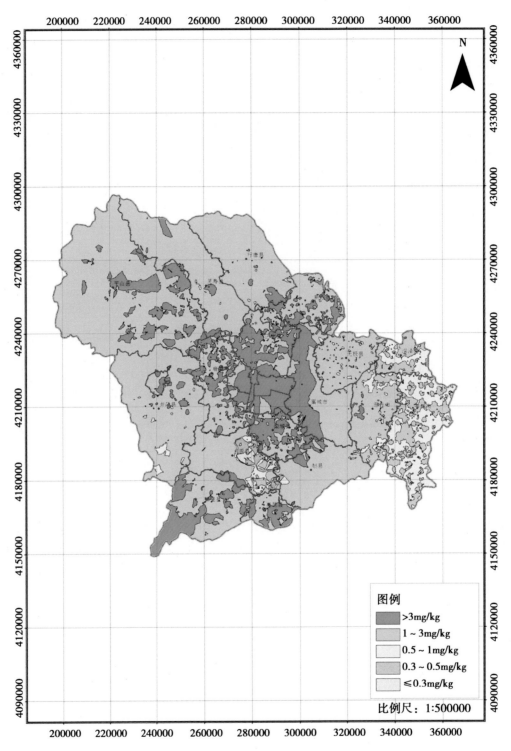

图十　石家庄市耕层土壤有效锌含量等级